高等学校"十二五"计算机规划教材·网络工程

路由与交换技术

邓秀慧 主 编
袁宗福 副主编
毛云贵 王 琦 蔡 玮 参 编
屠立忠 主 审

电子工业出版社
Publishing House of Electronics Industry
北京·BEIJING

内 容 简 介

本书覆盖了交换技术、路由技术、远程访问技术、设备管理技术等综合应用。全书共 16 章,分为三部分:基础篇主要包括网络技术基础、网络编址、交换机配置基础、路由器配置基础等;进阶篇主要包括网络规划与设计、虚拟局域网、交换机冗余链路管理、路由管理、静态路由和默认路由、RIP 和 OSPF 路由协议技术等内容;高级篇主要包括园区网安全、广域网连接配置技术、ACL 访问控制技术、NAT 技术以及常见网络故障分析与处理等。

本书概念正确,内容丰富,知识实用,可作为高等学校"路由与交换技术"及相关课程的教材,同时可作为网络工程师考试的参考书,也可作为从事计算机网络与通信技术研究与开发的工程技术人员和网络爱好者的参考用书。

未经许可,不得以任何方式复制或抄袭本书之部分或全部内容。
版权所有,侵权必究。

图书在版编目(CIP)数据

路由与交换技术 / 邓秀慧主编. —北京:电子工业出版社,2012.8
高等学校"十二五"计算机规划教材. 网络工程
ISBN 978-7-121-17557-2

Ⅰ.①路… Ⅱ.①邓… Ⅲ.①计算机网络—路由选择—高等学校—教材 ②计算机网络—信息交换机—高等学校—教材 Ⅳ.① TN915.05

中国版本图书馆 CIP 数据核字(2012)第 150354 号

策划编辑:章海涛
责任编辑:章海涛
印　　刷:北京虎彩文化传播有限公司
装　　订:北京虎彩文化传播有限公司
出版发行:电子工业出版社
　　　　　北京市海淀区万寿路 173 信箱　邮编　100036
开　　本:787×1 092　1/16　印张:15　字数:420 千字
版　　次:2012 年 8 月第 1 版
印　　次:2024 年 8 月第 13 次印刷
定　　价:35.00 元

凡所购买电子工业出版社图书有缺损问题,请向购买书店调换。若书店售缺,请与本社发行部联系,联系及邮购电话:(010)88254888。
质量投诉请发邮件至 zlts@phei.com.cn,盗版侵权举报请发邮件至 dbqq@phei.com.cn。
服务热线:(010)88258888。

前　　言

随着网络技术的发展，网络工程技术人员越来越受到社会的欢迎。"路由与交换技术"是一门理论性和实践性都很强的课程，是网络工程专业的核心课程之一，也是学生取得相关职业资格证书的必修课程。

本书在内容上理论与实际紧密结合，注重现实应用背景，意在启发和引导学生能将重要的网络分层概念、形式及理论付诸实践，从而帮助学生全面掌握安装、配置、测试和运营局域网、广域网等所需的实践技能，真正做到学以致用。本书以网络互连为主线，重点阐述网络互连设备、网络规划与设计，系统介绍 IP 地址的分配与聚合、园区网中的广播流量控制、交换网络中的冗余链路管理、IP 子网间的路由技术，以及园区网的安全设计、局域网与 Internet 的互连。本书重视实践，注重网络管理和设计以及对路由器和交换机的配置技术，并对相关技术给予案例和讲解。通过本书的学习，读者可以为从事网络管理和设计、网络安装维护、网络系统集成以及取得网络工程师认证打下良好的基础。

本书的建议学时数为 64 学时。实际教学时，可根据教学的需要，对教学时数进行增减。

交换机和路由器是组建网络基础设施的基石，本书以锐捷网络交换机和路由器为硬件平台，书中所列出的命令都可以在锐捷网络设备上进行操作。如果使用其他品牌或类型的网络设备，可查阅相关命令进行配置，其基本原理性内容不变。

本书内容分为 3 部分。

基础篇包括第 1 章至第 4 章，阐述网络技术基础知识和交换机、路由器的工作原理及基础配置方式。已有相关理论知识的读者可跳过第 1 章内容的学习；第 2 章中的 VLSM 内容为学习重点和基础，要求学会计算网络划分和路由汇总的应用；第 3 章作为网络技术职业资格证书的考点内容，需要读者予以熟悉和了解；第 4 章内容为本书中操作的基础，要求掌握设备各模式间转换，并熟悉各模式的应用情况和基本命令的熟练操作。

进阶篇包括第 5 章至第 11 章，主要阐述路由与交换技术以及应用，通过这部分的学习，读者可以实现基础网络全网搭建。第 5 章主要围绕搭建网络的方法；第 6 章和第 7 章为应用于交换机的技术、原理和配置；第 8 章至第 10 章实现网络路由相关技术、原理和配置；第 11 章为可视教学需要，选用其中一部分学习。

高级篇包括第 12 章至第 16 章，主要论述在基础网络搭建完毕后，实现网络安全以及局域网与广域网连接、广域网连接的相关原理和配置。第 12 章阐述园区网的安全问题和解决办法，介绍交换机端口安全设置方法和防火墙的使用；第 13 章为三层设备中的安全设置和数据包过滤技术；第 14 章为广域网技术、原理和配置；第 15 章为局域网和广域网间的互连技术，也属于防火墙中的技术之一；第 16 章为常见网络故障分析和处理，可用于全书实践操作和配置过程中的参考问题和解决方案。每章后都有习题。

本书由邓秀慧主编，由邓秀慧和袁宗福负责统稿。第 1 章由王琦编写，第 2~4 章和第 11~13 章由袁宗福编写，第 5 章由蔡玮编写，第 6~10 章和第 15 章由邓秀慧编写，第 14 章和第 16 章由毛云贵编写。屠立忠副教授审阅了全部书稿，并提出了许多宝贵意见和建议，在此表示感谢。

吴瀛、倪青石、单帆、朱荣鑫、孙华、柳文等协助调试了本书中的案例代码，并参与了资料的整理工作，在此也向他们表示感谢。此次编写工作得到了南京工程学院教务处和计算机工程学院的大力支持。

在本书的编写过程中，编者参考了锐捷公司的相关文档，参考了一些有关网络技术的书刊及文献资料，并查阅了大量的网络资料，在此对所有的作者表示感谢。限于水平，书中难免有不足与疏漏之处，恳请广大读者批评指正。

本书为读者提供教学资料包（含电子课件等），有需要者，请登录到http://www.hxedu.com.cn，注册后进行下载。

联系邮箱：dengxh@njit.edu.cn 或 unicode@phei.com.cn。

作　者

目 录

基 础 篇

第1章 网络基础概述 (3)
  1.1 网络技术基础 (3)
    1.1.1 网络发展 (3)
    1.1.2 网络定义 (5)
    1.1.3 网络分类及拓扑结构 (5)
  1.2 OSI 参考模型体系结构 (9)
    1.2.1 OSI/RM 各层结构及功能 (9)
    1.2.2 OSI/RM 数据封装及拆封过程 (10)
    1.2.3 OSI/RM 协议及各层应用 (11)
  1.3 TCP/IP 体系结构 (13)
    1.3.1 TCP/IP 体系结构含义 (13)
    1.3.2 TCP/IP 各层结构及功能 (14)
  习题 1 (15)

第2章 网络编址 (16)
  2.1 物理地址 (16)
    2.1.1 物理地址概述 (16)
    2.1.2 MAC 地址的作用 (16)
    2.1.3 与 MAC 地址相关的命令与软件 (17)
  2.2 地址解析协议 (17)
    2.2.1 地址解析协议概述 (17)
    2.2.2 地址解析协议原理 (17)
    2.2.3 ARP 显示和修改 (18)
  2.3 IP 地址 (18)
    2.3.1 地址空间和表示方法 (18)
    2.3.2 地址的分类 (19)
    2.3.3 网络掩码和默认掩码 (20)
    2.3.4 特殊地址 (21)
    2.3.5 私有 IP 地址 (22)
    2.3.6 单播、多播和广播地址 (22)
  2.4 VLSM 地址划分 (22)
    2.4.1 VLSM 概述 (23)
    2.4.2 VLSM 和 CIDR 的区别 (23)
    2.4.3 VLSM 实例分析 (23)
    2.4.4 VLSM 下的子网掩码值 (24)
    2.4.5 VLSM 划分子网的几个捷径 (24)
  2.5 IPv6 地址 (25)
    2.5.1 如何理解 IPv6 的地址表示方法 (25)
    2.5.2 解决 IP 地址耗尽的措施 (26)
    2.5.3 IPv6 的基本首部 (27)
    2.5.4 IPv6 的扩展首部 (27)
    2.5.5 IPv6 的地址空间 (27)
    2.5.6 从 IPv4 向 IPv6 过渡 (28)

  2.5.7 ICMPv6 ……………………………………………………………………………（28）
  2.5.8 Windows 下的 IPv6 配置命令 ……………………………………………………（28）
 2.6 域名地址 …………………………………………………………………………………（29）
  2.6.1 域名地址概述 ……………………………………………………………………（29）
  2.6.2 DNS 定义规则 ……………………………………………………………………（30）
习题 2 …………………………………………………………………………………………（31）

第 3 章 交换机和路由器设备 …………………………………………………………（32）
 3.1 交换机概述 ………………………………………………………………………………（32）
  3.1.1 交换机的作用 ……………………………………………………………………（32）
  3.1.2 交换机内部存储器 ………………………………………………………………（32）
  3.1.3 交换机常见接口及功能 …………………………………………………………（32）
 3.2 交换机工作原理 …………………………………………………………………………（35）
  3.2.1 第二层交换技术 …………………………………………………………………（35）
  3.2.2 三层交换机功能 …………………………………………………………………（37）
  3.2.3 三层交换机的使用 ………………………………………………………………（38）
 3.3 路由器概述和启动流程 …………………………………………………………………（39）
  3.3.1 路由器的作用 ……………………………………………………………………（39）
  3.3.2 路由器内部存储器 ………………………………………………………………（39）
  3.3.3 路由器常见接口及功能 …………………………………………………………（39）
  3.3.4 路由器启动流程 …………………………………………………………………（41）
 3.4 交换机和路由器的安装与链接 …………………………………………………………（41）
  3.4.1 交换机安装 ………………………………………………………………………（41）
  3.4.2 交换机的链接 ……………………………………………………………………（43）
  3.4.3 路由器的安装 ……………………………………………………………………（43）
习题 3 …………………………………………………………………………………………（45）

第 4 章 交换机和路由器基础配置与管理 …………………………………………（46）
 4.1 命令行界面 ………………………………………………………………………………（46）
  4.1.1 命令模式 …………………………………………………………………………（46）
  4.1.2 获得帮助 …………………………………………………………………………（47）
  4.1.3 简写命令 …………………………………………………………………………（48）
  4.1.4 使用命令的 no 和 default 选项 …………………………………………………（48）
  4.1.5 理解 CLI 的提示信息 ……………………………………………………………（48）
  4.1.6 使用历史命令 ……………………………………………………………………（48）
  4.1.7 基本查询命令 ……………………………………………………………………（49）
 4.2 交换机基础配置和管理 …………………………………………………………………（49）
  4.2.1 访问交换机的方式 ………………………………………………………………（49）
  4.2.2 系统名称和命令提示符 …………………………………………………………（50）
  4.2.3 交换机基本配置命令 ……………………………………………………………（51）
  4.2.4 通过 Telnet 方式管理 ……………………………………………………………（52）
  4.2.5 交换机 IP 地址配置 ………………………………………………………………（52）
 4.3 路由器基础配置和管理 …………………………………………………………………（53）
  4.3.1 路由器基本配置命令 ……………………………………………………………（54）
  4.3.2 规划和配置 IP 地址 ………………………………………………………………（54）
  4.3.3 管理路由器 ………………………………………………………………………（55）
  4.3.4 LINE 模式配置 ……………………………………………………………………（57）
  4.3.5 控制台速率配置 …………………………………………………………………（57）
  4.3.6 在路由器上使用 Telnet ……………………………………………………………（58）

4.4 网络通信检测工具 …………………………………………………………………（58）
习题 4 ………………………………………………………………………………………（60）

进 阶 篇

第 5 章 网络规划与设计 …………………………………………………………………（63）
5.1 网络拓扑层次化结构设计 ……………………………………………………………（63）
  5.1.1 层次化网络拓扑设计的描述 …………………………………………………（63）
  5.1.2 层次化结构设计中各层的特点 ………………………………………………（64）
5.2 网络综合布线 …………………………………………………………………………（67）
  5.2.1 综合布线系统构成 ……………………………………………………………（67）
  5.2.2 综合布线的特点 ………………………………………………………………（72）
  5.2.3 网络综合布线案例 ……………………………………………………………（73）
习题 5 ………………………………………………………………………………………（77）

第 6 章 VLAN 技术 ………………………………………………………………………（78）
6.1 VLAN 概述 ……………………………………………………………………………（78）
  6.1.1 VLAN 的概念 …………………………………………………………………（78）
  6.1.2 VLAN 的种类 …………………………………………………………………（78）
6.2 冲突域和广播域 ………………………………………………………………………（79）
  6.2.1 冲突域 …………………………………………………………………………（79）
  6.2.2 广播域 …………………………………………………………………………（80）
6.3 VLAN 工作原理 ………………………………………………………………………（80）
  6.3.1 VLAN 帧结构（IEEE802.1q） ………………………………………………（81）
  6.3.2 VLAN 实现机制 ………………………………………………………………（82）
  6.3.3 VLAN 端口 ……………………………………………………………………（83）
6.4 VLAN 配置方式及应用实例 …………………………………………………………（85）
  6.4.1 Port VLAN 的配置 ……………………………………………………………（85）
  6.4.2 Tag VLAN 配置 ………………………………………………………………（87）
  6.4.3 Native VLAN 配置 ……………………………………………………………（87）
  6.4.4 VLAN 配置其他注意事项 ……………………………………………………（87）
习题 6 ………………………………………………………………………………………（88）

第 7 章 交换机中的冗余链路管理 ………………………………………………………（89）
7.1 交换机冗余链路 ………………………………………………………………………（89）
  7.1.1 交换技术与冗余链路 …………………………………………………………（89）
  7.1.2 冗余链路存在问题 ……………………………………………………………（90）
7.2 生成树协议 ……………………………………………………………………………（91）
  7.2.1 生成树协议概述 ………………………………………………………………（91）
  7.2.2 STP 工作原理 …………………………………………………………………（92）
  7.2.3 STP 的工作方式及实例解析 …………………………………………………（94）
  7.2.4 拓扑变化 ………………………………………………………………………（97）
  7.2.5 RSTP 工作原理 ………………………………………………………………（97）
  7.2.6 MSTP 工作原理 ………………………………………………………………（99）
  7.2.7 生成树配置方式及应用实例 …………………………………………………（100）
7.3 以太网链路聚合 ………………………………………………………………………（101）
  7.3.1 以太网链路工作原理 …………………………………………………………（101）
  7.3.2 以太网链路配置方式及应用实例 ……………………………………………（102）
习题 7 ………………………………………………………………………………………（103）

第 8 章 路由技术基础 ……………………………………………………………………（104）

VII

- 8.1 网络互连基础 (104)
  - 8.1.1 IP 数据报格式 (105)
  - 8.1.2 IP 的工作原理 (106)
  - 8.1.3 路由表 (107)
  - 8.1.4 路由器 IP 地址设置规则 (109)
- 8.2 路由协议 (109)
  - 8.2.1 路由协议和可被路由协议 (110)
  - 8.2.2 路由管理距离 (111)
  - 8.2.3 路由的度量尺度 (111)
  - 8.2.4 路由信息选择方式和路由决策 (112)
- 8.3 路由的分类 (112)
  - 8.3.1 直连路由和非直连路由 (112)
  - 8.3.2 静态路由和动态路由 (112)
  - 8.3.3 有类路由和无类路由 (114)
  - 8.3.4 内部网关和外部网关 (116)
  - 8.3.5 距离向量路由选择和链路状态路由选择 (117)
  - 8.3.6 路由协议性能比较 (120)
- 8.4 网络维护 (120)
  - 8.4.1 IP 地址配置方式 (120)
  - 8.4.2 IP 网络的监控和维护 (121)
- 习题 8 (121)

第 9 章 基本路由选择 (123)
- 9.1 静态路由工作原理 (123)
- 9.2 默认路由 (124)
- 9.3 完整静态路由配置应用实例 (125)
- 9.4 RIP 工作原理和配置 (127)
  - 9.4.1 RIP 协议概述 (127)
  - 9.4.2 RIP 路由工作原理 (128)
  - 9.4.3 RIP 报文的格式 (129)
  - 9.4.4 RIP 协议的运行 (130)
  - 9.4.5 RIP 路由配置方式及应用实例 (131)
- 9.5 VLAN 间路由 (134)
  - 9.5.1 VLAN 间路由的必要性 (134)
  - 9.5.2 使用路由器/三层交换机进行 VLAN 间路由 (134)
- 9.6 基本路由选择综合应用实例 (137)
- 习题 9 (140)

第 10 章 OSPF 路由选择 (142)
- 10.1 OSPF 概述 (142)
- 10.2 SPF 算法 (143)
- 10.3 OSPF 基本概念 (145)
  - 10.3.1 自治系统的分区 (145)
  - 10.3.2 区域间路由 (145)
  - 10.3.3 Stub 区和自治系统外路由 (146)
  - 10.3.4 DR 和 BDR (146)
- 10.4 OSPF 协议 (146)
  - 10.4.1 OSPF 协议包 (146)
  - 10.4.2 链路状态更新包链路状态类型 (148)

10.5 OSPF 协议的运行 .... (149)
10.5.1 Hello 协议的运行 .... (149)
10.5.2 DR 和 BDR 的产生 .... (149)
10.5.3 链路状态数据库的同步 .... (150)
10.5.4 路由表的产生和查找 .... (150)
10.6 OSPF 配置方式 .... (150)
习题 10 .... (152)

第 11 章 帧中继技术 .... (154)
11.1 帧中继概述 .... (154)
11.1.1 帧中继基本功能 .... (154)
11.1.2 帧中继工作原理 .... (154)
11.1.3 帧中继与 X.25 协议的主要差别 .... (155)
11.2 帧中继格式 .... (155)
11.3 帧中继技术特点 .... (156)
11.4 帧中继配置技术 .... (157)
11.4.1 帧中继主要配置命令 .... (157)
11.4.2 帧中继配置示例 .... (160)
11.5 帧中继监控和维护 .... (164)
11.5.1 帧中继调试信息 .... (164)
11.5.2 帧中继链路维护命令 .... (165)
习题 11 .... (167)

高 级 篇

第 12 章 园区网安全和交换机端口 .... (171)
12.1 园区网安全概述 .... (171)
12.2 交换机端口安全 .... (172)
12.2.1 端口安全概述 .... (172)
12.2.2 端口安全设置方法 .... (173)
12.2.3 端口安全配置及应用实例 .... (174)
12.3 防火墙基础 .... (177)
12.3.1 防火墙概述 .... (177)
12.3.2 防火墙的结构 .... (178)
12.3.3 防火墙的基本类型 .... (178)
12.3.4 防火墙的初始设置 .... (179)
习题 12 .... (181)

第 13 章 数据包过滤和访问控制列表 .... (182)
13.1 数据包过滤概述 .... (182)
13.2 访问控制列表 .... (182)
13.2.1 访问控制列表的功能 .... (182)
13.2.2 ACL 的类型和格式 .... (183)
13.2.3 基于时间的 ACL .... (188)
13.3 ACL 工作流程 .... (189)
13.4 ACL 的应用 .... (189)
13.4.1 在接口上应用 ACL .... (189)
13.4.2 正确放置 ACL .... (190)
13.4.3 撤销过滤数据包 .... (190)
13.4.4 扩展访问列表的应用示例 .... (191)

习题 13 ......（191）
第 14 章 广域网 ......（192）
14.1 广域网概述 ......（192）
14.1.1 广域网的定义 ......（192）
14.1.2 广域网接入技术分类 ......（192）
14.2 HDLC 协议 ......（194）
14.2.1 HDLC 协议介绍 ......（194）
14.2.2 HDLC 配置技术 ......（194）
14.2.3 HDLC 监控和维护 ......（195）
14.3 PPP ......（195）
14.3.1 PPP 概述 ......（195）
14.3.2 PPP 配置方式 ......（198）
14.3.3 PPP 的监控和维护 ......（200）
14.3.4 PPP 典型配置举例 ......（201）
14.3.5 故障和诊断 ......（203）
习题 14 ......（204）
第 15 章 网络地址转换技术 ......（205）
15.1 NAT 概述 ......（205）
15.1.1 NAT 引入 ......（205）
15.1.2 NAT 技术的定义 ......（205）
15.1.3 NAT 分类 ......（205）
15.1.4 NAT 的优缺点 ......（206）
15.1.5 NAT 的适用范围 ......（207）
15.1.6 地址转换技术地址和地址代理技术的区别 ......（208）
15.2 NAT 技术的基本原理 ......（208）
15.2.1 NAT 技术原理概述 ......（208）
15.2.2 NAT 相关地址 ......（208）
15.2.3 NAT 功能及对应的工作原理 ......（209）
15.3 NAT 的相关配置 ......（214）
15.3.1 静态 NAT 配置 ......（214）
15.3.2 配置动态 NAT ......（215）
15.3.3 配置静态 NAPT(或 PAT) ......（216）
15.3.4 配置动态 NAPT(或 PAT) ......（217）
15.3.5 NAT 的监视和维护命令 ......（218）
15.4 应用 NAT 技术的安全策略 ......（218）
习题 15 ......（219）
第 16 章 常见网络故障分析处理及管理 ......（220）
16.1 网络故障概述 ......（220）
16.2 网络故障分析与处理 ......（220）
16.2.1 物理层故障分析与处理 ......（220）
16.2.2 数据链路层故障分析与处理 ......（221）
16.2.3 网络层故障分析与处理 ......（222）
16.2.4 传输层及高层故障分析与处理 ......（223）
16.3 常见故障排除方法 ......（224）
16.3.1 交换机常见故障排除 ......（224）
16.3.2 路由器常见故障排除 ......（226）
习题 16 ......（229）
参考文献 ......（230）

基 础 篇

网络基础概述

网络编址

交换机和路由器设备

交换机和路由器基础配置与管理

第 1 章 网络基础概述

本章是对计算机网络基础知识的回顾,重点介绍计算机网络中的 OSI 七层模型的起源、作用和各层的功能,阐述网络传输过程中数据的封装与解封装的过程,以及 TCP/IP 协议栈中各层的常见协议的特点。本章是学习路由与交换技术的知识基础。

1.1 网络技术基础

计算机网络是计算机技术与通信技术结合的产物,它代表了当代计算机体系结构发展的一个重要方向。从 20 世纪 80 年代末开始,计算机技术进入到了一个新的发展阶段,以光纤通信技术应用于计算机网络、多媒体技术、综合业务数据网络、人工智能网络的出现和发展为主要标志。20 世纪 90 年代至 21 世纪初是计算机网络高速发展的时期,尤其是 Internet 的建立,推动了计算机网络向更高层次发展。在微机普及的今天,网络平台是个人计算机使用环境的一种必然选择。一个国家、地区或单位计算机网络化的水平,几乎可以代表其计算机的使用水平。

1.1.1 网络发展

计算机网络从 20 世纪 70 年代开始发展至今,已形成从小型的办公室局域网到全球性的大型广域网,对现代人类的生产、经济、生活等方面都产生了巨大的影响。随着计算机技术和通信技术的不断发展,计算机网络也经历了从简单到复杂、从单机到多机的发展过程,经历了以下 4 个历史阶段。

1. 面向终端的计算机通信网络

在 20 世纪 50 年代中期至 60 年代末期,计算机技术与通信技术初步结合,形成了计算机网络的雏形。此时的计算机网络是由一台计算机与若干远程终端通过通信线路按点到点方式直接相连,进行远程数据通信,如图 1-1 所示。典型的代表系统有 1963 年美国空军建立的半自动化地面防空系统 SAGE 和美国 IBM 公司在 1963 年投入使用的飞机订票系统 SABRE-1。

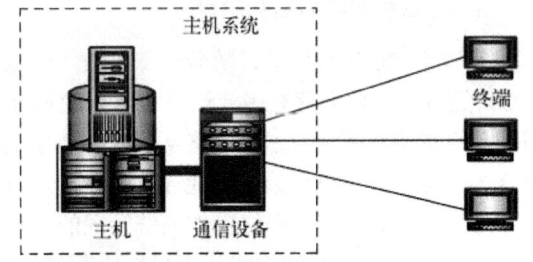

图 1-1 面向终端的计算机通信网络

早期这种网络中的主计算机既要管理数据通信,又要对数据进行加工处理,负担很重,效率不高,而且每个终端都要独占一条通信线路,致使每条通信线路的使用率也很低,系统费用增加。

2. 计算机-计算机通信网络

20 世纪 60 年代末期至 70 年代中后期,出现了通过通信线路将分散在各地的计算机系统连接起来的通信网络系统,其结构如图 1-2 所示。这种网络的主要作用是进行计算机系统之间的信息交换和传递,以交换机为通信子网的中心,并由若干个主机和终端构成用户的资源子网,是计算机网络的雏形。这个阶段,在计算机通信网络的基础上,完成了网络体系结构与协议的研究,形成了完整的计算机网络。典型的代表系统是美国国防部高级研究计划局开发的 ARPANET,它是计算机网络技术发展中的一个里程牌，它的研究成果对促进网络技术发展起到了重要作用，并为 Internet 的形成奠定了基础。

早期的 ARPANET 是由 4 个结点组成的试验网，后来扩充到 15 个结点的 ARPA 研究中心，到 20 世纪 70 年代后期，网络结点超过 60 个，主计算机超过 100 台。其地理范围覆盖了美洲大陆，连通了许多大学和研究机构，并通过无线通信连通了夏威夷和欧洲的计算机。ARPANET 的研究成果为计算机网络的发展奠定了基础，现在计算机网络的许多概念都来自 ARPANET。ARPANET 于 1990 年 6 月停止运行，被因特网（Internet）取代，完成了它的历史使命。ARPANET 的试验成功使计算机网络的概念发生了根本变化。

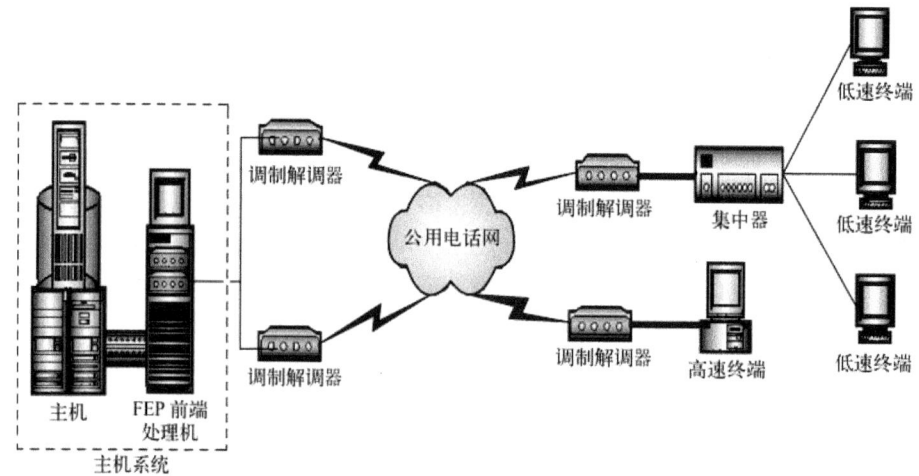

图 1-2 计算机-计算机通信网络

3．计算机网络标准化阶段

20 世纪 70 年代以后，随着计算机技术与通信技术的密切结合和高度发展，以及个人计算机（PC）的问世，使得拥有多台计算机的企业和部门希望在这些计算机之间不仅能够通信，而且实现了共享资源。因此，通信网络从仅具有通信功能的网络系统，通过各种通信手段，使分布在各地众多的各种计算机系统有机地连接在一起，以共享资源为目的，发展为一个规模更大、功能更强、可靠性更高的、由网络操作系统管理的、遵循国际标准化网络体系结构的计算机网络。

为了使不同体系结构的计算机网络都能够互连，必须有一个大家都遵循的网络体系结构。1977 年，国际标准化组织 ISO 专门成立机构来研究这个问题，并于 1980 年 12 月发表了第一个草拟的"开放系统互连参考模型"，简称 OSI/RM，1983 年被 ISO 正式批准为国际标准。第三代计算机网络从此开始。

事实上，目前存在着两种占主导地位的网络体系结构，一种是 ISO 的开放系统互连参考模型（OSI/RM），另一种是传输控制协议/网际协议（TCP/IP）。

4．高速网络阶段

进入 20 世纪 90 年代后，计算机网络的发展更加迅速，计算机网络向全面互连、高速、智能和全球化发展，还将得到更广泛的应用。此外，为了保证网络的安全，防止网络中的信息被非法窃取，网络要求更强大的安全保护措施。

新一代计算机网络应满足高速、大容量、综合性、数字信息传递等多方位的需求。现在，从技术上实现了电话网、有线电视网和计算机网络融入综合业务数字网（ISDN），称为三网合一。综合业务数字网将是计算机网络发展的必然方向。各种相关的计算机网络技术和产业必将对 21 世纪的经济、政治、军事、教育和科技的发展产生更大的影响。

1.1.2 网络定义

在计算机网络发展的不同阶段，人们对计算机网络提出了不同的定义，反映着当时网络技术发展的水平，以及人们对网络的认识程度。现在通常对"计算机网络"的定义是：将地理位置不同的、具有独立功能的多台计算机及其外部设备，通过通信设备和线路连接起来，在网络操作系统、网络管理软件及网络通信协议的管理和协调下，实现通信交往、资源共享和协同工作的计算机系统。简单地说，计算机网络就是通过电缆、电话线或无线通信将两台以上的计算机互连起来的集合。

从以上定义可以看出，计算机网络涉及以下三个要点：

① 两台或两台以上的计算机相互连接起来才能构成网络，达到资源共享的目的，网络就有一个服务的问题，即肯定有一方请求服务和另一方提供服务。

② 两台或两台以上的计算机连接通信，需要一条物理通道，这条通道的连接由传输介质实现。传输介质包括有线介质和无线介质。其中，有线介质有双绞线、同轴电缆和光纤等；无线介质有激光、微波和卫星等。

③ 计算机之间要通信交换信息，彼此间必须遵循所规定的约定和规则，这些约定和规则就是通信协议。每个厂商生产的计算机网络产品都有自己的许多协议，这些协议的总体就构成了协议集。

计算机网络按其逻辑功能可以分为"资源子网"和"通信子网"，如图 1-3 所示。资源子网负责全网的数据处理业务，并向网络客户提供各种网络资源和网络服务，一般由主机（Host）、终端、终端控制器、通信子网接口设备、各种软件资源和数据资源等组成。通信子网提供网络通信功能，完成全网主机之间的数据传输、交换、控制和变换等通信任务，一般由通信控制处理机、通信线路和其他通信设备组成。

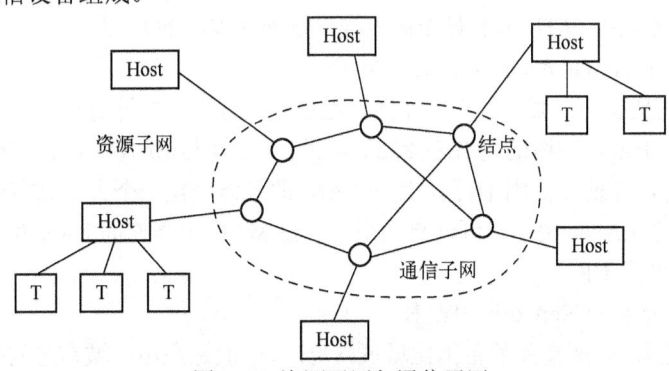

图 1-3 资源子网与通信子网

1.1.3 网络分类及拓扑结构

1. 网络分类

用于对计算机网络进行分类的标准很多，如可以按网络的拓扑结构分类、按网络协议分类、按信道访问方式分类、按传输技术分类等。各种分类标准一般只能给出网络某一方面的特征。

(1) 按网络传输技术分类

网络所采用的传输技术决定了网络的主要技术特点，根据网络所采用的传输技术对网络进行分类是一种很重要的分类方法，网络可分为广播式网络和点对点式网络。

① 广播式网络

在广播式网络中，所有互连的计算机都共享一个公共通信信道。当一台计算机利用共享通信信道发送报文分组时，所有其他计算机都会收到这个分组。发送的分组中带有目的地址和源地址，接收到该分组的计算机将检查目的地址是否与本结点的地址相同，如果相同，则接收该分组，否则丢弃该分组。

② 点到点式网络

在点到点式网络中，每条物理线路连接一对计算机。若两台计算机之间没有直接连接的线路，那么它们之间的分组传输就要通过中间结点的转发来实现。由于连接多台计算机之间的线路结构可能很复杂，因此从源结点到目的结点可能存在多条路由。决定分组从通信子网的源结点到目的结点的路由需要由路由选择算法实现。

(2) 按网络覆盖范围分类

计算机网络按照其覆盖的地理范围进行分类，可以很好地反映不同类型网络的技术特征。由于网络覆盖的地理范围不同，所采用的传输技术也就不同，因而形成了不同的网络技术特点与网络服务功能。

① 局域网（Local Area Network，LAN）

局域网是最常见、应用最广的一种网络。它是在局部地区范围内的网络，所覆盖的地区范围较小，距离一般来说是几米至几十千米以内，一般位于一个建筑物或一个单位内，在计算机数量配置上没有太多的限制，少则可以只有两台，多则可达几百台。一般来说，在企业局域网中工作站的数量在几十到几百台左右。现在局域网随着整个计算机网络技术的发展和提高得到充分的应用和普及，几乎每个单位都有自己的局域网，有的甚至家庭中都有自己的小型局域网。

局域网的特点是连接范围窄、用户数少、配置容易、连接速率高。IEEE 的 802 标准委员会定义了多种局域网标准，如以太网（Ethernet）、令牌环网（Token Ring）、光纤分布式接口网络（FDDI）、异步传输模式网（ATM）和最新的无线局域网（WLAN）。

② 城域网（Metropolitan Area Network，MAN）

城域网一般来说是在一个城市，但不在同一地理小区范围内的计算机互连网络。它的连接距离可以在几十到上百千米，采用的是 IEEE802.6 标准。MAN 与 LAN 相比，扩展的距离更长，连接的计算机数量更多，在地理范围上可以说是 LAN 的延伸。在一个大型城市或都市地区，一个 MAN 通常连接着多个 LAN。由于光纤连接的引入，使 MAN 中高速的 LAN 互连成为可能。城域网多采用 ATM 技术做骨干网。

③ 广域网（Wide Area Network，WAN）

广域网也称为远程网，所覆盖的范围比城域网更广，一般是在不同城市之间的 LAN 或者 MAN 网络互连，地理范围可从几百千米到几千千米。因为距离较远，信息衰减比较严重，所以这种网络一般要租用专线，通过 IMP（接口信息处理）协议和线路连接起来，构成网状结构，解决寻径问题。城域网因为所连接的用户多，总出口带宽有限，所以用户的终端连接速率一般较低，通常为 9.6kbps～45Mbps，如 CHINANET、CHINAPAC 和 CHINADDN 等。

(3) 按应用管理范围分类

① 因特网（Internet）

Internet 是使用公共语言进行通信的全球计算机网络，它并不是一种具体的物理网络技术，而是将使用不同物理技术的网络，通过路由器等网络互连设备，按 TCP/IP 统一起来的一种跨越国界的世界范围的大型计算机互连网络。整个网络的计算机每时每刻随着人们网络的接入在不变的变化。当用户连在 Internet 上时，用户计算机是 Internet 的一部分，但一旦用户断开 Internet 的连接，用户的计算机就不属于 Internet 了。

从 1990 年开始，电子邮件（E-mail）、文件传输（FTP）、网络新闻组（USENET）等重要服务的应用，使 Internet 越来越受到人们的欢迎。从 1993 年开始，Internet 进入了大发展阶段。学术界、工业界、政府部门和广大用户都清楚地看到了 Internet 的重要作用和巨大潜力，纷纷支持使用 Internet。现在它已是全球最大和最具有影响力的计算机互连网络，也是世界范围的信息资源宝库，对推动世界科学、文化、经济和社会的发展有着不可估量的作用。Internet 的广泛应用和高速网络技术的快速发展，使得网络计算技术将成为未来几年里重要的研究和应用领域，移动计算网络、网络多媒体计算、网络并行计算、网格计算、云计算等网络计算技术正在成为网络领域新的研究和应用的热点问题。

② 内连网（Intranet）

内连网是指由私人、公司或企业等利用 Internet 技术及其通信标准和工具建立的内部 TCP/IP 网络，由企业内部的局域网、各种网络设备、网络互连设备以及支持 Internet 技术的软件组成，能够为用户提供方便、友好、统一的用户浏览信息的界面，有利于系统间的交换。

③ 外连网（Extranet）

外连网是对内连网的延伸和扩展，指使用 Internet 和内连网技术构造的企业外部互连网络，是一种使企业和客户、企业和企业互连而成的，为了完成共同目标的合作网络，将企业的内连网进一步扩展到合作伙伴，从而形成了企业之间相关信息共享、信息交流和互相通信的介于 Internet 和内连网之间的网络。

2．网络拓扑结构

计算机网络通过计算机网络中各结点与通信线路之间的几何关系来表示网络结构，并反映出网络各实体之间的结构关系。通常将网络中的计算机主机、终端和其他设备抽象为结点，通信线路抽象为线路，而将结点和线路连接而成的几何图形称为网络的拓扑结构。

（1）总线型

由一条高速公用总线连接若干个结点所形成的网络结构称为总线型网络，如图 1-4 所示。在总线型网络中，所有结点都通过同一条线路进行信息传输，任何一个结点的信息都可以沿着总线向两个方向传递，并可被总线上任一结点所接收，这种方式称为广播式通信。它的优点是信道利用率高、地理覆盖范围小、传输速率高、网络建设与扩充容易，缺点是对信道故障敏感，任何通信线路的故障会使整个网络陷入瘫痪。

（2）星型

星型网络中有一个中心结点，其他所有结点都与这一中心结点相连接，如图 1-5 所示。中心结点是其他结点的中继结点，中心结点接收各结点的信息并转发给相应的结点，这种方式称为点到点通信。它的优点是结构简单、组网容易、线路集中、便于管理和控制，缺点是线路利用率较低，中心结点负担重，容易在中心结点上形成系统的瓶颈。

（3）环型

在环型网络中，各结点通过点到点的通信线路首尾相连，形成闭合的环型，如图 1-6 所示。

环型网络中的信息流动是单向的,从任意结点发出的信息,经环路传送一周后又返回到源结点。由于信息按固定方向流动,因此各结点所发出的信息不会发生冲突。它的优点是传输时延确定、结构简单,缺点是可靠性差,网络扩展和维护都不方便。

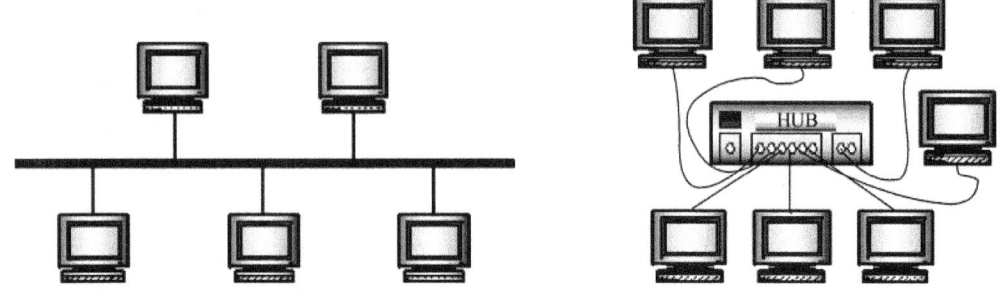

图 1-4　总线型结构　　　　　　　　图 1-5　星型结构

（4）树型

树型结构是一种分级结构,可以看成是多级星型结构的组合,如图 1-7 所示。在实际组建一个大型网络时,往往采用树型结构。网络的最高层是中心交换机,最底层是工作站,而其他各层可以是主机、互连设备等。它的优点是扩充方便、灵活,建网费用也较低。

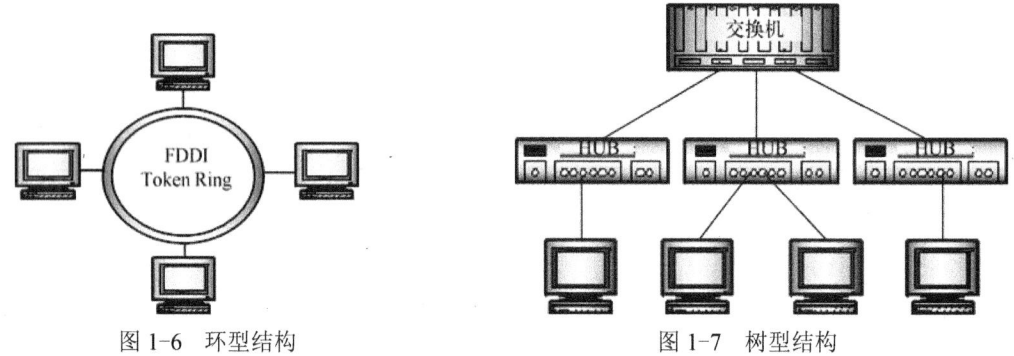

图 1-6　环型结构　　　　　　　　图 1-7　树型结构

（5）网状

网状结构的网络由分布在不同地理位置的计算机经传输介质和通信设备连接而成的,网络中的结点之间的连接是任意的、无规律的,如图 1-8 所示。它的优点是系统可靠性高,缺点是结构复杂。

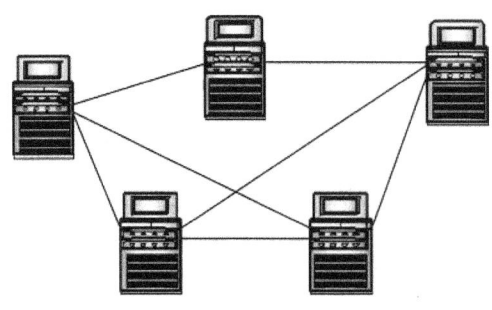

图 1-8　网状结构

（6）混合型拓扑

以上介绍的网络拓扑结构,事实上以此为基础,还可构造出一些复合型的网络拓扑结构。

1.2 OSI 参考模型体系结构

为了实现不同厂家生产的计算机系统之间以及不同网络之间的数据通信，成立于 1974 年由多国团体组成的国际标准化组织（International Standards Organization，ISO）对当时各类计算机网络体系结构进行了研究，并于 1981 年正式公布了一个网络体系结构模型作为国际标准，称为开放系统互连参考模型（Reference Model of Open System Interconnection，OSI/RM），也称为 ISO/OSI。这里的"开放"表示任何两个遵守 OSI/RM 的系统（某一计算机系统、终端、系统软件或应用软件等）都可以进行互连，当一个系统能按 OSI/RM 与另一个系统进行通信时，就称该系统为开放系统。目前，OSI/RM 仍在不断完善之中，一些新的网络通信协议也参照 OSI/RM 进行设计。

1.2.1 OSI/RM 各层结构及功能

OSI/RM 模型是设计网络系统的分层次的框架，使得所有类型的计算机系统可以通信。OSI 模型包括 7 个分开但又有关的层次，在其中的每一层都定义了通过网络传送信息的一些过程（见图 1-9）。

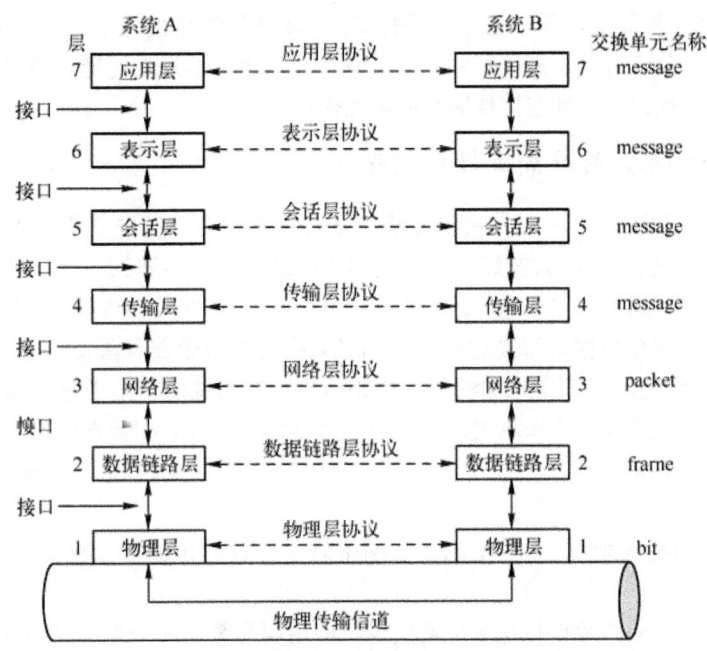

图 1-9　ISO 的 OSI/RM 及协议

在 OSI/RM 模型中，相邻层之间通过接口进行连接。两主机的相应层称为对等层（peer layer），它们所含的实体称为对等实体（peer entity）。各对等层（或对等实体）之间并不直接传输数据，两主机之间传输的数据和控制信息是由高层通过接口依此传递到低层，最后通过底层的物理传输媒体实现真正的数据通信，而各对等实体之间通过协议进行的通信是虚通信。

第 1 层：物理层（Physical Layer），在物理信道上传输原始的数据流，提供为建立、维护和拆除物理链路连接所需的机械的、电气的、功能和过程的特性。

第 2 层：数据链路层（Data Link Layer），在物理层提供数据流服务的基础上，建立相邻结点之间的数据链路，通过差错控制提供数据帧（frame）在信道上无差错地传输，并进行数据流量控制。

第 3 层：网络层（Network Layer），为传输层的数据传输提供建立、维护和终止网络连接的手段，把上层来的数据组织成报文分组（packet）在结点之间进行交换传送，并且负责路由控制和拥挤控制。

第 4 层：传输层（Transport Layer），为上层提供端到端（最终用户到最终用户）的透明的、可靠的数据传输服务。所谓透明的传输，是指在通信过程中传输层对上层屏蔽了通信传输系统的具体细节。

第 5 层：会话层（Session Layer），为表示层提供建立、维护和结束会话连接的功能，并提供会话管理服务。

第 6 层：表示层（Presentation Layer），为应用层提供信息表示方式的服务，如数据格式的变换、文本压缩、加密技术等。

第 7 层：应用层（Application Layer），为网络用户或应用程序提供各种服务，如文件传输、电子邮件（E-mail）、分布式数据库、网络管理等。

上述 7 层网络功能可分 3 组：第 1、2 层解决有关网络信道问题，第 3、4 层解决传输服务问题，第 5、6、7 层处理对应用进程的访问。另外，从控制角度讲，OSI/RM 七层模型的下三层（1、2、3 层）可以成传输控制层，负责通信子网的工作，解决网络中的通信问题；上三层（5、6、7 层）为应用控制层，负责有关资源子网的工作，解决应用进程的通信问题，中间层（4 层）为通信子网和资源子网的接口，起到连接传输和应用的作用。

1.2.2 OSI/RM 数据封装及拆封过程

在 OSI/RM 中，发送方结点 A 向接收方结点 B 传送数据时，发送方结点 A 的发送进程传输给接收方结点 B 的接收进程的数据经过发送端的各层从上到下传递到物理信道，再传输到接收端的最低层，经过从下到上各层传递，最后到达发送方结点 B 的接收进程。在发送方结点 A 内，它的上层和下层之间传输数据。每经过一层，都对数据附加一个信息头部，即"封装"，而该层的功能正是通过这个"控制头"（附加的各种控制信息）来实现的。由于每层都对发送的数据发生作用，因此真正发送的数据越来越大，直到构成数据的比特流，在物理介质上传输。在接收方结点 B 内，这 7 层的功能又依次发挥作用，将各自的"控制头"去掉，即"拆封"，同时完成各层相应的功能。

信息实际流动的情况如图 1-10 所示。从图中看出，数据传输从上至下封装过程包括 7 个步骤：

① 当发送方结点 A 的数据传送到应用层时，应用层为数据加上本层控制报头 AH，组织成应用层的服务数据单元，再传输到表示层。

② 表示层接收到这个数据单元后，加上本层的控制报头 PH，组织成表示层的服务数据单元，再传送到会话层。

③ 会话层接收到这个数据单元后，加上本层的控制报头 SH，组织成会话层的服务数据单元，再传送到传输层。

④ 传输层接收到这个数据单元后，加上本层的控制报头 TH，组织成传输层的服务数据单元，称为报文（Message）。

⑤ 传输层的报文传送到网络层时，由于网络层数据单元的长度有限制，传输层长报文将被分割成多个较短的数据字段，再加上网络层的控制报头 NH，组织成网络层的服务数据单元——分

组（Packet）。

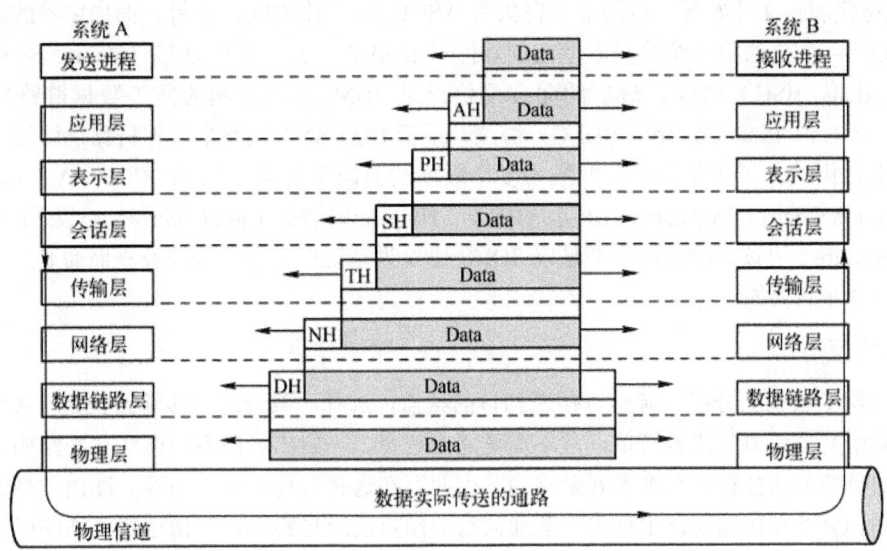

图 1-10　OSI/RM 中信息的流动

⑥ 网络层的分组传送到数据链路层时，加上数据链路层的控制信息 DH，组织成数据链路层的服务数据单元——帧（Frame）。

⑦ 数据链路层的帧传送到物理层后，物理层将以比特流的方式通过传输介质传输出去。当比特流到达接收结点 B 时，再从物理层依次上传，每层对各层的控制报头进行处理，称为"拆封"，将用户数据上交高层，最终将发送方结点 A 的数据传输给接收方结点 B。

1.2.3　OSI/RM 协议及各层应用

由于计算机网络中各台主机的类型和规格可能不同，每台主机的操作系统也不一样，为了保证计算机网络能够正常运行，就必须有一套网络中所有结点共同遵守的规程，即网络协议。网络协议是一组关于数据传输、输入/输出格式和各种控制功能的约定，通过这些约定可以在物理线路的基础上构成逻辑上的连接，实现在网络中计算机、终端以及其他设备之间直接进行数据交换。

1. 物理层

在实际的网络通信中，被广泛使用的物理层接口标准有 EIA RS-232C、EIA RS-449 和 CCITT 建议的 X.21 等标准。另外，CCITT 也有一些相应的标准，如与 EIA RS-232C 兼容的 CCITT V.24 建议、与 EIA RS-422 兼容的 CCITT V.10 等，接口标准说明请参阅有关标准的文本。在串行通信中，EIA RS-232C 是应用最广泛的标准，是美国电子工业协会（Electronic Industries Association，EIA）在 1969 年公布的数据通信标准。RS（Recommended standard）表示 EIA 的一种"推荐标准"，后面的 232 为标识号码，C 表示了标准 RS-232 的修订版本次数。

2. 数据链路层

数据链路层协议是最早被确认的通信协议之一。随着通信技术的发展，数据链路层协议也在不断改进和完善，时至今日已基本形成了完整的协议集。数据链路层协议由最初的异步终端协议发展到同步的面向字符协议，后来又出现了同步的面向位协议，这也是现在最常用的数据链路层协议。面向字符协议是利用已定义好的一种代码字符集的一个子集来执行通信控制功能，如用"STX"字符代表正文开始等。可用的字符集有 ASCII 码和 EBCDIC 码等，面向字符的典型协议有 ISO1745——数据通信系统的基本型控制规程和 IBM 的二进制同步通信（Binary Synchronous Communication，BSC）协议。最早的面向位协议是 IBM 公司研制的同步数据链路控制规程（Synchronous Data Link Control，SDLC）协议，用于 IBM SNA 网络的数据链路层协议。后来几个国际标准化组织做了少量修改，发展为多个版本的面向位协议，如 ADCCP（Advanced Data Communication Control Procedure）协议、HDLC（High-level Data Link Control）协议、LAP（Link Access Procedure）协议，这些协议都是以 SDLC 协议为基础做了少量修改补充而命名的，所以它们的基本内容是相同的。

3．网络层

在网络层中将报文分组从源结点传送到目的结点，选择一条合适的传输路径是至关重要的。局域网多采用共享信道且比较简单，故不需要路由选择。一般广域网多为网状拓扑结构，从源结点到目的结点的通路往往存在多条冗余路由，因此存在选择最佳路由的问题。路由选择就是根据一定的原则和算法在传输通路中选出一条通向目的结点的最佳路由，路由选择算法的好坏关系到网络资源的利用和网络性能的高低，如网络吞吐量、平均延迟时间、资源有效利用率等。网络层协议的代表包括 X.25 协议、IP、IPX、RIP、OSPF 等。X.25 协议是 CCITT 于 20 世纪 70 年代推出的，并在后来进行了几十次的修改和完善，被广泛应用于分组交换公用数据网中。

4．传输层

ISO 将网络服务分为 A、B、C 三种类型。
- A 型——网络连接具有可接受的残留差错率和可接受的失效通知率。
- B 型——网络连接具有可接受的残留差错率和不可接受的失效通知率。
- C 型——网络连接具有不可接受的残留差错率。

这里的残留差错是指经过差错控制后仍然存在的传送数据丢失、重复或畸变发生等错误，而失效通知是指网络协议检测到了差错，但不能恢复而通知传输实体。

A 型服务是可靠的网络服务，如虚电路服务。C 型服务的质量最差，单纯提供无连接（如数据报）服务的广域网或无线电分组交换网均属此类。B 型服务介于二者之间，广域网多是提供 B 型服务。

根据网络层提供的服务质量类型的不同，OSI/RM 将传输层协议分为 5 类，如表 1-1 所示。0 类最简单，也是功能最低的一类，仅具有连接建立、数据传输及差错报告等功能，适用于 A 型网络服务。1 类除了具有 0 类的功能外，还增加了基本错误恢复功能，提供流控制、加快数据传输、拆除连接等功能，可用于 B 型网络服务。2 类则在 1 类的基础上增加了多路复用功能，但不提供错误检测和恢复功能，适用于 A 型网络服务。3 类作为 2 类的功能增强级，具有差错恢复功能，可用于 B 型网络服务。4 类最复杂，可用于 C 型网络服务，具有超时机构和校验机构，增加了重复和顺序错检验等功能。

表 1-1　传输层协议分类

协议类	网络类型	名称
0	A	简单类
1	B	基本错误恢复类
2	A	多路复用类
3	B	差错恢复与多路复用类
4	C	差错检测和恢复类

5. 会话层

会话层是利用传输层提供的端到端的服务，向表示层或会话用户提供会话服务。这种服务主要是向会话服务用户（表示层实体或用户进程）提供建立连接并在连接上有序地传送数据，这种连接就叫做会话。会话实体通过会话协议组织和同步它们的会话，以管理它们的数据交换。所谓会话协议，就是在传输连接的基础上会话层实体之间建立会话连接的服务，并且支持有序交换数据的交互的一整套机制。会话协议含有 34 种会话协议数据单元的类型，会话协议数据单元与会话服务原语之间具有相对简单的映像关系，大多数服务原语导致会话协议实体产生并发送一个相应的会话协议数据单元。

6. 表示层

表示层处理的是 OSI 系统之间用户信息的表示问题，主要涉及被传输信息的语法和语义。在 OSI 环境中，表示层负责处理数据的表示形式，如文字、图形、声音的表示、数据压缩、数据加密等。由于通信双方表示数据的内部方法往往是不一样的，如 IBM370 系列计算机使用 EBCDIC 码表示字符，而大多数其他计算机使用 ASCII 码，所以需要转换和协定来保证通信双方可以彼此理解。

7. 应用层

应用层是 OSI/RM 的最高层，又是计算机网络与最终用户间的界面，包含系统管理员管理网络服务涉及的所有问题和基本功能。应用层在下面 6 层提供的数据传输和数据表示等各种服务的基础上，为网络用户或应用程序提供完成特定网络服务功能所需各种应用协议。不同的网络操作系统提供网络服务在功能、性能、易用性、用户界面、实现技术、硬件平台支持、开发应用软件所需的应用程序接口（API）等方面均存在较大差异，所采纳应用层协议也各具特色，所以需要应用层协议的标准化。常用的网络服务包括文件服务、电子邮件服务、打印服务、集成通信服务、目录服务、网络管理服务、安全服务、多协议路由与路由互连服务、分布式数据库服务、虚拟终端服务等。网络服务由相应的应用层协议来实现。

1.3 TCP/IP 体系结构

美国国防部高级研究计划局从 20 世纪 60 年代开始致力于研究不同类型计算机网络之间的互连问题，成功地开发出著名的 TCP/IP（Transmission Control Protocol/Internet Protocol），它提供了连接不同厂家计算机主机的通信协议，是事实上的工业标准。

1.3.1 TCP/IP 体系结构含义

TCP/IP 协议栈是一组用于实现网络互连的通信协议，是将多个网络进行无缝连接的体系结构。Internet 网络体系结构以 TCP/IP 协议栈为核心。其模型如图 1-11 所示。TCP/IP 协议栈将各个通信协议分配到以下 4 层：网络接口层（主机-网络层）、网络层（IP 层）、传输层和应用层，最主要的两个协议是网际协议（IP）和传输控制协议（TCP）。

OSI/RM 和 TCP/IP 协议栈的区别在于、OSI/RM 是并不是协议，是对了解网络体系结构非常有价值的参考模型，而 TCP/IP 协议栈则是很多个协议的集合，二者概念不同，并且，TCP/IP 协议栈早于 OSI/RM 开发出来，因此 TCP/IP 协议栈与 OSI/RM 七层模型并没有完全的对应关系。

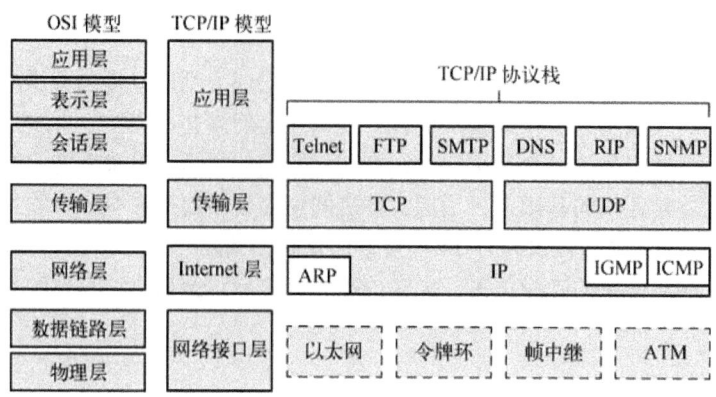

图 1-11 TCP/IP 参考模型

① TCP/IP 协议栈是由一组协议共同组成的一个协议栈，OSI/RM 定义的是一个网络的结构体系和各层功能的划分。

② OSI/RM 是模型、框架，TCP/IP 协议栈是实现各层功能的协议的集合。

③ OSI/RM 为 7 层，TCP/IP 协议栈为 4 层。

④ TCP/IP 的应用层相对于 OSI/RM 的应用层、表示层、会话层。

⑤ TCP/IP 的网络接口层相对于 OSI/RM 的数据链路层和物理层。

1.3.2 TCP/IP 各层结构及功能

在计算机网络技术中，如何实现不同网络及计算机间的互操作是计算机连网的关键问题，传输控制协议/互际协议（TCP/IP）就是解决这些问题的众多比较完善的网络协议之一。TCP/IP 被广泛采用，是因为许多大的计算机生产商（如 Xerox、DEC、IBM 等）的网络协议产品，虽然功能强大且拥有很多用户，但它们在异种机互连方面功能很弱，而 ISO 的 OSI/RM 标准缺乏足够的产品支持，并且 OSI/RM 的许多标准还在制订中。于是，在 20 世纪 80 年代初，人们选择了 TCP/IP 作为异种机互连的工业标准。这是一个在国际标准 ISO/OSI 尚未完全被采纳时，用户和厂家共同承认的标准，虽然它不符合 ISI/OSI 标准，但它已经成为事实上的国际标准和工业标准，并成为支持 Internet 和企业内部网的协议标准。

按照层次结构对计算机网络模块化的研究，其结果是形成了一组从上到下单向依赖关系的协议栈（Protocol Stack），也叫协议族。TCP/IP 参考模型与 TCP/IP 协议栈之间的关系见图 1-11。TCP/IP 协议栈实际上就是在物理网上的一组完整的网络协议，对应 OSI/RM，该协议组中的 TCP 提供传输层服务，负责数据的流量控制，并保证传输的正确性；而 IP 则提供网络层服务，负责将数据从一处传送到另一处。此外，由于 TCP/IP 是一组协议的代名词，所以还包括许多协议。

1. 网络接口层

TCP/IP 参考模型允许主机接入网络时使用多种流行的协议，包括各种物理协议，如局域网的 Ethernet 协议、Token Ring 协议、分组交换网的 X.25 协议，体现了 TCP/IP 协议栈的兼容性和适应性。

2. 网络层

网络层负责将源主机的报文分组发送到目的主机，源主机和目的主机可以在一个网络，也可以不在一个网络。TCP/IP 参考模型的网络层最重要的协议是网际协议（Internet Protocol，IP）。它是一种无连接的采用分组交换方式的网络层协议，既可作为单独通信子网中的网络层协议，也可作为由多个通信子网互连组成的网际网的网络层协议。IP 主要负责主机间数据的路由（路径选择）和网络上数据的存储，还为 ICMP、TCP、UDP 提供分组发送服务。

3．传输层

传输层负责在应用进程之间的端到端的通信。在 TCP/IP 参考模型的传输层，定义了两个最重要的协议：

① 传输控制协议（Transmission Control Protocol，TCP）是 TCP/IP 体系结构中传输层采用的一种协议，它从上层实体接收任意长度的报文，并为上层用户提供面向连接的、可靠的全双工数据传输服务。TCP 能自动纠正诸如分组丢失、损坏、重复、延迟和乱序等差错，支持多种高层协议，如 TELNET、FTP、SMTP 等。由于 TCP 是一种面向连接的协议，故要在一对高层协议之间提供建立连接和释放连接的功能，其连接方法是利用套接字（Socket）使一个高层实体主动发起与另一个高层实体之间的逻辑关系。TCP 为了保证可靠的端到端通信还具有流量控制、差错控制、多路复用等功能，适用于各种可靠的或不可靠的网络。

② 用户数据报协议（User Datagram Protocol，UDP）是一种不可靠的无连接协议，主要用于不要求分组顺序到达的传输中，分组传输顺序检查与排序由应用层完成。

4．应用层

应用层包含了所有的高层协议，并且总是不断有新的协议加入。应用层的协议可以分为三类：一类是依赖于面向连接的 TCP，一类是依赖于面向无连接的 UDP，另一类是既可依赖于 TCP，又可依赖于 UDP。

① 文件传输协议（File Transfer Protocol，FTP），用于实现网络中交互式文件的传输功能。

② 简单邮件传送协议（Simple Mail Transfer Protocol，SMTP），用于实现网络中电子邮件的传送功能。

③ 标准终端仿真协议（Telnet Terminal Protocol，TELNET），用于实现网络中远程登录功能。

④ 简单网络管理协议（Simple Network Management Protocol，SNMP），用于管理与监视网络设备。

⑤ 域名系统（Domain Name System，DNS），用于实现网络设备名字到 IP 地址映射的网络服务。

⑥ 路由信息协议（Routing Information Protocol，RIP），用于在网络设备之间交换路由信息。

⑦ 超文本传输协议（Hyper Text Transfer Protocol，HTTP），用于 WWW 服务。

习题 1

1. 计算机网络的发展进程可以划分为几个阶段？
2. 计算机网络是如何定义的？
3. 计算机网络是如何组成的？
4. 计算机网络的拓扑结构有几种？
5. 简述 OSI/RM 各层的结构及功能。
6. 简述 TCP/IP 各层结构及功能。

第2章 网络编址

网络地址是对网络中每个节点的一个唯一标识,实际上,网络中每个节点都有两类地址标识:网络层地址(逻辑地址)和数据链路层地址(物理地址)。本章从物理地址开始,介绍网络中各种地址的概念。通过各种地址的阐述和使用范围,读者能认识各种地址在网络中的作用以及各种地址之间的关系;通过地址的转换,读者能认识各种地址存在的意义;通过域名和地址,读者能认识域名存在的重要性;通过地址的划分,读者能认识地址表示的灵活性和使用范畴。

2.1 物理地址

网卡物理地址存储器中存储单元对应的实际地址称为物理地址,与逻辑地址相对应。所以,网卡地址又称为物理地址或 MAC(Media Access Control)地址、硬件位址、链路地址,用来定义网络设备的位置。在 OSI 模型中,网络层负责 IP 地址,数据链结层负责 MAC 位址。因此一个主机有一个 IP 地址,而每个网络位置有一个专属于它的 MAC 位址。

2.1.1 物理地址概述

网络中的地址分为物理地址和逻辑地址两类,局域网的 MAC 层地址是由硬件来处理的,IP 地址、传输层的端口号和应用层的用户名由软件来处理。

在通常的计算机使用过程中,IP 地址只要规划合理,可以更改 IP 地址,修改的方法也比较简单,只要在对应网卡的 TCP/IP 上双击,然后修改 IP 地址就可以。在 OSI/RM 中,第 2 层为数据链路层。MAC 地址由网络设备制造商生产时写在硬件内部。IP 地址和 MAC 地址在计算机里都以二进制表示,IP 地址是 32 位,MAC 地址是 48 位,通常表示为 12 个十六进制数,每 2 个十六进制数之间用冒号隔开。例如,08:00:20:0A:8C:6D 就是一个 MAC 地址,其中前 6 位 08:00:20 代表网络硬件制造商的编号,由 IEEE(电气与电子工程师协会)分配,后 6 位 0A:8C:6D 代表该制造商所制造的某个网络产品(如网卡)的系列号。MAC 地址在世界上是唯一的,不管主机是连接在哪个局域网上,也不管这台主机移到什么位置,这个主机的物理地址就是 08:00:20:0A:8C:6D。当主机 A 发送一帧时,网卡执行发送程序时,直接将这个地址作为源地址写入该帧。当主机接收一帧时,直接将这个地址与接收帧的目的地址比较,以决定是否接收该帧。物理地址一般记为 08-00-20-0A-8C-6D。

2.1.2 MAC 地址的作用

一个节点的 IP 地址可以在任意一个网卡上设置,即 IP 地址与 MAC 地址并不存在着绑定关系。如果一个网卡坏了,可以被更换,而无须更换一个新的 IP 地址。如果一个 IP 主机从一个网络移到另一个网络,可以给它一个新的 IP 地址,而无须换一个新的网卡。当然,MAC 地址除了这个功能外,还有帮助传输数据的功能。

为什么要用到 MAC 地址?这是由组网方式决定的,如今比较流行的接入 Internet 的方式是把主机通过局域网组织在一起,再通过交换机与 Internet 相连接。这样就出现了如何区分具体用户、防止盗用的问题。由于 IP 只是逻辑上标识，任何人都随意修改，因此不能用来标识用户；MAC 地址则不然，它是固化在网卡里面的。

基于 MAC 地址的这种特点，局域网采用了用 MAC 地址来标识具体用户的方法。在交换机内部通过"表"的方式把 MAC 地址与 IP 地址一一对应，也就是所说的 IP 和 MAC 绑定。

具体的通信方式是：接收过程，当有发给本地局域网内一台主机的数据包时，交换机接收下来，然后把数据包中的 IP 地址按照"表"中的对应关系映射成 MAC 地址，转发到对应的 MAC 地址的主机上，即使某台主机盗用了这个 IP 地址，但由于没有这个 MAC 地址，因此也不会收到数据包。发送过程与接收过程类似。

无论是局域网还是广域网中的计算机之间的通信，最终都表现为将数据包从某种形式的链路上的初始节点出发，从一个节点传递到另一个节点，最终传送到目的节点。数据包在这些节点之间的移动都是由地址解析协议（Address Resolution Protocol，ARP）负责将 IP 地址映射到 MAC 地址上来完成的。

2.1.3 与 MAC 地址相关的命令与软件

在网络中，往往只知道 IP 地址，并不会去过多地关心 MAC 地址，可以使用一些方法去查看 MAC 地址。在 Windows 中可用"ipconfig -all"命令获得。

使用命令只能单条获得 MAC 地址，网管人员更希望有一种简单化操作的软件，如利用"MAC 扫描器"远程批量获取 MAC 地址。它是用于批量获取远程计算机网卡物理地址的一款网络管理软件，运行于网络（局域网、Internet）内的一台机器上，如可监控整个网络的连接情况，实时检测各用户的 IP、MAC、主机名、用户名等并记录，以供查询；可以进行跨网段扫描，可以与数据库中的 IP 和 MAC 地址进行比较，对使用虚假 MAC 地址的报警。

2.2 地址解析协议

2.2.1 地址解析协议概述

地址解析协议是在仅知道主机的 IP 地址时确定其物理地址的一种协议。因 IPv4 和以太网的广泛应用，ARP 主要负责将局域网中的 32 位 IP 地址转换为对应的 48 位物理地址（网卡的 MAC 地址），其转换过程是一台主机先向目标主机发送包含 IP 地址信息的广播数据包，即 ARP 请求，然后目标主机向该主机发送一个含有 IP 地址和其 MAC 地址的数据包，最后，通过 MAC 地址两个主机就能实现数据传输。某节点的 IP 地址的 ARP 请求被广播到网络上后，这个节点会收到确认其物理地址的应答，这样的数据包才能被传送出去。RARP（逆向 ARP）经常在无盘工作站上使用，以获得它的逻辑 IP 地址。

2.2.2 地址解析协议原理

下面以一个例子来理解地址解析协议的工作原理。假设计算机 A 的 IP 为 192.168.1.1，MAC 地址为 00-11-22-33-44-01；计算机 B 的 IP 为 192.168.1.2，MAC 地址为 00-11-22-33-44-02。

在 TCP/IP 通信中，A 给 B 发送 IP 包，在包头中需要填写 B 的 IP 为目标地址，但这个 IP 包在以太网上传输时还需要进行一次以太帧的封装。这个以太帧中的目标地址就是 B 的 MAC 地址。

计算机 A 是如何得知 B 的 MAC 地址的呢？解决问题的关键就在于 ARP。

在 A 不知道 B 的 MAC 地址的情况下，A 就广播一个 ARP 请求包，请求包中填上了 B 的 IP（192.168.1.2），以太网中的所有计算机都会接收这个请求，而正常的情况下只有 B 会给出 ARP 应答包，应答包中就填充上了 B 的 MAC 地址，并回复给 A。A 得到 ARP 应答后，将 B 的 MAC 地址放入本机缓存，便于下次使用。本机 MAC 缓存是有生存期的，生存期结束后，将再次重复上面的过程。

ARP 并不只在发送了 ARP 请求才接收 ARP 应答。当计算机接收到 ARP 应答数据包的时候，就会对本地的 ARP 缓存进行更新，将应答中的 IP 和 MAC 地址存储在 ARP 缓存中。因此，当局域网中的某台机器 B 向 A 发送一个自己伪造的 ARP 应答，而如果这个应答是 B 冒充 C 伪造的，即 IP 地址为 C 的 IP，而 MAC 地址是伪造的，则当 A 接收到 B 伪造的 ARP 应答后，就会更新本地的 ARP 缓存，这样在 A 看来 C 的 IP 地址没有变，而它的 MAC 地址已经不是原来那个了。由于局域网的网络流通不是根据 IP 地址进行，而是按照 MAC 地址进行传输，所以那个伪造出来的 MAC 地址在 A 上被改变成一个不存在的 MAC 地址，这样就会造成网络不通，导致 A 不能连通 C。

2.2.3 ARP 显示和修改

在安装了以太网网络适配器的计算机中都有专门的 ARP 缓存，包含一个或多个表，用于保存 IP 地址和经过解析的 MAC 地址。在 Windows 中，要查看或者修改 ARP 缓存中的信息，可以使用 arp 命令来完成，如在命令提示符窗口中输入 "arp –a" 或 "arp –g"，可以查看 ARP 缓存中的内容，输入 "arp -d *IP-address*"，表示删除指定的 IP 地址项（*IP-address* 表示 IP 地址）。arp 命令的其他用法可以输入 "arp /?" 来查看。

2.3 IP 地址

2.3.1 地址空间和表示方法

1．地址空间

IP 定义的地址具有地址空间。地址空间就是协议所使用的地址总数。如果协议使用 n 位来定义地址，那么地址空间就是 2^n，因为每位可以有两种值（1 或 0）。

现在采用的 IP 协议版本为 IPv4。IPv4 使用 32 位地址，表示地址空间是 2^{32}，或 4294967296（超过 40 亿）。这就表明，从理论上讲，可以有超过 40 亿个设备连接到 Internet。但实际使用的数字要远小于这个数值。

2．IP 地址的表示方法

IP 地址有 3 种常用的表示方法：二进制表示法、点分十进制表示法和十六进制表示法。

（1）二进制表示法

在二进制表示法中，IP 地址表现为 32 位。为了使这个地址有更好的可读性，通常在每个字节（8 位）之间加上一个或更多的空格。下面是二进制 IP 地址的示例：

$$01110101\ 10010101\ 00011101\ 11101010$$

（2）点分十进制表示法

为了使 32 位地址更加简洁和更容易阅读，Internet 的地址通常以小数点将各字节分隔开的形式，如图 2-1 所示。注意，因为每个字节仅为 8 位，因此在点分十进制表示法中的每个数值一定在 0 至 255 之间。

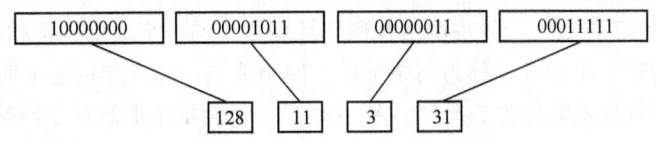

图 2-1 点分十进制的 IP 地址表示

（3）十六进制表示法

有时会见到十六进制表示法的 IP 地址。每个十六进制数字等效于 4 位，也就是说，一个 32 位的地址要用 8 个十六进制数字来表示。这种表示方法常用于网络编程中，如 10000001 10011011 00001011 11101010 表示十六进制数 819B0BEA。

2.3.2 地址的分类

在 IP 地址使用初期，使用分类的概念，这种体系结构叫做分类编址。在 20 世纪 90 年代中期，一种叫做无分类编址的新的体系出现了，这种体系将最终代替原来的体系。但是，绝大多数的 Internet 地址目前还是使用分类编址。"分类"的概念有助于理解"无类"的概念。

对于同一网络上的所有节点，IP 地址必须满足以下规定：
- 每个 IP 地址的网络号部分相同。
- 网络上每个节点的 IP 地址必须是唯一的。

IP 地址可分成 5 类，即 A 类、B 类、C 类、D 类和 E 类。A 类地址占据了整个地址空间的一半，B 类地址占据了整个地址空间的 1/4，C 类地址占据地址空间的 1/8，而 D 类和 E 类地址各占据地址空间的 1/16，如表 2-1 所示。

表 2-1 IPv4 的五类地址

类	前 8 位地址范围	地 址 数	百 分 数
A	0~127	2^{31}=2 147 483 648	50%
B	128~191	2^{30}=1 073 741 824	25%
C	192~223	2^{29}=536 870 912	12.5%
D	224~239	2^{28}=268 435 456	6.25%
E	240~255	2^{28}=268 435 456	6.25%

A 类地址的最高位 0 和随后的 7 位是网络号部分，剩下的 24 位表示网内主机号。这样在一个互连网络内可能会有 126 个 A 类网络（网络号 1~126，号码 0 和 127 保留），而每个 A 类网络中允许有 1600 多万个节点。A 类地址适用于有大量主机的大型网络。

B 类地址的最高 2 位 10 和随后的 14 位是网络号部分，剩下的 16 位表示网内的主机号。在某种互连环境下可能有约 16000 个 B 类网络，而每个 B 类网络中可以有 6.5 万多个节点。一般大单位和大公司营建的网络使用 B 类地址。

C 类地址的最高 3 位 110 和随后的 21 位是网络号部分，剩下的 8 位表示网内主机号。一个互连网络允许包含 200 万个 C 类网络，每个 C 类网络中最多可以有 254 个节点，较小的单位和公司都使用 C 类地址。

D 类地址的最高 4 位为 1110，表示多播地址，即一个多播组的组号。

2.3.3 网络掩码和默认掩码

网络掩码是一个 32 位数。当使用网络掩码和地址段中的一个地址按位相"与"(AND)时,就可得出该地址段的第一个地址,称为网络地址。网络掩码中二进制位为 1 的位代表该位为网络位,二进制位为 0 的位代表该位为主机位。A、B、C 三类地址中的默认子网掩码见表 2-2。

表 2-2 默认掩码

类	二进制表示的掩码	点分十进制表示的掩码
A	11111111 00000000 00000000 00000000	255.0.0.0
B	11111111 11111111 00000000 00000000	255.255.0.0
C	11111111 11111111 11111111 00000000	255.255.255.0

当网络没有划分子网时,默认掩码就已经被使用了。当划分子网时,就不再是使用默认掩码了,这时子网掩码有更多的 1。网络掩码产生了网络地址,子网掩码则产生子网地址。

1. 子网掩码规则

子网掩码都使用连续的掩码,即一串 1 后面跟随一串 0。

例如,11111111 11111111 11110000 00000000(即 255.255.240.0)是合法的子网掩码,而 11111111 11111111 11000011 00000000(即 255.255.195.0)是非法的子网掩码。

2. 计算子网地址

只要给出了 IP 地址,就可以对地址进行掩码运算,从而找出子网地址。有两种方法:直接的或快捷的。

(1) 直接的方法

使用直接的方法时,把二进制表示法的地址和掩码进行"与"操作,找出子网地址。若主机地址是 136.45.34.56,而子网掩码是 255.255.240.0,则求子网地址的过程如下:

主机地址 10001000 00101101 00100010 00111000
子网掩码 11111111 11111111 11110000 00000000
子网地址 10001000 00101101 00100000 00000000
子网地址是:136.45.32.0

(2) 快捷的方法

- 若掩码中的字节是 255,就复制 IP 地址中相应的字节到地址中。
- 若掩码中的字节是 0,就在 IP 地址中用 0 代替之。
- 若掩码中的字节既不是 255 也不是 0,就用二进制写出掩码和地址,然后使用"与"运算。

以上示例,可以采取这种方法来计算:

主机地址 136.45.00100010.56
子网掩码 255.255.11110000.0
子网地址 136.45.00100000.0

则子网地址是:136.45.32.0。

3. 子网数和每个子网内的地址数

计算在使用子网掩码时给默认掩码增加的 1 的个数,就可以找出子网数。例如,在上例中,额外增加的 1 的个数为 4, 因此, 子网数是 $2^4=16$。

计算子网掩码中 0 的个数就可找出每个子网的地址数。例如, 在上例中, 0 的个数是 12, 因此在每个子网中可能的地址数是 $2^{12}=4096$。

但是, 每个子网中的第一个地址 (即主机位全 0 的地址) 是子网地址。每个子网中的最后一个地址 (即主机位全 1 的地址) 是广播地址, 保留在子网内进行受限广播地址之用。故在每个子网内有效的主机地址数是 2^n-2, 这里的 n 为子网掩码中 0 的个数。

2.3.4 特殊地址

A 类、B 类和 C 类地址中的某部分空间可用作特殊的地址, 如表 2-3 所示。

表 2-3 特殊地址

特 殊 地 址	网 络 位	主 机 位	源地址或目的地址
网络地址	特写的	全 0	都不是
直接广播地址	特写的	全 1	目的地址
受限广播地址	全 1	全 1	目的地址
环回地址	127	任意	目的地址

1. 网络地址

对于 A、B、C 类地址中的第一个地址定义了该主机所在的网络地址。例如, 主机 123.50.16.90 所在的网络地址为 123.0.0.0。

2. 直接广播地址

在 A、B、C 类地址中, 若主机位是全 1, 则这个地址称为直接广播地址。路由器使用这种地址把一个数据包发送到一个特定网络上的所有主机。所有主机都会收到具有这种类型目的地址的数据包。注意, 这个地址在 IP 数据包中只能用作目的地址, 这个特殊的地址也减少了 A 类、B 类和 C 类地址中每个网络中的可用主机数。例如, 路由器发送数据报, 目的地址为 221.45.71.255, 而该网络内采用默认的子网掩码 255.255.255.0 分配 IP 地址, 则这个网络上的所有设备都接收和处理这个数据包, 即以 221.45.71 开头的所有设备。

3. 受限广播地址

在 A、B、C 类地址中, 若网络位和主机位都是全 1 (32 位), 即 255.255.255.255, 则这个地址用于定义在当前网络上的广播地址。一个主机若想把报文发送给所有其他主机, 就可使用这样的地址作为数据包中的目的地址。但路由器把具有这种类型地址的数据包阻挡住, 使这样的广播只局限在本地网络。应注意, 这种地址属于 E 类地址。例如, 主机可以发送使用全 1 目的 IP 地址的数据包, 在该网络上的所有设备都接收和处理这个数据包。

4. 环回地址

第一个字节等于 127 的 IP 地址用作环回地址, 这个地址用来测试机器的 TCP/IP 协议是否安装正常。当使用这个地址时, 数据包永远不离开这台机器; 这个数据包就简单地返回到 TCP/IP。因此这个地址可用于测试 IP 软件。例如, 像 "PING" 这样的应用, 可以发送把环回地址作为目的地址的数据包, 以便测试 IP 软件能否接收和处理数据包。另一个示例就是客户进程 (运行着的程序) 用环回地址发送数据包给同样机器上的服务器进程。注意, 这种地址在数据包中只能用作目的地址。

2.3.5 私有 IP 地址

私有 IP 就是在本地局域网上的 IP，与之对应的是公有 IP（在互联网上的 IP）。

随着私有 IP 网络的发展，为节省可分配的注册 IP 地址，有一组 IP 地址被专门用于私有 IP 网络，称为私有 IP 地址。

私有 IP 地址中，A 类、B 类、C 类各有一部分，其范围是：

  A 类： 10.0.0.0~10.255.255.255 /8
  B 类： 172.16.0.0~172.31.255.255 /12
  C 类： 192.168.0.0~192.168.255.255 /16

这些地址是不会被 Internet 分配的，它们在 Internet 上也不会被路由，虽然它们不能直接与 Internet 连接，但通过技术手段仍旧可以与 Internet 通信。可以根据需要来选择适当的地址类，在内部局域网中将这些地址像公用 IP 地址一样地使用。在 Internet 上，有些不需要与 Internet 通信的设备，如打印机、可管理交换机等也可以使用这些地址，以节省 IP 地址资源。

2.3.6 单播、多播和广播地址

Internet 上的通信可用单播、多播和广播来完成。

（1）单播地址

单播通信是一对一的。单播通信就是从单个的源端将数据包发送到单个的目的端。Internet 上的所有系统必须至少有一个唯一的单播地址。单播地址可以是 A 类、B 类和 C 类。

（2）多播地址

多播，又称为组播。多播通信是一对多的。多播通信就是从单个的源端把数据包发送到一组目的端。多播地址是 D 类地址。整个地址定义了一个组号。在 Internet 上的系统可以有一个或多个 D 类多播地址（除了它的一个或多个单播地址外）。如果某个系统（通常是个主机）有 7 个多播地址，就表示它属于 7 个不同的组。注意，D 类地址只能用作目的地址，不能用作源地址。

Internet 上的多播可以是本地级的，也可以是全局级的。在本地，局域网上的一些主机可构成一个组，并被指派一个多播地址。在全局，不同网络上的一些主机可构成一个组，并被指派一个多播地址。

（3）广播地址

广播通信是一对所有的。Internet 只允许进行本地级广播。已经看到在本地级使用的两个广播地址：受限广播地址（全 1）和直接广播地址（主机位全 1）。

广播不允许在全局级进行。这表示一个系统（主机或路由器）不能向 Internet 上的所有主机或路由器发送数据包。

2.4 VLSM 地址划分

为了有效地使用无类别域间路由（CIDR）和路由汇总来控制路由表的大小，可使用一个名为 VLSM 的 IP 寻址技术。CIDR 是一个将好几个 IP 网络结合在一起，使用一种无类别的域间路由选择算法。它可以减少由核心路由器运载的路由选择信息的数量。

VLSM 可以对子网进行层次化编址，这种 IP 寻址技术允许对已有子网进行划分，以便有效

的利用现有的地址空间。

2.4.1 VLSM 概述

VLSM 其实就是相对于类的 IP 地址来说的。A 类的第一段是网络号（前 8 位），B 类地址的前两段是网络号（前 16 位），C 类的前三段是网络号（前 24 位）。而 VLSM 的作用就是在类的 IP 地址的基础上，从其主机号部分借出相应的位数来做网络号，也就是增加网络号的位数。各类网络可以用来再划分子网的位数为：A 类有 24 位可以借，B 类有 16 位可以借，C 类有 8 位可以借。可以再划分的位数就是主机号的位数，实际上不可以都借出来，因为 IP 地址中必须要有主机号的部分，而且主机号部分剩下一位是没有意义的，所以在实际中可以借的位数是在那些可借的数字中减去 2，借的位作为子网部分。

这是一种产生不同大小子网的网络分配机制，指一个网络可以配置不同的掩码。开发可变长度子网掩码的想法就是在每个子网上保留足够的主机数的同时，把一个子网进一步分成多个小子网时有更大的灵活性。如果没有 VLSM，一个子网掩码只能提供给一个网络，这样就限制了要求的子网数上的主机数。另外，VLSM 是基于比特位的，而类网络是基于 8 位组的。

在实际工程实践中，能够进一步将网络划分成三级或更多级子网。同时，能够考虑使用全 0 和全 1 子网，以节省网络地址空间。比如，某局域网上使用了 27 位的掩码，则每个子网可以支持 30 台主机（$2^5-2=30$）；而对于 WAN 连接而言，每个连接只需要 2 个地址，理想的方案是使用 30 位掩码。

2.4.2 VLSM 和 CIDR 的区别

CIDR 是把几个标准网络合成一个大的网络，VLSM 是把一个标准网络分成几个小型网络（子网）；CIDR 是子网掩码往左边移了，VLSM 是子网掩码往右边移了。

CIDR（Classless Inter.Domain Routing）是无类别域间路由，VLSM（Variable Length Subnetwork Mask）是可变长子网掩码。

2.4.3 VLSM 实例分析

假设某公司有两个主要部门：市场部和技术部。技术部又分为硬件部和软件部两个部门。该公司申请到了一个完整的 C 类 IP 地址段 210.31.233.0，子网掩码 255.255.255.0。为了便于分级管理，该公司采用了 VLSM 技术，将原主网络划分称为两级子网（未考虑全 0 和全 1 子网）。

市场部分得了一级子网中的第 1 个子网，即 210.31.233.64，子网掩码 255.255.255.192，该一级子网共有 62 个 IP 地址可供分配。

技术部将所分得的一级子网中的第 2 个子网 210.31.233.128，子网掩码 255.255.255.192。又进一步划分成了两个二级子网。其中第 1 个二级子网 210.31.233.128，子网掩码 255.255.255.224 划分给技术部的下属分部-硬件部，该二级子网共有 30 个 IP 地址可供分配。技术部的下属分部-软件部分得了第 2 个二级子网 210.31.233.160，子网掩码 255.255.255.224，该二级子网共有 30 个 IP 地址可供分配。

VLSM 技术对高效分配 IP 地址（较少浪费）以及减少路由表大小都起到非常重要的作用，这在超网和网络聚合中非常有用。注意，使用 VLSM 时，所采用的路由协议必须能够支持它，这些路由协议包括 RIP2、OSPF、EIGRP、IS-IS 和 BGP。

无类路由选择网络可以使用 VLSM，而有类路由选择网络中不能使用 VLSM。

2.4.4 VLSM 下的子网掩码值

1. A 类地址子网掩码的值

① 掩码 255.0.0.0: /8
② 掩码 255.128.0.0: /9
③ 掩码 255.192.0.0: /10
④ 掩码 255.224.0.0: /11
⑤ 掩码 255.240.0.0: /12
⑥ 掩码 255.248.0.0: /13
⑦ 掩码 255.252.0.0: /14
⑧ 掩码 255.254.0.0: /15
⑨ 掩码 255.255.0.0: /16

2. B 类地址子网掩码的值

① 掩码 255.255.128.0: /17
② 掩码 255.255.192.0: /18
③ 掩码 255.255.224.0: /19
④ 掩码 255.255.240.0: /20
⑤ 掩码 255.255.248.0: /21
⑥ 掩码 255.255.252.0: /22
⑦ 掩码 255.255.254.0: /23
⑧ 掩码 255.255.255.0: /24

3. C 类地址子网掩码的值

① 掩码 255.255.255.128: /25
② 掩码 255.255.255.192: /26
③ 掩码 255.255.255.224: /27
④ 掩码 255.255.255.240: /28
⑤ 掩码 255.255.255.248: /29
⑥ 掩码 255.255.255.252: /30

2.4.5 VLSM 划分子网的几个捷径

① 所选择的子网掩码将会产生多少个子网?

2 的 x 次方（x 代表掩码位，即二进制为 1 的部分）。

② 每个子网能有多少主机?

2 的 y 次方-2（y 代表主机位，即二进制为 0 的部分）。

③ 有效子网块大小是多少?

有效子网块大小=256-十进制的子网掩码（结果叫做 block size 或 base number）。

④ 每个子网的广播地址是多少?

广播地址=下个子网号-1。

⑤ 每个子网的有效主机分别是什么?

忽略子网内全为 0 和全为 1 的地址剩下的就是有效主机地址。

最后一个有效主机地址=下一个子网号-2（即广播地址-1）。

【例 2-1】 C 类地址例子。假设网络地址 192.168.10.0，子网掩码 255.255.255.192(/26)。

(1) 子网数=2×2=4。

(2) 主机数=$2^6-2=62$。

(3) 有效子网块大小=256-192=64，第 1 个子网为 192.168.10.0，第 2 个为 192.168.10.64，第 3 个为 192.168.10.128，第 4 个为 192.168.10.192。

(4) 广播地址：下个子网-1。所以 4 个子网的广播地址分别是 192.168.10.63、192.168.10.127、192.168.10.191、192.168.10.255。

(5) 有效主机范围：第 1 个子网的主机地址是 192.168.10.1～192.168.10.62，第 2 个的是 192.168.10.65～192.168.10.126，第 3 个的是 192.168.10.129～192.168.10.190，第 4 个的是 192.168.10.193～192.168.10.254。

【例 2-2】 B 类地址例子 1。假设网络地址为 172.16.0.0，子网掩码为 255.255.192.0(/18)。

(1) 子网数=2×2=4。

(2) 主机数=$2^{14}-2=16382$。

(3) 有效子网块大小=256-192=64，所以第 1 个子网为 172.16.0.0，第 2 个为 172.16.64.0，第 3 个为 172.16.128.0，第 4 个为 172.16.192.0。

(4) 广播地址：下个子网-1。所以 4 个子网的广播地址分别是 172.16.63.255、172.16.127.255、172.16.191.255、172.16.255.255。

(5) 有效主机范围：第 1 个子网的主机地址是 172.16.0.1～172.16.63.254，第 2 个的是 172.16.64.1～172.16.127.254，第 3 个的是 172.16.128.1～172.16.191.254，第 4 个的是 172.16.128.1～172.16.255.254。

【例 2-3】 B 类地址例子 2。假设网络地址为 172.16.0.0，子网掩码为 255.255.255.224(/27)。

(1) 子网数=2^{11}=2048，因为 B 类地址默认掩码是 255.255.0.0，所以网络位为 8+3=11。

(2) 主机数=$2^5-2=30$。

(3) 有效子网块大小=256-224=32，所以第 1 个子网的主机地址为 172.16.0.0，第 2 个子网的主机地址为 172.16.0.32，最后一个子网的主机地址为 172.16.255.224。

(4) 广播地址：下个子网-1。所以第 1 个子网、第 2 个子网和最后一个子网的广播地址分别是 172.16.0.31、172.16.0.63 和 172.16.255.255。

(5) 有效主机范围：第 1 个子网的主机地址是 172.16.0.1～172.16.0.30，第 2 个子网的主机地址是 172.16.0.33～172.16.0.62，最后一个的是 172.16.255.225～172.16.255.254。

2.5 IPv6 地址

IPv6 是 Internet Protocol Version 6 的缩写，也被称为下一代互联网协议，是由 IETF 小组（Internet 工程任务组 Internet Engineering Task Force）设计的用来替代现行的 IPv4 的一种新的 IP 协议。

2.5.1 如何理解 IPv6 的地址表示方法

IPv6 的记录长度要比 IPv4 要长很多，以前没有考虑兼容 IPv6 的都需要增加长度。

目前的 IPv4 地址表现形式采用的是点分十进制形式，那么下一代的 IPv6 地址如何表达呢？由于 IPv6 地址长度 4 倍于 IPv4 地址，所以表达起来比 IPv4 地址复杂得多。IPv6 地址的基本表达方式是 x:x:x:x:x:x:x:x。其中，x 是一个 4 位十六进制整数，占 16 位二进制数。每个 IP 地址包括 8 个整数，共计 128 位（4×4×8=128）。例如，下面是一些合法的 IPv6 地址：

  CDCD:901A:2222:5498:8475:1111:3900:2020

  1030:0:0:0:C9B4:FF12:48AA:1A2B

  2000:0:0:0:0:0:0:1

注意这些整数是十六进制整数。地址中的每个整数都必须表示出来，但起始的 0 可以不必表示。上面给出的是一种比较标准的 IPv6 地址表达方式，此外还有另外两种更加清楚和易于使用的方式。

某些 IPv6 地址中可能包含一长串的 0 (就像上面的第二和第三个例子一样)。当出现这种情况时，标准中允许用"空隙"来表示这一长串的 0。换句话说，地址 2000:0:0:0:0:0:0:1 可以被表示为 2000::1。这两个冒号表示该地址可以扩展到一个完整的 128 位地址。在这种方法中，只有当 16 位组全部为 0 时才会被两个冒号取代，且两个冒号在地址中只能出现一次，以避免混淆。

在 IPv4 和 IPv6 的混合环境中还可能有第三种表达方法。IPv6 地址中的最低 32 位可以用于 IPv4 地址的表示方法，该地址可以按照一种混合方式表达，即 x:x:x:x:x:x:d.d.d.d，x 表示一个 16 位整数，d 表示一个 8 位十进制整数。例如，地址 0:0:0:0:0:0:10.0.0.1 就是一个合法的 IPv4 地址。把两种可能的表达方式组合在一起，该地址也可以表示为::10.0.0.1。

IPv6 地址和 IPv4 地址还有一个区别，即地址类型。众所周知，目前的 IPv4 地址有 3 种类型：单播（unicast）地址，组播（multicast）地址，广播（broadcast）地址。而 IPv6 地址虽然也是 3 种类型，但是已经有所改变，它们是单播（unicast）、组播（multicast）、任播（anycast）。

- 单播地址：一个网络接口的地址。送往一个单播地址的包将被传送至该地址标识的接口上。
- 组播地址：一组接口（一般属于不同节点）的网络地址。送往一个组播地址的包将被传送至有该地址标识的所有接口上。
- 任播地址：一组接口（一般属于不同节点）的网络地址。送往一个泛播地址的包将被传送至该地址标识的接口之一（根据选路协议对于距离的计算方法选择"最近"的一个）。
- 广播地址：一个网段内的所有节点。送往一个广播地址的包将被送至网段内的所有节点。

在 IPv6 地址中之所以要去掉广播地址，而重新定义任播地址，主要是考虑到网络中由于大量广播包的存在，容易造成网络的阻塞，而且由于网络中各节点都要对这些大部分与自己无关的广播包进行处理，对网络节点的性能也造成影响。

2.5.2 解决 IP 地址耗尽的措施

Internet 的主机都有一个唯一的 IP 地址，现有的 IP 地址用一个 32 位二进制的数表示一个主机号码，但 32 位地址资源有限，已经不能满足用户的需求了，因此 Internet 研究组织发布新的主机标识方法，即 IPv6。IPv4 只能支持 32 位的地址长度，因此所能分配的地址数目也是有限的，大致相当于 4294967296，即 2^{32}。在 IP 最早使用的时候，这个数字还是相当可观的，但是随着近几年全球范围内计算机网络的爆炸性增长，可以使用的 IPv4 地址空间已经越来越有限。为了从根本上解决 IP 地址空间不足的问题，提供更加广阔的网络发展空间，人们对 IPv4 进行改进，推出功能更加完善和可靠的 IPv6。IPv6 对地址分配系统进行了改进，支持 128 位的地址长度，在性能和安全性上有所增强。

2.5.3 IPv6 的基本首部

① IPv6 的地址用 16 字节表示,地址空间是 IPv4 的 2^{96} 倍,相当于地球表面的每平方米面积都有大约 6×1023 个具唯一性的地址。无论未来怎样发展,看来这么多的地址也是够用的。

② 简化了 IP 分组头,包含 8 个段(IPv4 是 12 个段)。这一改变使得路由器能够更快地处理分组,从而可以改善吞吐率。

③ IPv6 更好地支持选项。这一改变对新的分组头很重要,因为一些从前是必要的段现在变成可选的了。此外,表示选项的方式也有所不同,使得路由器能够简单地跳过跟它们无关的选项。这一特征加快了分组处理速度。

④ 安全性。身份验证和保安功能是这个新的 IP 的关键特征。

⑤ 有关资源分配的。取代 IPv4 的服务类型段,IPv6 的流标记段支持对属于一个特别的交通流(对应的发送端可能请求特别的处理)的标记,从而能够支持诸如实时视频这样的特殊交通。

2.5.4 IPv6 的扩展首部

IPv6 标准建议在使用多个扩展头时,IPv6 的头以下列次序出现:

① IPv6 头,总是出现在开头位置。

② 按跳段逐级处理的选项头。

③ 目的地选项头,用于被在 IPv6 目的地地址段中出现的第一个目的地处理的选项,该选项也会被随后在路由选择头中列出的目的地处理。

④ 路由选择头。

⑤ 分割 IPv6 头。

⑥ 身份验证 IPv6 头。

⑦ 加密安全性载荷头。

⑧ 目的地选项头:用于仅被分组的最终目的地处理的选项。

2.5.5 IPv6 的地址空间

1. 128 位的地址空间

IPv6 允许 3 种地址。

① 单投点:标识单个接口。发送给单投点地址的分组被投递给用那个地址标识的接口。

② 任意投点:标识一组接口(典型地属于不同的节点)。一个发送给任意投点的分组被投递给以那个地址标识的所有接口中的一个接口(根据路由协议测量的距离最近的一个)。

③ 多投点:标识一组接口(典型地属于不同的节点)。发送给多投点地址的分组被投递给用那个地址标识的所有接口。

IPv6 使用冒号十六进制记法:

  68E6:8C64:FFFF:FFFF:0:1180:960A:FFFF

  FF05:0:0:0:0:0:0:B3

写成：FF05::B3

规定：在任一地址中只能使用一次零压缩，冒号十六进制记法可以结合点分十进制记法的后缀。如：

0:0:0:0:0:0:128.10.2.1 或::128.10.2.1。

2．地址空间的分配

IPv6 将地址空间分为两大部分，第一部分时可变长度的类型前缀，它定义了地址的目的，第二部分是地址的其余部分，其长度也是可变的。

2.5.6 从 IPv4 向 IPv6 过渡

1．双协议栈

在完全过渡到 IPv6 之前，使一部分主机和路由器装有两个协议，一个 IPv4 协议和一个 IPv6 协议；

2．隧道技术

在 IPv4 区域中打通了一个 IPv6 隧道来传输 IPv6 数据分组。

2.5.7 ICMPv6

跟 IPv4 一样，IPv6 也要使用 ICMP。RFC1885 定义了新版本的 ICMP，称为 ICMPv6。它具有下列主要特征：

◇ 使用一个新的协议号，以区别于跟 IPv4 一起使用的 ICMP。
◇ 使用与 ICMPV4 相同的头格式。
◇ 删去了一些较少使用的 ICMP 报文。
◇ ICMP 报文的最大尺寸被定义成 576 个字节（包括 IPv6 头）。

与 IPv4 的 ICMP 的使用相同，ICMPv6 提供了在 IPv6 节点之间传送错误报文和信息性报文的手段。在大多数情况下，ICMPv6 报文都是作为对一个 IPv6 分组的响应而发送的，要么由沿着分组的通路上的路由器发送，要么由指定的目的地节点发送。ICMPv6 报文封装在 IPv6 分组中传送。

IPv6 就是能够无限地增加 IP 网址数量、拥有巨大网址空间和卓越网络安全性能等特点的新一代互联网协议。IPv6 的技术特点：地址空间巨大即 IPv6 地址空间由 IPv4 的 32 位扩大到 128 位，2 的 128 次方形成了一个巨大的地址空间。采用 IPV6 地址后，未来的移动电话、冰箱等信息家电都可以拥有自己的 IP 地址。

2.5.8 Windows 下的 IPv6 配置命令

Windows XP 里面虽然自带有 IPv6 协议包，但默认是没有安装的。在 Windows XP 下安装 IPv6 协议的方法和其他相关命令如下。

（1）安装 IPv6 协议

选择"开始"→"运行"，输入"cmd"，然后在命令提示符下输入"ipv6 install"，进行 IPv6 协议栈的安装。正常情况下会提示"Installing... Succeeded."。

如果想卸载 IPv6，那么执行命令"ipv6 uninstall"，然后重新启动计算机即可。

（2）ipv6 [-v] if [*ifindex*]

这条命令将显示 IPv6 所有接口界面的配置信息。在 IPv6 中，所有接口都是通过接口索引来标识的，执行"ipv6 if"，将能看到所有的支持 IPv6 的接口及其相关信息（包括接口索引）。如果需要察看某个具体接口，如接口 4，则执行"ipv6 if 4"。

通常情况下，安装 IPv6 协议栈后，一块网卡默认网络接口有 4 个。Interface 1 用于回环接口；Interface 2 用于自动隧道虚拟接口；Interface 3 用于 6to4 隧道虚拟接口；Interface 4 用于正常的网络连接接口，即 IPv6 地址的单播接口。如果有多块网卡，则后面还有其他接口。

（3）ipv6 [-p] adu *ifindex/address* [life *validlifetime*]

通过这条命令能够给某个接口添加 IPv6 地址。[-p]表示把所做的配置保存，如果不加此参数进行配置，则当计算机关机后配置将丢失。其他命令中的[-p]参数作用相同。[life *validlifetime*]设置 IPv6 地址的存活时间。

例如，如果要给接口 4 添加 IPv6 地址 3ffe:321f::1/64，则需要执行如下命令：

    ipv6 adu 4/3ffe:321f::1

要删除上面指定的 IPv6 地址，可以执行如下命令：

    ipv6 adu 4/3ffe:321f::1 life 0

ipv6 adu 命令不能指定子网掩码，所以必须指定一条路由，说明接口 4 是属于什么样的子网的，比如：

    ipv6 rtu 3ffe:321f::/64 4

路由表项的删除与接口地址的删除方法一样，把 lifetime 设为 0。例如，要删除上面指定的默认路由，可以执行如下命令：

    ipv6 rtu 3ffe:321f::/64 4 life 0

（4）ipv6 ifcr v6v4 *v4src v4dst*

这条命令用来建立 IPv6/IPv4 隧道（tunnel）。例如，要与另一台机器建立 IPv6/IPv4 隧道，本机 IPv4 地址是 166.111.8.28，对方的 IPv4 地址是 202.38.99.9，那么可以执行如下命令来建立 IPv6/IPv4 隧道：

    ipv6 ifcr v6v4 166.111.8.28 202.38.99.9

执行完这条命令之后，系统会告诉新创建的接口的索引值。

（5） ipv6 ifd *ifindex*

这条命令用来删除一个接口。比如，新建了一条 IPv6/IPv4 隧道，其接口索引为 5，如果不再用这条隧道，则可以执行如下命令将它删除：

    ipv6 ifd 5

（6）ping6 *address*

这条命令用来检查能否到达对方设备。比如，

    ping6 3ffe:321f::1

2.6 域名地址

2.6.1 域名地址概述

纯数字形式的 IP 地址不便记忆和使用，为了向用户提供直观的主机标识符，Internet 引入了分布式管理的域名系统（Domain Name System，DNS）。

DNS 的主要功能有两个：一是定义了一组为网上主机定义域名的规则，二是将域名转成实际

的 IP 地址。

每个 IP 网的主机或网关都有相应的域名，一个主机域名唯一确定一个 IP 地址，但是一个域名如果还有若干别名的话，一个 IP 地址却对应着若干个域名。为了从域名找到相应的 IP 地址，在网间网中提供了一套域名服务系统，由若干级的域名服务器组成。用户习惯使用的是域名，而系统内部使用的必须是 IP 地址，因此从域名到 IP 地址的转换工作由 DNS 服务器来完成。

2.6.2 DNS 定义规则

1. 域名层次

域名采用分层次命名的方法，每一层又称为子域名，子域名之间用句点作为分隔符，从右到左分别是最高层域名、机构名、网络名或主机名。根据 Internet 域名管理系统 DNS 规定，域名采用的层次结构为：

　　…次次高层.次高层.最高层

Internet 最高层域名是由 DDN NIC 授权登记的，在美国国内用于区分机构，在美国之外用于区分国家或地区。美国国内 Internet 最高层域名是：

- . int——国际组织
- . edu——教育组织
- . mil——军事组织
- . net——网络组织
- . store——商品销售企业
- . art——文化和娱乐实体
- . nom——个体或个人
- . com——商业组织
- . gov——政府组织
- . org——非商业组织
- . firm——商业公司
- . web——与 www 相关的实体
- . info——提供信息服务的实体

各个国家的 Internet 最高层域名由两个字母的国家名组成，如 CN（中国）、UK(英国)、FR(法国)、CA(加拿大)等。

我国自登记了最高层域名 cn 以后，规定了自己的第二级（次高层）域名，例如：

- . edu——教育机构
- . go——政府机构
- . ac——大学、研究所内的学术机构
- . sh——上海地区
- . co——公司
- . or——非营利组织
- . bj——北京地区
- . js——江苏省

2. 域名管理

Internet 域名的管理方式也是层次式的分配，只是某一层的域名需向上一层的名称服务器注册，而该层以下的域名则由该层自行管理。图 2-4，是 Internet 采用的域名层次结构命名树，域名系统是一个分布式主机信息库，采用客户机-服务器结构。用户向本地域名服务器查询地址，本地域名服务器向上级服务器查询，逐级查到各服务器，最后即可查出该地址的情况。由于管理机构是逐级授权的，所以最终的域名都必须得到 NIC(Network Information Center)的认可，成为 Internet 全网中的正式域字。域名既可以标识主机，也可以标识信箱，甚至用户等。

这种层次型域名，只要保证同层次的名字不重复，就可以在 Internet 中保证主机名的唯一性，不同层对象取相同名是可以的。这样，上层不必关心下层的命名问题，下层名字的变化不会反过来影响上层的状态。层次型域名的主要优点是将大量对象的管理转化为分层的少量对象管理。

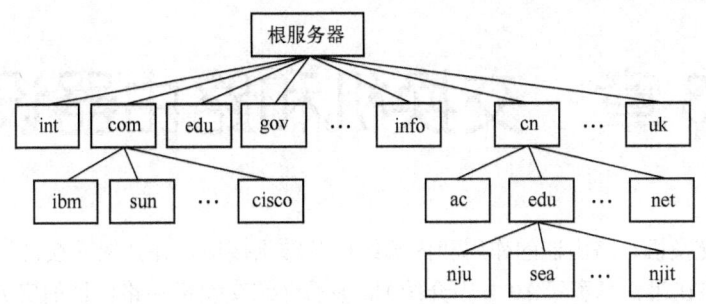

图 2-2 域名管理

3．域名解析

用域名表示虽然便于记忆和使用，但不能用域名寻址，因为主机在发收数据时使用的是 IP 地址。当用户使用主机域名进行通信时，必须将域名转换成 IP 地址，这种将主机域名转换成 IP 地址的过程称为"域名解析"。

域名解析包括正向解析（从域名到 IP 地址）和逆向解析（从 IP 地址到域名），Internet 的域名系统 DNS 完成域名解析任务。

习题 2

1．简述几种网络分类方法及主要的网络拓扑结构。
2．简述 IP 地址的作用及其分类方法。
3．简述子网划分的方法。
4．若主机地址是 19.30.80.5，网络掩码是 255.255.192.0，求其子网地址和广播地址。
5．某个公司分到的地址是 201.70.64.0，公司需要 6 个子网。试设计这个子网。
6．已知一个 C 类网段，要求划分 10 个以上子网，每个子网主机数不得少于 14 台。请求出子网掩码。
7．192.168.1.30/27 和 192.168.1.65/27 是否能够直接访问？
8．假设有一个 IP 地址是 192.168.6.38/28，请问它所在子网的广播地址、网络编号、子网掩码分别是什么？
9．下列关于 ARP 哪些是正确的？
  A．工作在应用层
  B．工作在网络层
  C．将 MAC 地址转换为 IP 地址
  D．将 IP 地址映射为 MAC 地址

第 3 章　交换机和路由器设备

本章将介绍交换机、路由器的作用和内部结构及常见接口,并介绍交换机的工作原理(而路由器的工作原理将在第 9 章和第 10 章中介绍),最后介绍交换机和路由器的安装和链接方法。通过本章的学习,读者可以理解二层交换机功能原理和特点,理解三层交换机的应用场合及特点,理解交换机和路由器的结构和接口。

3.1　交换机概述

3.1.1　交换机的作用

交换机也叫交换式集线器,对信息进行重新生成并经过内部处理,然后转发至指定端口,具备自动寻址能力和交换作用。交换机根据所传递数据包的目的地址,将每个数据包独立地从源端口送至目的端口,避免了与其他端口发生碰撞。广义的交换机就是一种在通信系统中完成信息交换功能的设备。

在计算机网络系统中,交换机是针对共享工作模式的弱点而推出的,交换机拥有一条高带宽的背部总线和内部交换矩阵,交换机的所有的端口都连接在背部总线上,当控制电路收到数据包以后,处理端口会查找内存中的地址对照表以确定目的 MAC(网卡的硬件地址)的网卡(NIC)连接在哪个端口上,通过内部交换矩阵,迅速将数据包传送到目的端口。如果目的 MAC 在地址对照表中找不到,交换机才将数据包广播到所有的端口,接收端口回应后,交换机会"学习"新的地址,并把它添加入到地址对照表中。

交换机除了能够连接同种类型的网络之外,还可以在不同类型的网络(如以太网和快速以太网)之间起到互连作用。当前,许多交换机都能提供支持快速以太网或 FDDI 等的高速连接端口,用于连接网络中的其他交换机,或者为带宽占用量大的关键服务器提供附加带宽。

3.1.2　交换机内部存储器

交换机主要采用下列 3 种内存:ROM、Flash、RAM。RAM 是会在交换机关机时丢失其内容的一种内存。各种内存的主要作用如下:

① ROM:只读内存,在交换机中的功能与计算机中的 ROM 相似,主要用于系统初始化等功能。顾名思义,ROM 是只读存储器,不能修改其中存放的代码。如要进行升级,则要替换 ROM 芯片。

② Flash:闪存,是可读可写的存储器,在系统重新启动或关机之后仍能保存数据。

③ RAM:可读可写的存储器,但它存储的内容在系统重启或关机后将被清除。

3.1.3　交换机常见接口及功能

下面针对锐捷网络设备介绍交换机的接口和功能。各种品牌网络设备的接口具有许多相似之处,具体使用时可参阅相关资料。

1．交换机部件

（1）交换机外观

以 S2126G 为例，交换机外观如图 3-1 所示。

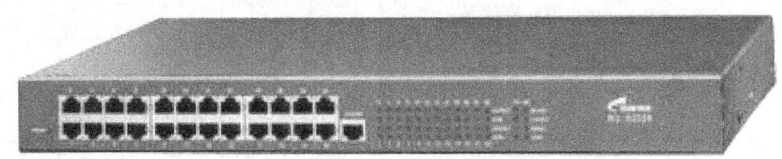

图 3-1　交换机 S2126G 外观

（2）前面板端口说明

如图 3-2 所示，S2126G 以太网交换机的前面板包括 Console 端口、24 个 10Base-T/100Base-TX RJ45 端口、LED 指示灯。

图 3-2　S2126G 前面板

① Console 端口：使用 9 芯串口线将 Console 端口与计算机的串口连接，对交换机进行管理。

② 24 个 10Base-T/100Base-TX RJ45 端口：支持 10Mbps 或 100Mbps 带宽的连接设备，均具有自协商能力。在交换机管理中，需要对端口名、端口速率、双工模式、端口流量控制、广播风暴控制和安全控制等进行设置。

③ LED 指示灯：包括电源指示灯、10Base-T/100Base-TX RJ45 端口状态指示、扩展模块状态指示灯，如图 3-3 所示。交换机的每个端口对应着不同的 LED 指示灯，表 3-1 列出了 LED 指示灯以亮、暗、闪烁来指示端口的状态。用户可直观地了解每个端口所处的状态，并判断交换机的故障原因。

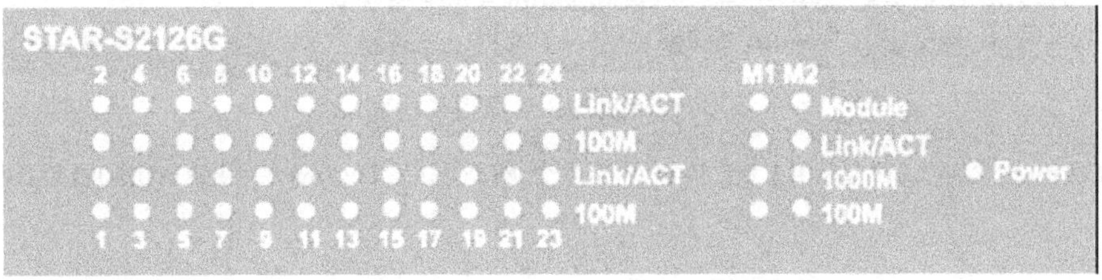

图 3-3　S2126G 的 LED 指示灯

表 3-1　S21 系列交换机 LED 指示灯功能表

LED 指示每个端口的状态		功　能	指示灯状态		
			亮	暗	闪烁
电源指示	电源指示 LED（POWER）	交换机是否上电	交换机上电	电源线和电源插座及交换机未连接正确 电源插座供电不正确	

续表

LED 指示每个端口的状态		功能	指示灯状态		
			亮	暗	闪烁
10BASE-T/100BASE-TX RJ45 端口指示灯	链接/活动指示 LED（Link/ACT）	这个端口是否检测到网线另一端上有网络设备，或者这个端口是否在接收或发送数据	已经检测到远端设备并已建立起正确链接	未接上网线 交换机未上电 网线错误或者是一个内部交叉的网线 远端没有设备相连，网线超长	有一个设备与本端口在传输数据
	100Mbps 状态指示 LED（100Mbps）	指示与 LED 对应端口的工作速率	对应端口的传输速率是 100Mbps	对于 RJ45 端口：表示对应的端口的传输速率是 10Mbps	
扩展模块指示灯	模块存在指示 LED（Module）	指示插槽上是否插有模块	表示插槽上有模块	表示插槽上没有模块	
	链接/活动指示 LED（Link/ACT）	这个端口是否检测到网线另一端上有网络设备，或者这个端口是否在接收或发送数据	已经检测到远端设备并已建立起正确链接	未接上网线 交换机未上电 网线错误或者是一个内部交叉的网线 远端没有设备相连 网线超长	有一个设备和本端口之间在接收或发送数据
	1000Mbps 状态指示 LED（1000M）	指示与 LED 对应端口的工作速率	对应端口的传输速率是 1000Mbps	对应端口的传输速率是 100Mbps 或 10Mbps	
	100Mbps 状态指示 LED（100M）	指示与 LED 对应端口的工作速率	对应端口的传输速率是 100Mbps	对应端口的传输速率是 1000Mbps 或 10Mbps	

（3）后面板端口说明

如图 3-4 所示，S2126G 交换机的后面板包括 2 个 1000M 模块插槽（可选）和交流电源开关等。

图 3-4　S2126G 后面板说明图

S2126G 的扩展端口包括：可扩展 1 个或者 2 个 M2121-X 1000M 模块或 M2101-X 100M 模块，见表 3-2。

表 3-2　S2126G 扩展模块

型号	标准	端口形式	网络介质	激光波长	最大传输距离
M2121S	1000Base-X	SC	MMF	850nm	≤550m
M2121L	1000Base-X	SC	SMF、MMF	1300nm	≤5000m
M2121T	1000Base-T	RJ45	5 类 UTP 或 STP	无	100m
M2101F	100Base-FX	SC	MMF	850nm	≤2000m
M2101F-S	100Base-FX	SC	SMF	1300nm	≤20000m
M2101T	100Base-T	RJ45	5 类 UTP 或 STP	无	100m

3.2 交换机工作原理

3.2.1 第二层交换技术

为了配置网络环境,首先必须理解它是如何实现其功能操作的。以太网交换机是在 OSI 模型第二层操作的,像网桥一样,它们将网络分割成多个冲突域。第二层交换机有三个主要功能:地址学习、转发和过滤数据包、消除回路。

1. 地址学习

以太网交换机通过学习地址来进行数据的转发操作。交换机开机启动后,会自动生成一张表,即 MAC 地址表,交换机关机后,MAC 地址表中的内容会自动清空。

交换机 MAC 地址表用于记录连到交换机的所有设备的位置。图 3-5 显示了 MAC 地址表的初始状态,它是一张空表。

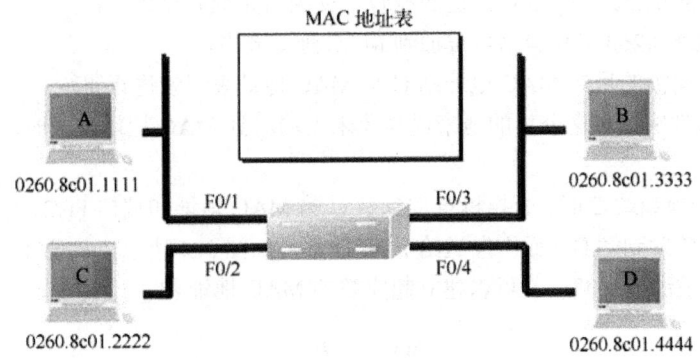

图 3-5 MAC 地址表初始状态

交换机的目标是分割网上通信量,使发送到给定冲突域中主机的数据包不至于传播到另一个网段。这是由交换机的"学习"功能完成的,"学习"功能使交换机了解到主机位于哪里。交换机的学习和转发过程如下:

① 当一个交换机首次初始化时,交换机地址表是空的(见图 3-5)。

② 用一个空 MAC 地址表,基于地址的源过滤或转发决策是不可能的,因此交换机将每一帧转发给所有连接的端口,而不只是接收的端口。

③ 转发一个帧到所有连接端口,称为"泛洪(Flooding)"。泛洪是一种通过交换机传输数据的低效方法,因为它将数据帧传输到了不需要的网段,浪费了带宽。

④ 因为交换机能同时处理多个网段的通信量,交换机执行内存缓冲以致能独立接收、传输每个端口或网段的数据帧。

MAC 地址表中的内容主要包括交换机端口、与交换机端口相连的主机 MAC 地址、VLAN 标识。

图 3-6 显示了不同网段间两个工作站之间的事务。MAC 地址为 0260.8c01.1111 的站点 A 准备发送数据到 MAC 地址为 0260.8c01.2222 站点 C,交换机接收该帧,执行以下几个动作:

第 1 步:从物理以太网接收该帧并且存储到临时缓冲区。

第 2 步:因为交换机不知道哪个接口连到目的站点,它将该帧泛洪给所有端口。

第 3 步:当站点 A 泛洪该帧时,交换机在 MAC 地址表中记录发送数据包站点的源地址及与之相连的端口 F0/1。

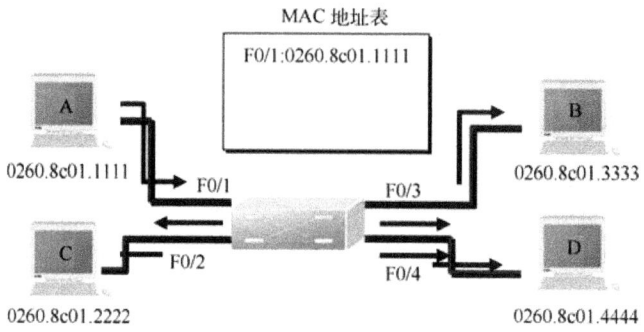

图 3-6 泛洪数据包

第 4 步：如果该记录在一定时间内没有新的帧传到交换机来刷新，这个记录即被废弃。

当站点继续发送帧到另一个站点时，学习过程继续。MAC 地址为 0260.8C01.4444 的站 D 给 MAC 地址为 0260.8C01.2222 的站 C 发送数据包，交换机采取几个动作：

第 1 步：源地址 0260.8C01.4444 被加到 MAC 地址表中。

第 2 步：将传输帧的目的 MAC 地址站 C 与 MAC 地址表记录进行比较。

第 3 步：当软件决定对这个目的地来说至此未见端口到 MAC 地址映射时，该帧被泛洪到交换机中所有的端口。

当站 A 发送一帧到站 C 时，交换机查询到站 C 的 MAC 地址和端口 F0/2，这里交换机将站 A 发送的数据包直接转发到站 C，而不发送给 B 和 D 站，如图 3-7 所示。只要在 MAC 地址表记录生命周期内所有站发送数据帧，就可以建立起完整的 MAC 地址表。

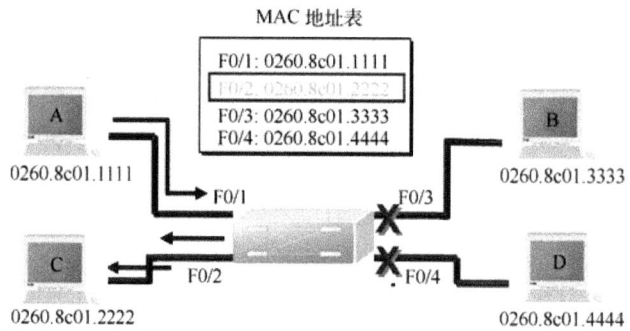

图 3-7 站点应答

2．转发和过滤数据包

当一个帧带有一个已知目的地址到达时，它被转发到连接该站而不是所有站的端口。在图 3-8 中，站 A 给站 C 发送一帧。当目的 MAC 地址（站 C 的 MAC 地址）已在 MAC 地址表中时，交换机只将帧传输到表中所列的这个端口。

站 A 发送帧给站 C 的步骤如下。

第 1 步：传输帧的目的 MAC 地址 0260.8C01.2222 与 MAC 地址表中项比较。

第 2 步：当交换机决定目的地址经由 E2 端口可到达时，它将该帧传到该端口。

第 3 步：交换机为了保护链路上的带宽没有将帧传到 E1 和 E3 口，这个动作称为"帧过滤"。

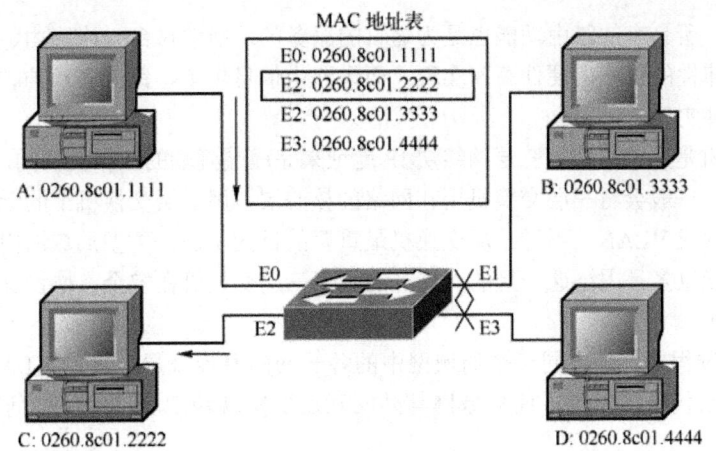

图 3-8 交换机过滤决策

广播和组播是一个特殊情况。因为广播帧和组播帧可能所有站点都关心，交换机通常将广播帧和组播帧泛洪给除了发起端口外的所有端口。交换机从来不学习广播或组播地址，因为广播地址和组播地址不出现在帧的源地址中。所有站点接收广播帧的事实意味着所有交换网络中网段是在同一广播域中。

3．消除回路

交换机第三个功能是消除回路。桥接网络，包括交换网络，通常设计有冗余链路和设备。这样的设计消除了一种可能性：一个结点的失败导致整个交换网络功能丢失。图 3-9 显示了网段 1 和网段 2 之间冗余设计的交换网络。

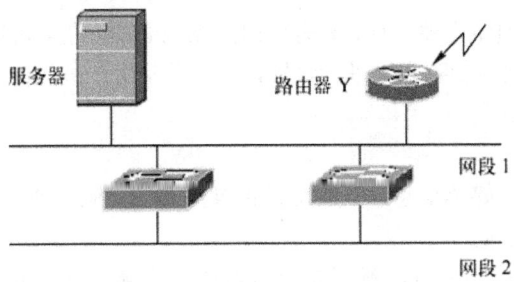

图 3-9 交换网络冗余拓扑结构

尽管冗余设计可能消除了单点失败问题，但也引入了几个值得考虑的问题：

◇ 如果没有回路规避服务，每个交换机就会无穷无尽地泛洪广播，这种情况通常称为网络回路（bridge loop）。这些广播通过回路不停地传播，产生了广播风暴，导致带宽浪费，严重影响网络和主机性能。

◇ 多份非广播帧传给目的站。很多协议期望接收每个传输的单个副本，同一帧的多个副本可能导致不可恢复的错误。

◇ MAC 地址表的不稳定导致同一帧的多副本在交换机的不同端口接收。当交换机在 MAC 地址表中因克服地址颠簸而消耗资源时，转发的数据可能被损坏。

3.2.2 三层交换机功能

三层交换机就是具有部分路由器功能的交换机，三层交换机的最重要目的是加快大型局域网内部的数据交换，所具有的路由功能也是为这目的服务的，能够做到一次路由、多次转发。对于数据包转发等规律性的过程由硬件高速实现，而像路由信息更新、路由表维护、路由计算、路由确定等功能由软件实现。

第三层交换机是直接根据第三层网络层 IP 地址来完成端到端的数据交换的。

在企业网中，一般会将三层交换机用在网络的核心层，用三层交换机上的千兆端口或百兆端口连接不同的子网或 VLAN。不过三层交换机最重要的目的是加快大型局域网内部的数据交换，所具备的路由功能也多是围绕这一目的而展开的。但三层交换机在安全、协议支持等方面不能完全取代路由器工作。

在实际应用过程中，处于同一个局域网中的各子网的互连及局域网中 VLAN 间的路由，一般用三层交换机来代替路由器，而局域网与外网互连要实现跨地域的网络访问时，则使用专业路由器。

3.2.3 三层交换机的使用

三层交换机具有一些传统的二层交换机所没有的特性。

（1）高可扩充性

三层交换机在连接多个子网时，子网只是与第三层交换模块建立逻辑连接，不像传统外接路由器那样需要增加端口，从而保护了用户的投资，并满足 3～5 年网络应用快速增长的需要。

（2）高性价比

三层交换机具有连接大型网络的能力，基本上可以取代某些传统路由器。

（3）内置安全机制

三层交换机可以与普通路由器一样，具有访问控制列表的功能，可以实现不同 VLAN 间的单向或双向通信。如果在访问控制列表中进行设置，可以限制用户访问特定的 IP 地址，这样就可以禁止用户访问某些非法站点。

（4）适合多媒体传输

网络中经常需要传输多媒体信息，三层交换机具有 QoS（服务质量）的控制功能，可以给不同的应用程序分配不同的带宽。

例如，在网络中传输视频流时，就可以专门为视频传输预留一定的专用带宽，相当于在网络中开辟了专用通道，其他应用程序不能占用这些预留的带宽，因此能够保证视频流传输的稳定性。而二层交换机没有这种特性，因此在传输视频数据时，就会出现视频忽快忽慢的抖动现象。

另外，视频点播（VOD）也是网络中经常使用的业务。但是由于有些视频点播系统使用广播来传输，而广播包不能实现跨网段，这样 VOD 就不能实现跨网段进行；如果采用单播形式实现 VOD，虽然可以实现跨网段，但是支持的同时连接数就非常少，一般几十个连接就占用了全部带宽。而三层交换机具有组播功能，VOD 的数据包以组播的形式发向各子网，既实现了跨网段传输，又保证了 VOD 的性能。

（5）计费功能

在一些网络应用中有计费的需求，由于三层交换机可以识别数据包中的 IP 地址信息，因此可以统计网络中计算机的数据流量，可以按流量计费，也可以统计计算机连接在网络上的时间，按时间进行计费。

3.3 路由器概述和启动流程

3.3.1 路由器的作用

路由器（Router）的一个作用是连通不同的网络，另一个作用是选择信息传送的线路。路由器是连接因特网中各局域网、广域网的设备，会根据信道的情况自动选择和设定路由，以最佳路径、按前后顺序发送信号的设备。选择最佳路径能大大提高通信速度，减轻网络系统通信负荷，节约网络系统资源，提高网络系统畅通率，从而让网络系统发挥更大的效益。

从过滤网络流量的角度来看，路由器的作用与交换机和网桥非常相似。但是与从物理上划分网段的交换机不同，路由器使用专门的软件协议，从逻辑上对整个网络进行划分。例如，一台支持 IP 的路由器可以把网络划分成多个子网段，只有指向特殊 IP 地址的网络流量才可以通过路由器。对于每个接收到的数据包，路由器都会重新计算其校验值，并写入新的物理地址。因此，使用路由器转发和过滤数据的速度往往比只查看数据包物理地址的交换机慢。但是，对于那些结构复杂的网络，路由器可以提高网络的整体效率。路由器的另外一个明显优势就是可以自动过滤网络广播。

3.3.2 路由器内部存储器

路由器使用下列类型的内存。

① 只读存储器（ROM）：其中包含路由器加电时首先运行的硬件自检程序、引导程序，相当于 PC 的 BIOS。

② 闪存（Flash）：一种可编程可擦除的 ROM，其功能相当于 PC 的硬盘，路由器操作系统的微程序代码驻留在其中。它的读写的速度比硬盘快得多，可以通过写入新版本的路由器操作系统对路由器进行软件升级。闪存中的程序，在系统掉电时不会丢失。

③ 非易失性 RAM（NVRAM）：一种特殊的内存，在路由器电源被切断的时候，它的信息不会丢失。用于存储路由器启动时初始化系统使用的配置文件（startup-config text）。

④ 随机访问存储器（DRAM）：动态的主存储器，其中包含路由表、ARP 缓存、Fast Switch 缓存、数据包缓存、正在运行的路由器配置文件（running-config.text）等。DRAM 的内容在系统掉电时会完全丢失。

3.3.3 路由器常见接口及功能

1. 路由器指示灯

图 3-10 为锐捷 R1762 路由器前面板。

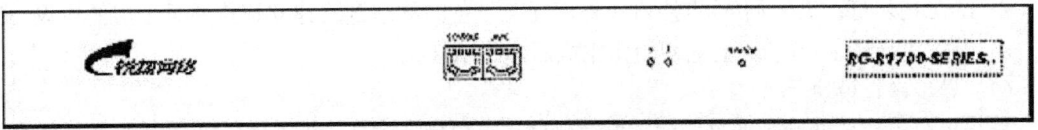

图 3-10 锐捷 R1762 路由器前面板

System 指示灯：当系统自检时该灯为绿色闪烁，正常工作时该灯为常绿色。当系统运行出现故障但还可以继续运行时，该灯为红色常亮；当系统致命故障需要重新启动路由器时，该灯为红色闪烁。

Ready 0~1 指示灯：两个线卡模块（含固化模块）的状态指示灯，当某个线卡模块正常运行时相应的指示灯常绿，当某个线卡模块故障时相应的指示灯灭。

2. 路由器接口

（1）快速以太网接口模块

快速以太网接口模块包括两种模块：2 端口快速以太网接口模块，使用的电缆为 RJ45 接头的标准 5 类 8 芯非屏蔽双绞线，如图 3-11 所示。

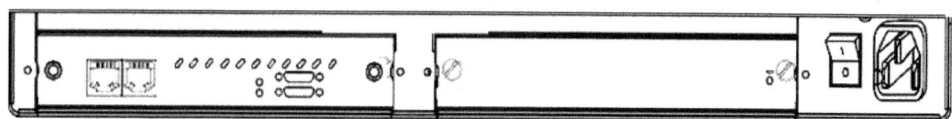

图 3-11　锐捷 R1762 路由器后面板

指示灯包含每个端口的工作状态指示和子卡 RDY（Ready）指示灯（见图 3-12）。每个 RJ45 端口有 2 个状态指示灯：Link/ACT、100Mbps。

图 3-12　二端口快速以太网接口模块外观图

◇ Link/ACT 指示灯：灯亮，表示端口与其他网络设备 LinkUp；灯闪烁，表示网络中有数据正在传输；灯灭，表示未建立连接。
◇ 100Mbps 指示灯：灯亮，表示传输速率为 100Mbps；灯灭，表示传输速率为 10Mbps。
◇ RDY 指示灯：当子卡上电初始化完成后，指示灯亮。

（2）高速同/异步串口模块

高速同异步串口模块包括 2 端口高速同/异步串口模块和 4 端口高速同/异步串口模块，如图 3-13 所示。配置电缆包括 V24DTE、V24DCE、V35DTE 和 V35DCE。

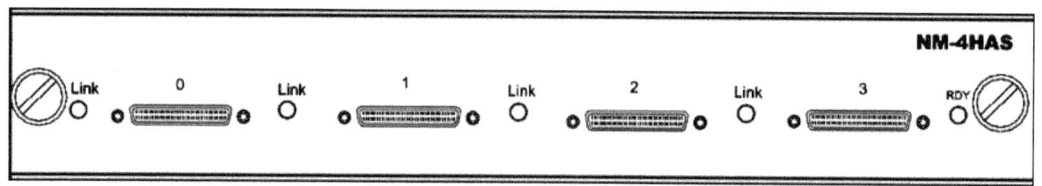

图 3-13　高速同异步串口模块外观图

指示灯包含每个端口的工作状态指示和子卡 RDY 指示灯。每个同异步端口都有一个状态指示灯 Link、一个 RDY 指示灯。

◇ Link 指示灯：表示同/异步接口和外部互连设备的物理链路建立连接并且上层的协议 UP。
◇ RDY 指示灯：当子卡上电初始化完成后，指示灯亮。

（3）异步串口模块

异步串口模块包括两种型号模块：8 端口异步串口模块和 16 端口异步串口模块，如图 3-14 所示。异步串口模块需要"一拖八"电缆线（俗称为"八爪鱼"线）。

指示灯包含每个端口的工作状态指示和子卡 RDY 指示灯。每个异步端口都有一个状态指示灯 ACT、一个 RDY 指示灯。

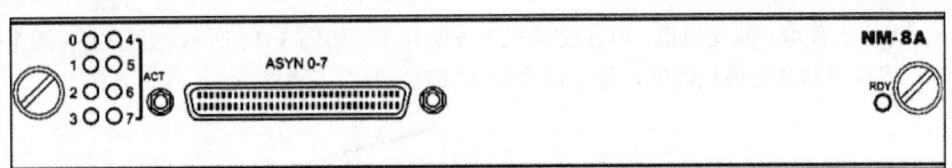

图 3-14 八端口异步串口模块外观图

◆ ACT 指示灯：表示异步串口有数据收发。
◆ RDY 指示灯：当子卡上电初始化完成后，指示灯亮。

在路由器中还有其他模块，如 ISDN BRI U 接口模块、VOIP FXS 接口语音模块、VOIP FXO 接口语音模块、E1/CE1 模块、E1 语音模块、硬加密模块、NM-1CPOS-STM1 模块、交换卡模块、WIC 高速同步串口模块、WIC-1E1-F 接口模块等。

3.3.4 路由器启动流程

下面对锐捷网络设备介绍路由器的启动过程。RGNOS 是锐捷网络路由器和交换机的操作系统平台，这种网络操作系统以 IP 技术为核心，实现组件化的软件体系结构，集成了许多技术特性。

1. RGNOS 特性

RGNOS 能运行在多种硬件平台上，并有一致的网络界面、用户界面和管理界面。同时 RGNOS 提供了多种升级途径，为将来新技术提供扩展空间。

RGNOS 的功能与其他操作系统（Windows、Linux 等）相似，在用户和硬件之间提供一种接口，同时控制硬件的操作。其不同之处是：

◆ RGNOS 是基本文本方式的，没有图形用户界面。
◆ RGNOS 是专用的，只能运行在锐捷系统公司认证或生产的硬件平台上。
◆ RGNOS 是为特殊目的开发的，并不运行用户应用程序。
◆ RGNOS 和标准操作系统之间的另一个大的区别是存储方式不同。普通操作系统存储在硬盘上，并在执行时加载到内存中。RGNOS 保存在特殊的闪存上，在执行之前，加载到内存 RAM 中。

2. RGNOS 引导过程

同其他大多数操作系统一样，RGNOS 设备在启动的时候需要经过一个引导过程。RGNOS 引导过程有三个阶段：

◆ 加电自检程序启动后，在加载操作系统之前，RGNOS 将检查其存储器和内部硬件，通常，此时将使用前面板或背部面板上的发光二极管（LED）指示灯报告其状况。
◆ 操作系统加载。此阶段要进行解压缩并加载。
◆ 配置负载，将启动配置文件加载到内存中。

3.4 交换机和路由器的安装与链接

3.4.1 交换机安装

1. 在桌面上安装

将交换机放在足够大的桌面上，最好保证交换机的每个面和周围有 3 英寸的隔离，以保证设备的通风。为了方便取、放交换机,可在交换机上安装拉手,如图 3-15 所示。拉手上有四个螺孔,当安装时,将拉手贴紧交换机侧壁,旋上四个沉头螺钉。

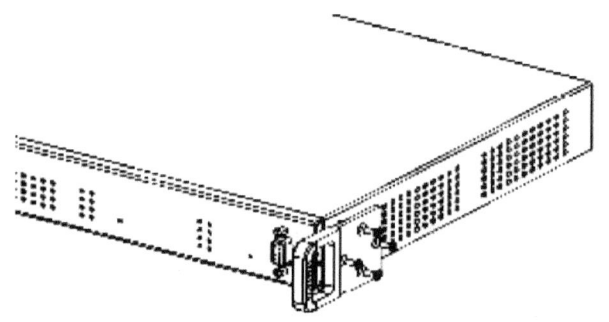

图 3-15 S2126G 拉手安装示意图

2. 在机架上安装

安装时,使用 2 个 L 形的固定架、2 个拉手及 6 个安装用的沉头螺钉。

① 将 2 个拉手紧贴交换机的两边,再将 2 个 L 型的固定架紧贴拉手,并用 6 个沉头螺钉将其固定,如图 3-16 所示。

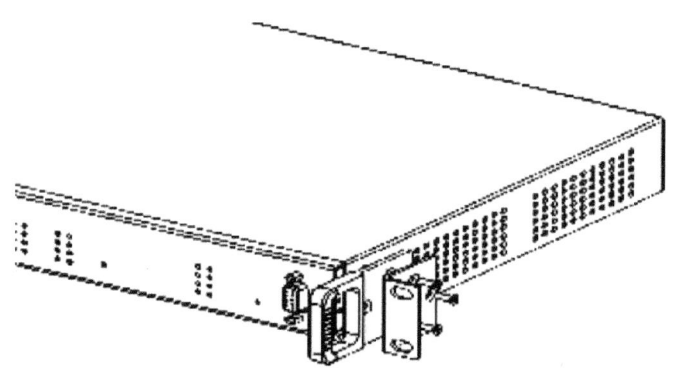

图 3-16 S2126G L 型固定架安装示意图

② 将交换机固定在机架上,如图 3-17 所示。

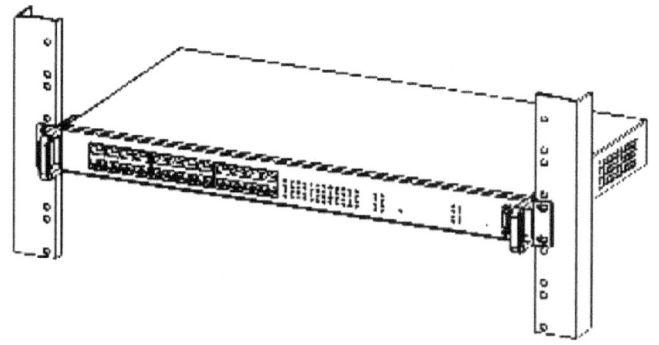

图 3-17 在 S2126G 交换机在机架上的安装

安装好设备后,打开交换机电源开关,这时可看到交换机前面板上绿色的 Power 电源指示灯亮。

3.4.2 交换机的链接

1. 与服务器及工作站相连

（1）确认使用了合适的网络线

① 100Base-TX 网络使用 5 类 UTP（非屏蔽双绞线）或 STP（屏蔽双绞线）。

② 若通过 UTP 或 STP 网络线使服务器或工作站与交换机相连，则网线长度不超过 100 米。

（2）将网线的一端与网络适配器相连，另一端与交换机的 RJ45 端口相连。将串口线的一端与交换机上的 Console 端口相连，另一端与主机上的串口相连，在交换机后面板上插上交流电源线，电源线插头。

（3）通过串口，可对交换机进行带外（Out-of-band）管理，它不占用网络带宽。通过 RJ45 网线，可进行 Telnet、S-Manager 及基于 Web 的 WBM 的管理。

2．与其他交换机相连

（1）确定使用了合适的网线

100Base-TX 网络使用 5 类（内部未交叉）UTP（非屏蔽双绞线）或 STP（屏蔽双绞线）。

（2）将网线的两端连接到交换机上。

交换机在安装及链接过程中，需要注意以下几点：

◇ 在放置交换机时请注意稳定性，跌落将造成严重后果。

◇ 为减少受电击的危险，在交换机工作时不要打开外壳，即使在不带电的情况下，也不要自行打开。

◇ 在交换机工作时除光纤模块外，其他端口的网络线可以随意插入或拔出端口，而不会中断交换机的工作。光纤模块上的光纤电缆插拔时请确认该模块未参与数据交换，否则可能导致交换机交换异常，在这种情况下，交换机为了恢复正常交换，将自行复位。

◇ 在清洁交换机前，应先将交换机电源插头拔出。

◇ 在放置交换机时，请避开多尘及电磁干扰强的地区。

3.4.3 路由器的安装

1. 固定路由器位置

安装路由器到指定位置即固定路由器，在安装准备工作结束以后，接着需要把路由器固定到指定位置。路由器的安装位置一般只有以下两种情况：安装到机柜上或安装在工作台上。操作中需要注意如下事项：

◇ 保证工作台的平稳性和良好接地。

◇ 使用随机带的塑料垫粘到路由器底部的小孔上，同时在路由器周围留出 10cm 的散热空间。

◇ 不要在路由器上面放置重物。

◇ 安装路由器控制模块。

2. 连接控制台

锐捷系列路由器提供了一个符合 EIA/TIA-232 异步串行规范的配置口 Console，通过这个接口，用户可完成对路由器的本地配置。DB-9 孔式插头接到要对路由器进行配置的微机串口上，另一端连到路由器的 Console 端口上。

3．安装模块

（1）安装路由器模块

① 关闭与路由器相连的所有电源，否则可能导致操作人员触电或设备的损坏。
② 将路由器的背面板面对操作者。
③ 将路由器模块接口板与路由器底座后面板上的开口边缘对齐。
④ 将模块向路由器内部推进，直到接口板与路由器后面板紧密接触为止。
⑤ 旋紧模块上的固定螺钉。
⑥ 重复步骤③～⑤，直到安装完所有的功能模块。

注意：

1）安装路由器模块前，请确认关闭与路由器相连的所有电源，否则可能导致操作人员触电或设备的损坏。

2）在第③、④操作中，插路由器模块用力应该很小、顺畅，如果发现模块很难推进，请不要使劲，此时应该拔出路由器模块，检查是否将路由器模块接口板与路由器底座后面板上的开口边缘对齐，然后继续操作，否则可能导致模块损坏。

（2）拆卸路由器模块

① 将路由器断电。
② 将路由器的背面板面对操作者。
③ 拔掉需要拆卸模块上的接口电缆。
④ 用一字螺丝刀拆下功能模块接口板两侧的紧固螺钉。
⑤ 将模块向操作者身前方向拖动，直到接口板完全脱离路由器底座。
⑥ 重复步骤④～⑤，直到拆下所有需拆卸的功能模块接口板为止。

拆卸功能模块时应注意如下事项：

◇ 在功能模块拆卸完成后，不需安装新的模块，请及时安装空挡板，以防止灰尘进入，并保证路由器的正常通风。
◇ 拆卸功能模块时，请与工作间的过道保持一定距离，以防止过往人员碰掉拆卸的模块，或在拆卸过程中由于碰撞导致事故。

（3）功能模块故障处理

如果在安装路由器功能模块以后，发现不能正常使用，请按照如下方法来检查：

◇ 检查模块接口电缆，判断电缆是否选配正确。
◇ 观察各模块接口指示灯，判断模块工作是否正常。
◇ 在路由器特权 EXEC 模式下查看接口的信息，查看功能模块是否接受配置正常工作。

4．安装后的检查

路由器机械安装完成后，在路由器上电启动前请先进行如下检查：

◇ 若路由器安装在机柜上，请检查机柜与路由器的安装角铁是否牢固；若安装在工作台上，请检查路由器周围是否留有足够的散热空间，工作台是否稳固。
◇ 检查电源线所接电源与路由器要求电源是否一致。
◇ 检查路由器的地线是否连接正确。
◇ 检查路由器与配置终端等其他设备的连接关系是否正确。

习题 3

1. 交换机的内存储器和路由器的内存储器有什么不同？
2. 交换机的安装应注意哪些事项？
3. 交换机和路由器都有哪些接口？它们的接口有什么区别？
4. 交换机和路由器有哪些指示灯？表示什么含义？
5. 交换机与微机怎样连接？
6. 二层交换机与路由器有什么区别？
7. 为什么交换机一般用于局域网内主机的互连，不能实现不同 IP 网络的主机互相访问？
8. 路由器为什么可以实现不同网段主机之间的访问？为什么不使用路由器来连接局域网主机？

第4章 交换机和路由器基础配置与管理

本章介绍交换机和路由器的命令行操作方法和操作技巧,重点学习交换机的访问方式和基础命令及远程访问二层交换机的方法,并介绍路由器的基础配置和简单的管理方法,还对网络的连通性测试进行阐述。通过本章的学习,读者可以认识交换机和路由器的操作方法和管理知识,为这些设备的管理和配置起到铺垫的作用。

4.1 命令行界面

对交换机和路由器的配置操作主要在命令行界面(CLI)中进行。本节将介绍 CLI 中的命令的使用技巧和方法。除了 VLAN 配置模式及命令仅用于交换机外,其他配置模式及命令都可用于交换机和路由器。

4.1.1 命令模式

CLI 使用中的用户界面采用分级保护方式,既有效防止了未授权用户的非法侵入,又限制和组织了不同模式中用户可以使用的命令。交换机和路由器为用户提供的主要的命令模式有普通用户模式、特权用户模式、全局配置模式和接口模式。

采用分级保护方式分成了若干不同的模式后,用户当前所处的命令模式决定了可以使用的命令。在命令提示符下输入"?",将列出每个命令模式可以使用的命令。

当用户和模块管理界面建立一个新的会话连接时,用户首先处于用户模式(User EXEC 模式),可以使用用户模式的命令。在用户模式下,只可以使用少量命令,并且命令的功能也受到一些限制,如 show 命令。用户模式的命令的操作结果不会被保存。

要使用所有的命令,必须进入特权模式(Privileged EXEC 模式)。在特权模式下,用户可以使用所有的特权命令,并且能够由此进入全局配置模式。通常,在进入特权模式时必须输入特权模式的口令。

配置模式(全局配置模式、接口配置模式等)的命令将对当前运行的配置产生影响。如果用户保存了配置信息,这些命令将被保存下来,并在系统重新启动时再次执行。要进入各种配置模式,首先必须进入全局配置模式。从全局配置模式出发,可以进入接口配置模式等各种配置子模式。

表 4-1 列出了命令的模式的情况说明。这里假定交换机的名称为默认的"Switch",路由器的名称为默认的"Router"。

表 4-1 命令模式概要

命令模式	访问方法	提示符	离开或访问下一模式	关于该模式
User EXEC (用户模式)	访问交换模块时首先进入该模式	Switch>	输入 exit 命令,离开该模式 要进入特权模式,输入 enable 命令	进行基本测试,显示系统信息

续表

命令模式	访问方法	提示符	离开或访问下一模式	关于该模式
Privileged EXEC（特权模式）	在用户模式下，使用 enable 命令进入该模式	Switch#	要返回到用户模式，输入 disable 命令 要进入全局配置模式，输入 configure 命令	验证设置命令的结果，具有口令保护的功能
Global configuration（全局配置模式）	在特权模式下，使用 configure 命令进入该模式	Switch(config)#	要返回到特权模式，输入 exit 命令或 end 命令，或者按 Ctrl+C 组合键 可以进入接口配置模式和 VLAN 配置模式	配置影响整个设备的全局参数
Interface configuration（接口配置模式）	在全局配置模式下，使用 interface 命令进入该模式	Switch(config-if)#	要返回到特权模式，输入 end 命令，或按 Ctrl+C 组合键；要返回到全局配置模式，输入 exit 命令 要进入接口配置模式，输入 interface 命令。在 interface 命令中必须指明要进入哪个接口配置子模式	配置设备的各种接口
Config-vlan（VLAN 配置模式）	在全局配置模式下，使用 vlan vlan_id 命令进入该模式	Switch(config-vlan)#	要返回到特权模式，输入 end 命令，或按 Ctrl+C 组合键 要进入 VLAN 配置模式，输入 vlan vlan_id 命令	配置 VLAN 参数

4.1.2 获得帮助

表 4-2 列出了帮助信息，用户可以在命令提示符下输入"?"来列出每个命令模式支持的命令。用户也可以列出相同开头的命令关键字或者每个命令的参数信息，方法是：先输入一个关键词，然后输入"?"，如表 4-2 中的第 2 行。

表 4-2 帮助信息

命 令	说 明	例 子
Help	在任何命令模式下获得帮助系统的摘要描述信息	
简写命令	获得相同开头的命令关键字字符串	Switch# di? dir disable
简写命令<Tab>	使命令的关键字完整	Switch# show conf<Tab> Switch# show configuration
提示下一个关键字	列出该命令的下一个关联的关键字	Switch# show ?
提示下一个变量	列出该关键字关联的下一个变量	Switch(config)# snmp-server community ? WORD SNMP community string

4.1.3 简写命令

如果使用简写命令，只需输入命令关键字的一部分字符，只要这部分字符足够识别唯一的命令关键字即可。

例如，show running-config 命令可以写成：

  Switch# show run

如果输入的命令不足以让系统唯一标识，则系统会给出"Ambiguous command:"的提示，提示输入的是一条含糊的命令，不足以让系统唯一标识。例如，要进入全局模式的信息，按如下输入则不完整。

  Switch#co ↵
   % Ambiguous command: "co"

这是因为"co"开头的命令有 configure、copy 等命令，系统无法知道是输入 configure 命令还是 copy 命令。

4.1.4 使用命令的 no 和 default 选项

几乎所有命令都有 no 选项。通常，使用 no 选项来禁止某个特性或功能，或者执行与命令本身相反的操作。例如：

  Switch#configure terminal
  Switch(config)#interface fastethernet 0/4
  Switch(config-if)#shutdown   !使用 shutdown 命令关闭接口
  Switch(config-if)#no shutdown   !使用 no shutdown 命令打开接口

又如：

  Switch(config)#vlan 20   !建立 VLAN20
  Switch(config)#no vlan 20   !删除 VLAN20

配置命令大多有 default 选项，命令的 default 选项将命令的设置恢复为默认值。大多数命令的默认值是禁止该功能，因此在许多情况下，default 选项的作用与 no 选项是相同的，如 shutdown 命令。但有些命令的默认值是允许该功能。这时，default 选项打开该命令的功能，并将变量设置为默认的允许状态。例如，在三层设备上，默认 IP 路由是打开的，则 default ip routing 命令的效果相当于 ip routing，而不是 no ip routing。

4.1.5 理解 CLI 的提示信息

表 4-3 列出了用户在使用 CLI 管理交换模块时可能遇到的错误提示信息。

表 4-3 常见的 CLI 错误信息

错误信息	含义	如何获取帮助
% Ambiguous command: "show c"	用户没有输入足够的字符，交换模块无法识别唯一的命令	重新输入命令，紧接着发生歧义的单词输入"?"，可能的关键字将被显示出来
% Incomplete command.	用户没有输入该命令的必需的关键字或者变量参数	重新输入命令，输入空格再输入"?"，可能输入的关键字或者变量参数将被显示出来
% Invalid input detected at '^' marker.	用户输入命令错误，符号^指明了产生错误的单词的位置	在所在地命令模式提示符下输入"?"，该模式允许的命令的关键字将被显示出来

4.1.6 使用历史命令

系统保存了用户当前输入的命令记录，该特性在重新输入长而且复杂的命令时将十分有用。

当需要从历史命令记录中重新显示输入过的命令时，执行如表 4-4 所示的操作。

表 4-4 历史命令

操　　作	结　　果
Ctrl+P 或 ↑ 键	在历史命令表中浏览当前模式下前一条命令。从最近的一条记录开始，重复使用该操作可以查询更早的记录
Ctrl+N 或 ↓ 键	在使用了 Ctrl+P 或上方向键操作之后，使用该操作在当前模式下历史命令表中回到更近的一条命令。重复使用该操作可以查询更近的记录
Switch(config-line)# history size number-of-lines	设置终端的当前模式下历史命令记录的条数，范围 0～256，默认为 10 条

例如，要输入 3 条命令：
　　ip route 192.168.10.0 255.255.255.0 10.1.1.2
　　ip route 192.168.20.0 255.255.255.0 10.1.1.2
　　ip route 192.168.30.0 255.255.255.0 10.1.1.2
则执行以下操作最有效，可节省一定的录入时间。首先，在全局配置模式下输入如下命令：
　　ip route 192.168.10.0 255.255.255.0 10.1.1.2　↵
然后按 ↑ 键，这时显示刚才输入的命令"ip route 192.168.10.0 255.255.255.0 10.1.1.2"，移动光标至"192.168.10.0"中"10"的位置，将 10 改成 20，然后回车，这就完成了命令"ip route 192.168.20.0 255.255.255.0 10.1.1.2"的输入。用同样的方法完成"ip route 192.168.30.0 255.255.255.0 10.1.1.2"命令的输入。

4.1.7 基本查询命令

查看交换机和路由器的系统和配置信息命令要在特权模式下执行。
- show version：查看交换机和路由器的版本信息，可以看到硬件版本信息和软件版本信息，用于进行设备的操作系统升级时的依据。
- show mac-address-table：查看设备当前 MAC 地址表信息。
- show running-config：查看设备当前生效的配置信息。
- show start-config：查看设备启动的配置信息。
- show interface [type slot/port]：查看接口的状态信息。
- show protocols：查看接口的协议配置信息。
- show flash：查看闪存中的 RGNOS 信息。
- show mem：查看内存中的统计信息。
- show vlan：查看 VLAN 信息。
- show ip route：查看路由表。

4.2 交换机基础配置和管理

4.2.1 访问交换机的方式

对交换机的访问有以下 4 种方式：
- 通过带外，对交换机进行管理。
- 通过 Telnet，对交换机进行远程管理。
- 通过 Web，对交换机进行远程管理。

◇ 通过 SNMP 工作站,对交换机进行远程管理。

第一种方式属于带外管理,后三种方式均要通过网络传输,属于带内管理。所谓带内管理(in-band management),即通过 Telnet 程序登录到交换机,对交换机进行配置管理。带内管理方式可以使连接在交换机上的某些设备具备管理交换机的功能。当交换机的配置出现变更,导致带内管理失效时,可以使用带外管理对交换机进行配置管理。带外管理(out-band management)是不占用网络带宽的管理方式,用户通过交换机的 Console 端口对交换机进行配置管理。在进行带内管理之前,必须通过带外管理即 Console 端口配置交换机的 IP 地址。

带外管理涉及波特率、数据位、奇偶校验、停止位、数据流控制等端口属性的设置,在此介绍串口通信的概念。串口通信时,串口按位(bit)发送和接收字节。尽管比按字节(byte)的并行通信慢,但是串口可以在使用一根线发送数据的同时用另一根线接收数据,很简单且能够实现远距离通信。比如,IEEE488 定义并行通行状态时,规定设备线总长不得超过 20m,并且任意两个设备间的长度不得超过 2m,而对于串口而言,长度可达 1200m。串口一般用于 ASCII 字符的传输,通信使用 3 根线完成:地线、发送、接收。串口通信是异步的,端口能够在一根线上发送数据同时在另一根线上接收数据。其他线用于握手,但不是必须的。串口通信最重要的参数是波特率、数据位、停止位和奇偶校验。对于两个进行通信的端口,这些参数必须匹配。

① 波特率:一个衡量通信速度的参数,表示每秒钟传送的位数。例如,300 波特表示每秒钟发送 300bit。时钟周期就是指波特率。例如,如果协议需要 4800 波特率,那么时钟是 4800Hz。这意味着串口通信在数据线上的采样率为 4800Hz。通常,电话线的波特率为 14400、28800 和 36600。波特率可以远远大于这些值,但是波特率与距离成反比。高波特率常常用于放置很近的设备间的通信,如微机连接交换机 Console 端口时,波特率设置为 9600bps。

② 数据位:衡量通信中实际数据位的参数。计算机发送一个信息包,实际的数据不会是 8 位,标准的值是 5、7 和 8 位。如何设置取决于想传送的信息。比如,标准的 ASCII 码是 0~127(7 位),扩展的 ASCII 码是 0~255(8 位)。如果数据使用简单的文本(标准 ASCII 码),那么每个数据包使用 7 位数据。每个包是指一字节,包括开始/停止位、数据位和奇偶校验位。由于实际数据位取决于通信协议的选取,术语"包"指任何通信的情况。

③ 停止位:用于表示单个包的最后一位。典型的值为 1、1.5 和 2 位。由于数据是在传输线上定时的,并且每个设备有自己的时钟,很可能在通信中两台设备间出现小小的不同步。因此停止位不仅仅是表示传输的结束,并且提供计算机校正时钟同步的机会。适用于停止位的位数越多,不同时钟同步的容忍程度越大,但是数据传输率也越慢。

④ 奇偶校验位:在串口通信中一种简单的检错方式,有 4 种检错方式:偶、奇、高和低。当然,没有校验位也是可以的。对于偶和奇校验的情况,串口会设置校验位(数据位后面的一位),用一个值确保传输的数据有偶个或者奇个逻辑高位。例如,如果数据是 011,那么对于偶校验,校验位为 0,保证逻辑高的位数是偶数个。如果是奇校验,校验位为 1,这样就有 3 个逻辑高位。高位和低位并不真正检查数据,简单置位逻辑高或者逻辑低校验。这样使得接收设备能够知道一个位的状态,有机会判断是否有噪声干扰了通信或者是否传输和接收数据不同步。

4.2.2 系统名称和命令提示符

为了管理方便,可以为一台交换机配置系统名称来标识它。如果还没有为 CLI 配置命令提示符,则系统名称将作为命令提示符,提示符将随着系统名称的变化而变化。若系统名称为空,则使用"Switch"作为命令提示符。如果系统名称超过 22 字节,则截取其前 22 个字符。

1. 配置系统名称

从特权模式开始，可以通过表 4-5 的步骤来设置系统名称。

表 4-5 配置系统名称

步 骤	命 令	含 义
第 1 步	configure terminal	进入全局配置模式
第 2 步	hostname *name*	设置系统名称，名称必须由可打印字符组成，长度不能超过 255 字节
第 3 步	end	回到特权模式
第 4 步	show running-config	验证配置
第 5 步	copy running-config startup-config	保存配置（可选）

可以在全局配置模式下使用 no hostname 命令将系统名称恢复位为默认值。

2. 配置命令提示符

在全局配置模式下使用 prompt 命令配置命令提示符（见表 4-6）。

表 4-6 配置命令提示符

步 骤	命 令	含 义
第 1 步	configure terminal	进入全局配置模式
第 2 步	prompt *string*	设置命令提示符，名称必须由可打印字符组成，长度不能超过 22 字节
第 3 步	end	回到特权模式
第 4 步	show running-config	验证配置
第 5 步	copy running-config startup-config	保存配置（可选）

可以在全局配置模式下使用 no prompt 将命令提示符恢复为默认值。

4.2.3 交换机基本配置命令

表 4-7 列出了常用的交换机基本配置命令。注意：命令或关键字的参数用斜体字表示。

表 4-7 交换机基本配置命令

任 务	命令模式提示符	命 令
设置交换机名	Switch(config)#	hostname *name*
设置特权模式口令	Switch(config)#	enable secret *password*
设置静态路由（三层交换机）	Switch(config)#	ip route *destination subnet-mask next-hop*
启动 IP 路由（三层交换机）	Switch(config)#	ip routing
接口配置	Switch(config)#	interface *type slot/number*
设置 IP 地址	Switch(config-if)#	ip address *address subnet-mask* [secondary]
激活接口	Switch(config-if)#	no shutdown
物理线路配置	Switch(config)#	line *type number*
启动登录进程	Switch(config-line)#	login
设置登录密码	Switch(config)#	password *password*

【例4-1】 将交换机名改为 Switch1。
　　Switch(config)# hostname　Switch1
　　Switch1(config)#

【例4-2】 设置特权模式的加密口令为 abc123。
　　Switch(config)# enable　secret　abc123

注意：口令对大小写敏感！

【例4-3】 设置远程登录密码
　　Switch(config)#line vty 0 4　　　　　　　!允许5个用户同时登录
　　Switch(config)#login
　　Switch(config)#password abc123　　　　　!设置远程登录密码为abc123

4.2.4 通过 Telnet 方式管理

Telnet 在 TCP/IP 协议族中属于应用层协议，给出了通过网络提供远程登录和虚拟终端通信功能的规范。Telnet Client 服务为已登录到本网络设备上的本地用户或远程用户提供使用本网络设备的 Telnet Client 程序，来访问网络上其他远程系统资源的服务。

可以通过交换机上的 Telnet 命令登陆到另外的交换机（见表4-8），在被登录的交换机的特权模式下通过 exit 命令可以返回原交换机。当使用 Telnet 方式与远程交换机建立会话时，必须先给远程交换机配置 IP 地址。当一个交换机的 Telnet 会话保持空闲超过超时时间（5分钟）后，将自动断开连接。

表 4-8　管理远程设备

步　骤	命　令	含　义
第1步	**telnet** *ip-address*	使用远程交换机的 IP 地址来管理交换机
第2步	输入登录口令	在提示符下，输入要管理交换机的 Telent 口令，如果交换机没有设置口令，则无法管理

下面的 Telnet 命令将远程登录交换机的界面：
　　Switch#telnet 192.168.65.119
　　Trying 192.168.65.119 ... Open
　　User Access Verification
　　Password:

如果希望使用 Telnet 来管理交换机，则必须为普通用户级别设置口令，用于 Telnet 用户的合法性校验。

4.2.5 交换机 IP 地址配置

1. 二层交换机的管理地址配置

为了便于通过 Telnet 方式远程登录到二层交换机，实现对交换机的远程管理和配置，交换机必须有一个 IP 地址。但二层交换机无法配置 IP 地址，它默认有一个 VLAN1 接口，而 VLAN1 可以配置 IP 地址，因此，对二层交换机来说，VLAN1 的 IP 地址即二层交换机的 IP 地址，其他主机如果要访问这个交换机，就可以使用这个地址。这个地址称为二层交换机的"管理地址"。

假设交换机的管理地址为192.16.1.2，则配置二层交换机管理地址的命令如下：

Switch(config)#interface vlan 1
Switch(config-if)#ip address 192.16.1.2 255.255.255.0
Switch(config-if)#no shutdown

二层交换机配置了管理 IP 地址后，在管理地址的同网段内，可以利用命令"telnet 192.16.1.2"远程登录到这台交换机上。但如果是另一个网段的主机来访问这台交换机，则必须给这台交换机配置默认网关，其默认网关与连接到这台交换机上的 PC 的默认网关相同，不设置默认网关就无法跨网段对其管理。

配置交换机默认网关的命令为 ip default-gateway。例如，默认网关为 192.16.1.1，则配置命令为：
Switch(config)#ip default-gateway 192.16.1.1

配置完成后，其他网段的主机即可远程登录到这台交换机上。登录时输入远程登录密码即可登录到交换机，登录后可对此交换机进行配置操作，输入"exit"命令后则返回到主机提示符，如图 4-1 所示。

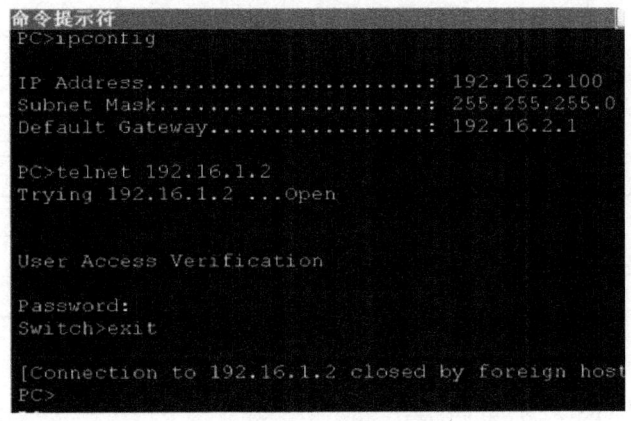

图 4-1 跨网段远程登录到二层交换机

2. 三层交换机端口 IP 地址的配置

三层交换本身默认开启了路由功能，可利用 IP Routing 命令进行控制，但三层交换机上各接口的三层路由功能默认是关闭的，如果要在三层交换机某个接口上设置 IP 地址，则必须使用 no switchport 命令打开这个接口的三层路由功能，然后才能在这个接口配置 IP 地址，否则无法对这个接口配置 IP 地址。

假设对某个三层交换机的 fastethernet 0/5 口配置 IP 地址 192.168.1.1，则配置方法如下：
switch(config)#interface fastethernet 0/5
switch(config-if)#no switchport   ！打开接口 fastethernet 0/5 的三层路由功能
switch(config-if)#ip address 192.168.1.1 255.255.255.0
switch(config-if)#no shutdown

三层交换机不需要专门设置管理地址，其接口配置了 IP 地址后，其他主机可通过这个接口对三层交换机进行访问。

4.3 路由器基础配置和管理

路由器的配置操作与交换机一样，也分为带外管理和带内管理。未使用过的路由器必须使用带外管理对路由器进行配置管理。

4.3.1 路由器基本配置命令

表 4-9 列出了常用的路由基本配置命令。**注意**：本表中假定路由器名为 Router。命令或关键字的参数用斜体字表示。

表 4-9 路由器基本配置命令

任 务	命令模式提示符	命 令
设置路由器名	Router(config)#	hostname *name*
设置访问用户及口令	Router(config)#	username *username* password *password*
设置特权模式口令	Router(config)#	enable secret *password*
设置静态路由	Router(config)#	ip route *destination subnet-mask next-hop*
启动 IP 路由	Router(config)#	ip routing
启动 IPX 路由	Router(config)#	ipx routing
接口配置	Router(config)#	interface *type slot/number*
设置 IP 地址	Router(config-if)#	ip address *address subnet-mask* [secondary]
激活接口	Router(config-if)#	no shutdown
物理线路配置	Router(config)#	line *type number*
启动登录进程	Router(config-line)#	login
设置登录密码	Router(config)#	password *password*

【例 4-4】 将路由器名改为 R1。

Router(config)#hostname   R1

【例 4-5】 设置特权方式的加密口令为"Abcde"。

Router(config)#enable   secret   Abcde

注意：口令对大小写敏感。

4.3.2 规划和配置 IP 地址

在默认情况下，路由器的物理接口没有 IP 地址，在对路由器配置 IP 地址时，应注意以下几个原则：

◇ 同一路由器的不同接口的 IP 网号不能相同。
◇ 相邻路由器的一对接口的 IP 网号必须相同。
◇ 除了相邻路由器的相邻接口外，网络中的所有路由器所连接的网段，即所有路由器的任何两个非相邻接口都必须不在同一网段上。

配置接口的 IP 地址操作必须在接口配置模式下完成。

【例 4-6】 在路由器 RA 的 fastethernet 0/0 接口上配置 IP 地址 172.16.10.1/24。

  RA(config)# interface fastethernet 0/0
  RA(config-if)#ip address 172.16.10.1 255.255.255.0
  RA(config-if)#no shutdown

注意：① 当配置 IP 地址时，如果接口已经有 IP 地址，则先用 no ip address 命令删除；② 路由器的所有接口默认为关闭的，因此配置接口之后必须激活接口。shutdown 命令可以将当前接口关闭。

4.3.3 管理路由器

1. 处理配置文件

路由器有两个重要的配置文件：一个是系统启动时加载的初始配置文件，保存在 NVRAM 中；另一个是运行的配置文件，存放在 DRAM 中。

当修改系统配置时，DRAM 中的运行配置会随之改变；当系统掉电时，DRAM 中的运行配置将丢失。为了保留当前运行的配置信息，必须将配置信息写入 NVRAM 中或 TFTP 服务器中。可用的操作命令如下。

（1）将运行配置写入 NVRAM 中，可使用 write 命令，也可使用 copy 命令：

  Router#write memory
  Router#copy running start

（2）将运行配置写入 TFTP 服务器中：

  Router#copy running tftp:

（3）从 TFTP 服务器中或 NVRAM 中读入配置文件：

  Router#copy tftp: running
  Router#copy start running

2. RGNOS 映像的备份与升级

使用下列特权模式的命令，可以将 RGNOS 映像备份到 TFTP 服务器，或从 TFTP 服务器升级到 RGNOS 映像。

  Router#copy flash: tftp: 备份 RGNOS 映像
  Router#copy tftp: flash: 升级 RGNOS 映像

注意：TFTP 服务器必须安装在路由器的以太网口对应的 IP 网段上。升级 RGNOS 映像之前先运行该程序，把新的 RGNOS 映像文件放在 TFTP 服务器的根目录下，再执行升级命令。

路由器操作系统升级的步骤如下。

（1）ROM 模式下路由器下升级

① 按图 4-2 接好网线和控制线。

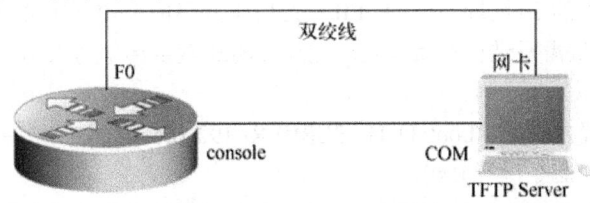

图 4-2　路由器升级连线图

锐捷系列路由器支持通过特定的以太网端口对路由器的主体软件进行升级，对于 36 系列路由器，选择第一个以太端口，2614、2624 路由器内置 4 个以太端口，则选择以太端口 0，对于 25 系列路由器，选择以太端口 0。锐捷 600 系列路由器有一个 10Mbps 的 WAN 口和一个 10/100Mbps 的 LAN 端口，选择 LAN 端口进行升级。

② 在 TFTP Server 上运行"超级终端"程序，并设置参数（如图 4-3 所示）。

③ 在 TFTP Server 的微机上运行 TFTP Server 程序，同时将升级路径指向放置升级文件（router.bin）的目录。

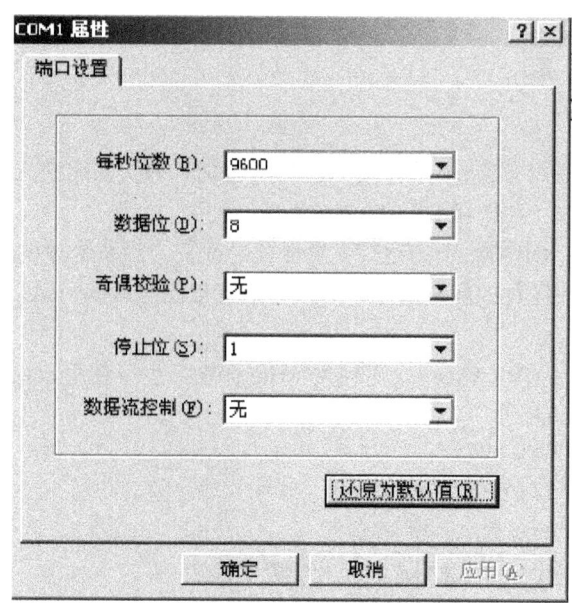

图 4-3 超级终端设置

④ 路由器加电,同时,在超级终端上,按 Ctrl+Break 键进入监控模式,超级终端屏幕出现"boot:"提示符。

⑤ 执行命令 show-env,查看当前环境变量。

用 show-env 查看当前的路由器的环境变量,如下提示:

```
boot:show-env
IP_ADDRESS=192.168.12.3
TFTP_SERVER=192.168.12.98
TFTP_FILE=router.bin
boot:
```

以上环境变量中,IP_ADDRESS 为路由器用于升级的以太口的 IP 地址,TFTP_SERVER 为运行 TFTP Server 的微机的 IP 地址,TFTP_FILE 为用于升级的路由器主体升级文件。根据具体的升级环境,这些环境变量需要进行重新设定。这些环境变量全部都为大写,同时在输入新值时,中间不能有空格。

⑥ 修改配置(配置方法如"boot:TFTP_SERVER=192.168.12.219")。

⑦ 执行"tftp -r"命令进行升级。

⑧ 升级完毕后会自动载入到路由器 RAM 中。进入正常的配置模式。但没有保存到 Flash 中,需要进行下面的步骤进行保存。

注意:通过该方法进行升级的文件的格式应该为 bin 格式。

(2)正常模式下路由器升级

正常工作模式就是指路由器运行在正常工作状态下,此时路由器可以利用 TFTP 服务器升级路由器主体程序和模块上的微代码程序的功能,可以利用 TFTP 备份路由器的配置、设置路由器。所有功能都只用一个 COPY 命令来完成。

使用这些功能之前,必须先搭建一个合适升级环境,事先做好如下准备:

① 路由器和用于升级路由器的主机在同一网络环境内,保证路由器和微机在网络上相通,搭建一个如图 4-2 所示的升级环境。

② 在微机上启动 TFTP Server。

③ 给路由器对应接口配置 IP 地址,该 IP 地址不能与网络上的其他设备冲突,并且与 TFTP Server 主机可以相互通信。

④ 在路由器方先用 Ping 命令测试网络的连通性,如果能 Ping 通,说明使用正常工作模式下的维护功能的环境才能满足。

⑤ 做好上述的升级前的准备工作,并且将用于升级的路由器主体程序文件复制到 TFTP 服务器所指定的目录下,在路由器特权用户模式下执行如下命令:

    Router#copy tftp flash

然后根据提示输入对应的参数。

4.3.4 LINE 模式配置

1. 进入 LINE 模式

通过进入到指定的 LINE 模式(见表 4-10),可以对具体的 LINE 进行配置。

表 4-10 进入 LINE 模式

命　令	作　用
Switch(config)# line [aux | console | tty | vty]first-line [last-line]	进入指定的 LINE 模式

2. 增加/减少 LINE VTY 数目

默认情况下,LINE VTY 的数目为 5。可以通过命令增加或者减少其数目。VTY 最大数目可以增加到 36(见表 4-11)。

表 4-11 增加/建设 LINE VTY 数目

命　令	作　用
Switch(config)# **line vty** *line-number*	将 LINE VTY 数目增加到某个值
Switch(config)# **no line vty** *line-number*	将 LINE VTY 数目减少到某个值

4.3.5 控制台速率配置

路由器有一个控制台接口(Console),通过它,可以对路由器进行管理。路由器第一次使用的时候,必须通过控制台接口方式对其进行配置。可以根据需要改变路由器串口的速率。注意:用来管理路由器的终端的速率设置必须与路由器的控制台的速率一致(见表 4-12)。

表 4-12 控制台速率配置

命　令	作　用
Router(config-line)# **speed** *speed*	设置控制台的传输速率,单位是 bps。对于串行接口,只能将传输速率设置为 9600、19200、38500、57600、115200 中的一个,默认速率是 9600

下面的例子表示如何将串口速率设置为 57600 bps:

    Router#configure terminal　　　　　　　　　　　　　!进入全局配置模式

```
Router(config)# line console 0              !进入控制台线路配置模式
Router(config-line)# speed 57600            !设置控制台速率为 57600
Router(config-line)# end                    !回到特权模式
```

4.3.6 在路由器上使用 Telnet

如图 4-4 所示,用户在微机上通过终端仿真程序或 Telnet 程序建立与路由器 A 的连接后,可通过 Telnet 命令再登录到设备 B,并对其进行配置管理(见表 4-13)。

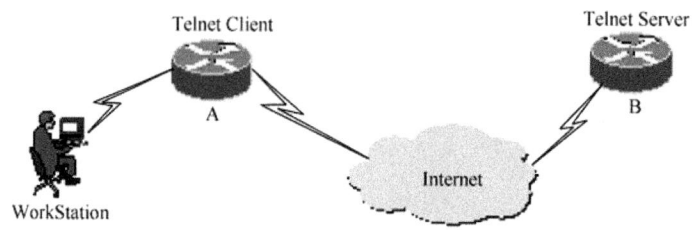

图 4-4 Telnet 服务

表 4-13 路由器上使用 Telnet

命　　令	作　　用
Router#**telnet** *host-ip-address*	通过 Telnet 登录到远程设备

下面建立 Telnet 会话并管理远程路由器(远程路由器的 IP 地址是 192.168.65.119):

```
Router#telnet 192.168.65.119               !建立到远程设备的 Telnet 会话
    Trying 192.168.65.119 ... Open
    User Access Verification              !进入远程设备的登录界面
    Password:
```

4.4 网络通信检测工具

1. Ping 连通性测试

为了测试网络的连通性,很多的网络设备都支持 Ping 功能。该功能包括发送一个特殊的数据包给指定的网络地址,然后等待该地址应答回来的数据包,从而评估网络的连通性、延时和网络的可靠性。利用 RGNOS 提供的 Ping 工具,可以帮助用户诊断、定位网络中的连通性问题。

Ping 命令运行在普通用户模式和特权用户模式下,普通用户模式下只能运行基本的 Ping 功能,特权用户模式下还可以运行其扩展功能(见表 4-14)。

表 4-14 Ping 连通性测试

命　　令	作　　用
Router# **ping** [*ip*] [*address* [**length** *length*] [**ntimes** *times*] [**timeout** *seconds*]]	Ping:网络连通性测试工具

普通的 Ping 功能默认将 5 个长度为 100 字节的数据包发送到指定的 IP 地址,在指定的时间(默认为 2 秒)内,如果有应答,则显示"!";如果没有应答,则显示"."。最后输出一个统计信息。

以下为普通 ping 的实例:

```
Router#ping 192.168.5.1
    Sending 5, 100-byte ICMP Echoes to 192.168.5.1, timeout is 2
    seconds:
    < press Ctrl+C to break >
    !!!!!
    Success rate is 100 percent (5/5), round-trip min/avg/max=1/2/10 ms
```

扩展的 Ping 功能只能在特权用户模式下执行,可以指定发送数据包的个数、长度、超时的时间等。与普通的 Ping 功能一样,最后也输出一个统计信息,以下为一个扩展 Ping 的实例:

```
RG3660#ping 192.168.5.197 length 1500 ntimes 100 timeout 3
    Sending 100, 1000-byte ICMP Echoes to 192.168.5.197, timeoutis 3 seconds:
    < press Ctrl+C to break >
    !!!!!!!!!!!!!!!!!!!!!!!!!!!!!!!!!!!!!!!!!!!!!!!!!!
    !!!!!!!!!!!!!!!!!!!!!!!!!!!!!!!!!!!!!!!!!
    Success rate is 100 percent (100/100), round-trip min/avg/max= 2/2/3 ms
```

2. Traceroute 连通性测试

Traceroute 命令可以显示数据包从源地址到目的地址所经过的所有网关。Traceroute 命令主要用于检查网络的连通性,并在网络故障发生时,准确地定位故障发生的位置。

网络传输的规则是,一个数据包每经过一个网关,数据包中的 TTL 域的数据执行减 1 操作。当 TTL 域的数据为 0 时,该网关便丢弃这个数据包,并送回一个地址不可达的错误数据包给源地址。根据这个规则,Traceroute 命令的执行过程如下:

首先给目的地址发送一个 TTL 为 1 的数据包,第一个网关便送回一个 ICMP 错误消息,以指明此数据包不能被发送,因为 TTL 超时,之后将数据包的 TTL 域加 1 后重新发送,同样第二个网关返回 TTL 超时错误。这个过程一直继续下去,直到到达目的地址,记录每个回送 ICMP TTL 超时信息的源地址,便记录下了数据从源地址到达目的地址,IP 数据包所经历的完整的路径。

Traceroute 命令可以在普通用户模式和特权用户模式下执行,如表 4-15 所示。

表 4-15 Traceroute 连通性测试

命 令	作 用
Router# **traceroute** [*protocol*] [*destination*]	跟踪数据包发送网络路径

以下为应用 Traceroute 的两个例子,一个为网络连接畅通,一个为网络连接存在某些网关不通的情况。

网络畅通的 Traceroute 例子:

```
Router# traceroute 61.154.22.36
    < press Ctrl+C to break >
    Tracing the route to 61.154.22.36
    1 192.168.12.1 0 msec 0 msec 0 msec
    2 192.168.9.2 4 msec 4 msec 4 msec
    3 192.168.9.1 8 msec 8 msec 4 msec
    4 192.168.0.10 4 msec 28 msec 12 msec
    5 202.101.143.130 4 msec 16 msec 8 msec
    6 202.101.143.154 12 msec 8 msec 24 msec
    7 61.154.22.36 12 msec 8 msec 22 msec
```

从上面的结果可以清楚地看到,从源地址要访问 IP 地址为 61.154.22.36 的主机,网络数据包都经过了哪些网关，同时给出了到达该网关所花费的时间。这对于网络分析是非常有用的。

网络中某些网关不通的 Traceroute 例子：

```
Router# traceroute 202.108.37.42
   < press Ctrl+C to break >
   Tracing the route to 202.108.37.42
   1 192.168.12.1 0 msec 0 msec 0 msec
   2 192.168.9.2 0 msec 4 msec 4 msec
   3 192.168.110.1 16 msec 12 msec 16 msec
   4 * * *
   5 61.154.8.129 12 msec 28 msec 12 msec
   6 61.154.8.17 8 msec 12 msec 16 msec
   7 61.154.8.250 12 msec 12 msec 12 msec
   8 218.85.157.222 12 msec 12 msec 12 msec
   9 218.85.157.130 16 msec 16 msec 16 msec
   10 218.85.157.77 16 msec 48 msec 16 msec
   11 202.97.40.65 76 msec 24 msec 24 msec
   12 202.97.37.65 32 msec 24 msec 24 msec
   13 202.97.38.162 52 msec 52 msec 224 msec
   14 202.96.12.38 84 msec 52 msec 52 msec
   15 202.106.192.226 88 msec 52 msec 52 msec
   16 202.106.192.174 52 msec 52 msec 88 msec
   17 210.74.176.158 100 msec 52 msec 84 msec
   18 202.108.37.42 48 msec 48 msec 52 msec
```

从上面的结果可以清楚地看到，从源地址要访问 IP 地址为 202.108.37.42 的主机，网络数据包都经过了哪些网关，并且网关 4 出现了故障。

习题 4

1. 什么是 RGNOS？其引导过程如何？Cisco 路由器操作系统的名称是什么？
2. 命令模式有哪些？如何设定？
3. 获取帮助的方法有哪些？
4. 交换机的管理包括哪几种方式？
5. 如何进行路由器的 LINE 模式管理？
6. 网络通信检测工具有哪些？请简单描述。
7. 三层交换机上设置 IP 地址的方法是什么？
8. 在二层交换机上怎样设置管理地址？
9. 在配置交换机的 Telnet 功能后远程登录失败，请简述分析过程和可能的问题。

进阶篇

网络规划与设计

VLAN 技术

交换机中的冗余链路管理

路由技术基础

基本路由选择

OSPF 路由选择

帧中继技术

第 5 章　网络规划与设计

本章重点介绍了网络拓扑层次化结构设计，对网络综合布线方案进行案例式分析。通过本章学习，读者能够了解网络层次化设计的优点，熟悉网络层次化各层的功能及特点，掌握在层次化网络中各种网络设备的应用场合，了解网络综合布线的各种方案。

5.1　网络拓扑层次化结构设计

随着网络建设的需求不断增多，网络建设的总体思路以及如何总体设计工程蓝图是网络建设的核心任务。建设一个好的网络对每个企业来说都不是一件容易的事情，都要经过周密的论证、谨慎的决策和正确的施工。而对网络有一个明晰、有层次的设计，更能让网络建设事半功倍。

5.1.1　层次化网络拓扑设计的描述

对于多数企业，对网络的基本要求如下：
- 网络应该全天候正常运行，即使在链路或设备故障，以及过载的情况下都应如此。
- 网络应该将应用程序可靠地从一台主机传送到另一台主机，并保证合理的响应时间。
- 网络应该具有安全性，应该保护网络中传输的数据和网络设备上存储的数据。
- 网络应该易于调整，以适应网络增长和一般的业务变更。
- 对于网络可能发生的故障，故障的排查应简单易行。

经过分析，用户对网络的要求可转化为网络设计的四个基本目标：
- 可扩展性。在可扩展网络设计中，网络的规模可以不断扩大，以容纳新的用户群和远程站点，并且可以在不影响现有用户服务水平的情况下，支持新的应用。
- 可用性。为实现可用性而设计的网络可以提供全天候一致和可靠的服务。此外，如果单个链路或设备发生故障，网络性能应该不会受到显著影响。
- 安全性。安全性必须体现在网络设计的每个方面，而不是网络设计完成后附加到网络上的特性。规划安全设备、过滤器和防火墙功能的部署位置对于保护网络资源至关重要。
- 管理便利性。无论最初的网络设计如何优秀，网络必须便于网络维护人员管理和支持，太复杂的网络或者很难维护的网络都不能高效地正常运行。

为了满足这四个基本的设计目标，网络必须建设在支持灵活性和扩展性的体系架构上，所以分层的网络设计应运而生。

分层设计用于将设备分组为多个网络，这些网络采用分层的方法来组织。分层设计模型有三个基本层：
- 核心层——连接分布层设备。
- 分布层——将较小的本地网络相互连接起来。
- 接入层——为网络中的主机与终端设备提供连接。

图 5-1 和图 5-2 分别是平面交换网络和分层网络的示意图，可以看到，平面交换网络只有一个大型的广播域，而分层网络包含三个广播域。

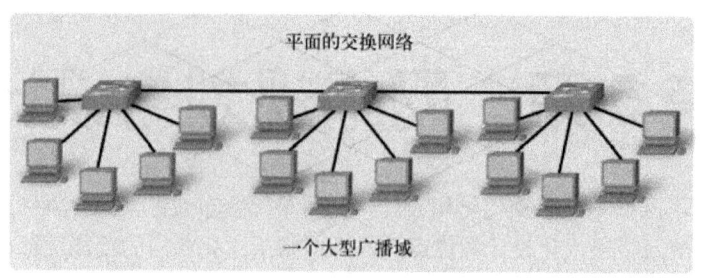

图 5-1 平面交换网络

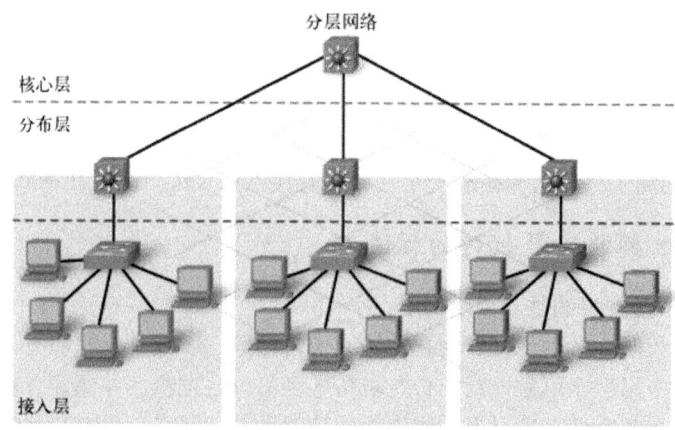

图 5-2 分层网络

相对于平面网络，分层设计的网络具有如下优势：

① 平面网络中的第 2 层设备基本不能控制广播或过滤不需要的流量。随着平面网络中设备和应用程序的增多，响应时间也逐渐变慢，最后导致网络不可用。

② 分层网络设计较平面网络设计更有优势，它将平面网络分为较小、更易于管理的模块，本地流量只会留在本地，只有发往其他网络的流量进入更高的层。

5.1.2 层次化结构设计中各层的特点

1. 核心层工作原理及特点

核心层又称为网络主干，核心层的路由器和交换机可以提供高速连接。在企业局域网中，核心层可能连接多栋大楼或多个站点，并为服务器群提供连接。核心层包含数个连接到企业边缘设备的链路，以支持 Internet、VPN（虚拟专用网络）、外联网和 WAN 接入。通过实施核心层，可以减小网络复杂性，使管理网络和排查故障更加容易。

核心层使网络不同区域之间的数据传输更高效、速度更快。它的主要设计目标是：确保全天候运作，使吞吐量最大化，便于网络增长。

核心层使用的技术包括：① 同时具有路由功能和交换功能的路由器或多层交换机；② 冗余和负载均衡；③ 高速与汇聚链路；④ 扩展性好、快速收敛的路由协议，如增强型内部网关路由协议（EIGRP）和开放最短路径优先（OSPF）协议。图 5-3 是核心层的示意图。

核心层的主要特点如下：① 高可靠性；② 提供冗余链路；③ 提供故障隔离；④ 迅速适应升级；⑤ 提供较少的延时和良好的可管理性；⑥ 避免由滤波器或其他处理引起的慢包操作；⑦ 有限和一致的直径。

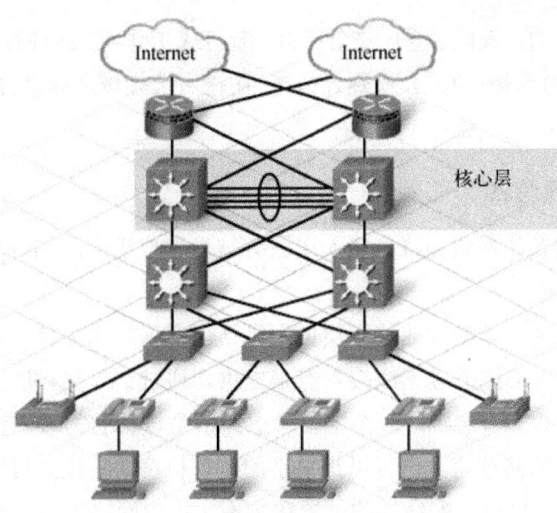

图 5-3 核心层示意图

2. 分布层工作原理及特点

分布层是接入层与核心层之间的路由边界，也是远程站点与核心层之间的连接点。

接入层一般通过第 2 层交换技术构建，分布层通过第 3 层设备构建。分布层的路由器或多层交换机可以提供多种关键功能，有助于满足网络设计的目标。这些目标包括：① 过滤与管理流量；② 强制访问控制策略；③ 向核心层通告路由之前总结路由；④ 将核心层与接入层的故障或中断相隔离；⑤ 在接入层 VLAN 之间路由；⑥ 在数据进入园区核心层之前，管理队列和确定流量的优先顺序。

分布层网络通常以部分网状拓扑布线。该拓扑提供了多条冗余路径，可确保链路故障或设备故障时网络不瘫痪。如果分布层的多台设备位于同一个配线间或数据中心，则这些设备通过千兆链路相连。如果设备之间距离遥远，则会使用光纤。支持多个高速光纤连接的交换机可能很昂贵，所以必须仔细规划，确保有足够的光纤端口来实现所需的带宽和冗余。图 5-4 是分布层的示意图。

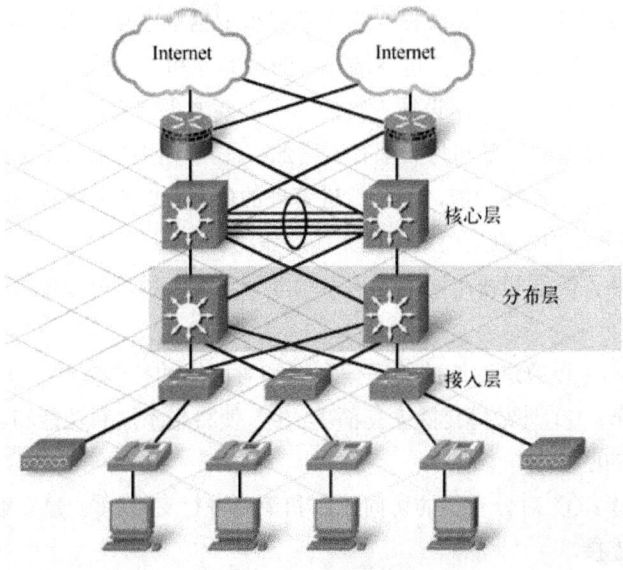

图 5-4 分布层示意图

分布层的特点如下：① 策略；② 安全；③ 部门或工作组级访问；④ 广播/多播域的定义；⑤ VLAN 之间的路由选择；⑥ 介质翻译；⑦ 在路由选择域之间重分布；⑧ 在静态和动态路由选择协议之间的划分。

3．接入层工作原理及特点

接入层是连接终端设备的网络边缘。接入层服务与设备位于园区的每栋大楼、每个远程站点和服务器群，甚至企业边缘。

从物理因素考虑，园区基础架构的接入层使用第 2 层交换技术来接入网络。这种接入可能通过永久的有线基础架构，也可能通过无线接入点来提供。通过铜线架设的以太网有距离局限。因此，在设计园区基础架构的接入层时，一个主要考虑因素是设备的物理位置。

配线间可以是实际上的储藏室，也可以是很小的电信机房。配线间可以充当整栋大楼或大楼不同楼层基础架构布线的端接点。配线间的位置和物理大小由网络大小、网络扩展计划决定。

配线间的设备向 IP 电话和无线接入点等终端设备供电。许多接入层交换机具有以太网供电（PoE）功能。

服务器群或数据中心的接入层设备与一般的配线间不同，它们一般是结合了路由和交换功能的冗余多层交换机。多层交换机可提供防火墙和入侵保护并具有第 3 层的功能。

在融合网络方面，现代计算机网络已经远不仅仅是连接到接入层的个人计算机和打印机。很多设备都可以连接到 IP 网络，其中包括 IP 电话、摄像头和视频会议系统。

以上所有服务均可融合到一个物理的接入层基础架构上。然而，支持这些服务的逻辑网络的设计却变得更复杂，因为这些设计要考虑 QoS、流量分离、过滤等因素。由于出现了这些新的终端设备类型以及相关的应用程序和服务，对接入层的可扩展性、可用性、安全性和管理便利性的要求也随之改变。

在可用性方面，早期的网络中通常只有网络核心、企业边缘和数据中心网络才要求具有高可用性。IP 电话技术改变了这个局面，现在人们要求每个电话都必须全天候可用。可以通过在接入层上部署冗余组件和故障转移策略，改进终端设备的可靠性和可用性。

改进接入层的管理便利性是网络设计人员的一个主要考虑因素。接入层管理非常重要，这是因为：①接入层上连接设备的数量和种类都有所增加；②局域网内引入了无线接入点。

除了在接入层提供基本连接功能，为了改进管理的便利性，设计人员还需要考虑以下因素：命名结构，VLAN 体系结构，流量模式，优先排序策略。

对于大型融合网络，配置和使用网络管理系统非常重要。尽可能使配置与设备标准化也非常重要。

遵循好的设计原则可以改进网络的管理便利性和对网络的持续支持，因为这样可以：① 确保网络不会变得太复杂；② 使故障排除变得简单；③ 使将来添加新功能和新服务时更简单。

图 5-5 是接入层的示意图。

接入层的特点如下：① 对分布层的访问控制和策略进行支持；② 建立独立的冲突域；③ 建立工作组与分布层的连接。

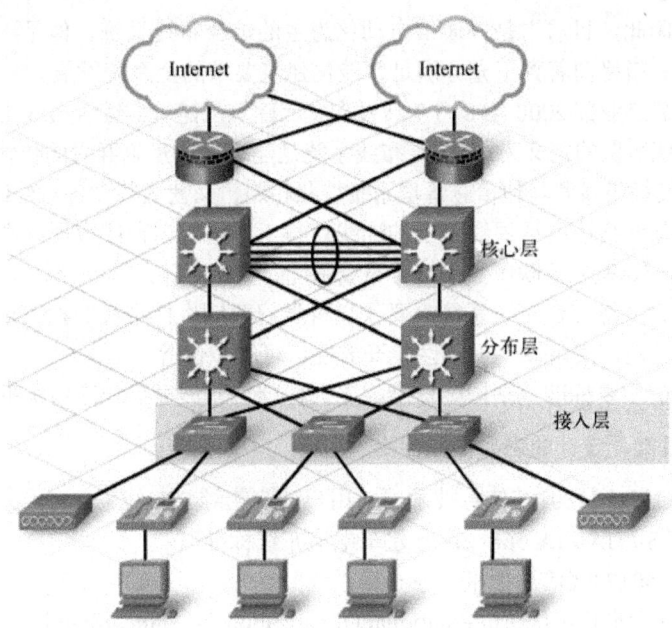

图 5-5　接入层示意图

5.2　网络综合布线

5.2.1　综合布线系统构成

综合布线系统（Network Premises Distribution System，NPDS），又称为网络开放式布线系统（Network Open Cabling System，NOCS），是在计算机技术和通信技术发展的基础上进一步适应社会信息化和经济国际化的需要发展而来的，是办公自动化进一步发展的结果，是建筑技术与信息技术相结合的产物，是智能建筑系统工程的重要组成部分。

20世纪50年代，大型高层建筑在经济发达的国家中开始兴建，为了改善建筑的使用功能、提高服务水平，楼宇自动化的设计要求被提出，通过在建筑物内装设各种仪表、控制和显示装置等设备，来进行集中监控、运行操作和维护管理。所有设备都需分别装设独立的传输线路，将分布在建筑各区域的设备相连，组成各自独立的集中监控系统，这种线路就是传统的专业布线系统。由于这些系统基本采用人工手动或简单的自动控制方式，所需的设备和器材种类繁多，敷设的线路数量多且长度长，既增加了工程造价，也不利于施工和维护。

20世纪80年代以来，随着科技的迅猛发展，通信技术、网络技术、图形显示技术和自动控制技术之间的融合越来越紧密，现代高层建筑的服务功能和客观要求也大大提高，传统的专业布线系统已经不能满足需要。所以，发达国家开始研究和设计网络综合布线系统，我国也于20世纪80年代后期逐步引入和使用网络综合布线系统。

迄今为止，网络综合布线技术已经经历了30多年的历史，随着网络在国民经济及社会生活各领域的不断扩张，综合布线的需求逐年增长，综合布线技术深入到了人们生活的方方面面。

由于各产品类型有所不同，所以综合布线系统的定义也有一定的差异。本书所指的综合布线系统是指一幢建筑物内（或综合性建筑物）或建筑群体中的信息传输媒质系统。它将相同或相似的线缆（如双绞线、同轴电缆或光缆）、连接硬件组合成一套标准且通用的、按一定秩序和内部关系而集成的整体，因此，目前它是以通信自动化为主的综合布线系统。但是，随着科学技术的发展，综合布线系统会最终向着真正充分满足智能化建筑要求的全系统发展。

我国（原）信息产业部 2000 年 8 月 1 日发布了《建筑与建筑群综合布线工程系统设计规范》，其中对综合布线系统所做的定义为："综合布线系统是建筑物或建筑群内的传输网络。它既是话音和数据通信设备、交换设备和其他信息管理系统彼此相连，又使这些设备与外部通信网络相连接。它包括建筑物到外部网络或电话局线路上的连线点与工作区的话音或数据终端之间的所有电缆及相关联的布线部件。"这基本反映了当前综合布线系统的实施内容。

在实际实施中，网络综合布线系统需要依靠科学规范地执行布线的相关标准规范来完成，以此来确保工程的先进性、实用性、灵活性、开放性、可维护性等。

综合布线系统的主要标准包括国际标准、美洲标准、欧洲标准和国内标准。

1. 综合布线性能、设计的主要国外标准

国际标准：ISO/IEC 11801《信息技术——用户建筑物综合布线》。
美洲标准：ANSI/TIA/EIA-568《商务建筑电信布线标准》。
欧洲标准：EN 50173《信息技术——布线系统》。

其中，ISO 国际标准化组织（International Organization for Standardization）是一个非官方的国际性标准制定机构，它在综合布线方面与 IEC 国际电工委员会（International Electrical Commission）合作开发的国际布线标准 ISO/IEC 11801《信息技术——用户建筑物综合布线》是世界上综合布线技术的重要参考文献。ANSI 美国国家标准学会（American National Standards Institute）与 TIA/EIA 通信工业协会（Telecommunications Industry Association）/电子工业协会（Electronic Industry Alliance）共同颁布的 ANSI/TIA/EIA-568《商务建筑电信布线标准》是综合布线的权威标准之一。而欧洲标准 EN 50173《信息技术——布线系统》主要适用于屏蔽系统，在我国国内并不常见。

2. 综合布线系统的国内标准：协会标准、行业标准和国家标准

（1）协会标准

中国工程建设标准化协会在 1997 年颁布的新版《建筑与建筑群综合布线系统工程设计规范》（CECS 72:97）和《建筑与建筑群综合布线系统工程施工及验收规范》（CECS 89:97）。

（2）行业标准

2001 年 10 月 19 日，原信息产业部发布了中华人民共和国通信行业标准 YD/T 926-2001《大楼通信综合布线系统》第二版，并于 2001 年 11 月 1 日起正式实施。

（3）国家标准

国家标准《建筑与建筑群综合布线系统工程设计规范》（GB/T 50311—2000）、《建筑与建筑群综合布线系统工程验收规范》（GB/T 50312—2000）于 2000 年 2 月 28 日发布，在 2000 年 8 月 1 日开始执行。该标准主要由我国通信行业标准 YD/T 926-1997《大楼通信综合布线系统》升级而来，与 YD/T 926 相比，确定了一些技术细节，并与 YD/T 926 保持兼容，是综合布线系统的设计和验收的主要依据。本规范适用于新建、扩建、改建建筑群的综合布线系统工程设计。

这两个标准只是关于 5 类布线系统的标准，不涉及超 5 类以上布线系统。

网络综合布线系统应该按照结构化、模块化的基本原则进行构筑，每个模块化子系统相互独立，又相互协作，构成了一个完整的网络综合布线系统。每个子系统的设计和安装都独立于其他子系统，所有子系统互相连接，形成一个单独的网络综合布线系统，共同工作。这使得设计和使

用者可以在不影响其他子系统的情况下对一个子系统进行改变和维护，从而增加了系统的可扩展性、可维护性和灵活性。

网络综合布线系统是由 6 个独立的子系统组成的。

1．工作区子系统（Work Location）

工作区子系统又称为服务区（Corerageareа）子系统，由 RJ45 跳线与信息座所连接的设备组成（见图 5-6）。其中，信息座分为墙上型、地面型、桌上型等。

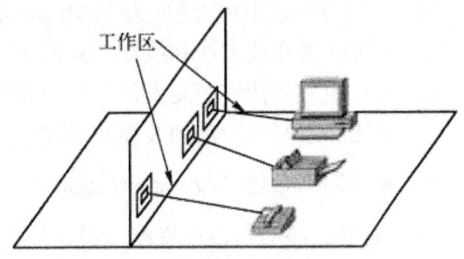

图 5-6　工作区子系统图

在进行终端设备和 I/O 连接时，有时可能需要某种传输电子装置，但这种装置并不是工作区子系统的一部分。比如，调制解调器能为终端与其他设备之间的兼容性传输距离的延长提供所需的转换信号，但其本身并不是工作区子系统的一部分。

工作区子系统中所使用的连接器必须具备有国际 ISDN 标准的 8 位接口，这种接口能接受楼宇自动化系统所有低压信号以及高速数据网络信息和数码声频信号。工作区子系统设计时要注意如下要点：

① 从 RJ45 插座到设备间的连线应使用双绞线，通常不应该超过 5m。
② 应该选择墙壁上不易碰到的地方来安装 RJ45 插座，插座距离地面不能低于 30cm。
③ 插座和插头之间的线头不能接错。

2．水平干线子系统（Horizontal）

水平干线（Horizontal Backbone）子系统又称为水平子系统，是整个网络综合布线系统的一部分，包括从工作区的信息插座开始到管理间子系统的配线架，其结构通常为星型结构（见图 5-7）。水平干线子系统与垂直干线子系统的主要区别在于：水平干线子系统仅与信息插座、管理间连接，并且总是在同一个楼层上。在综合布线系统中，水平干线子系统由 4 对 UTP（非屏蔽双绞线）组成，能支持包括语音、数字信号传输等大多数现代化通信设备，如果有磁场干扰比较严重的地方或者对信息保密有特殊要求，可以选择屏蔽双绞线。对带宽有特殊要求时，可以使用"光纤到桌面"的方案。当水平区面积相当大时，在一个区间内可能有一个或多个卫星交接间，水平线除了要连接到交接间外，还要通过卫星交接间把终端接到信息出口处。

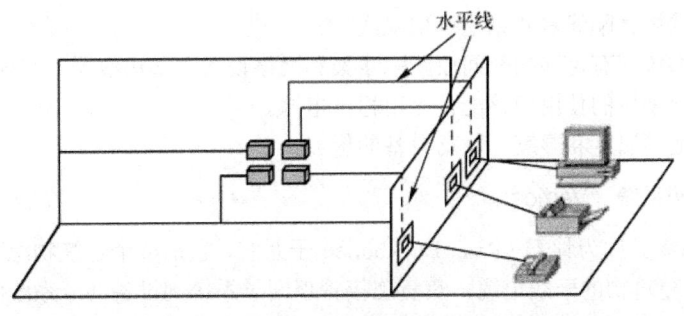

图 5-7　水平干线子系统图

在水平干线子系统的设计中，综合布线的设计必须具有全面介质设施方面的知识，能够向用户或用户的决策者提供完善而又经济的设计。设计时要注意如下要点：

① 水平干线子系统的用线通常为双绞线。
② 长度通常不应超过 90m。
③ 用线必须走线槽，尽量不要选择地面线槽，而应该在天花板吊顶内布线。
④ 3 类双绞线的传输速率为 16Mbps，5 类双绞线的传输速率为 100Mbps。
⑤ 确定介质布线方法和线缆的走向。
⑥ 确定距服务接线间距离最近以及距离最远的 I/O 位置。
⑦ 要计算水平区所需的线缆总长度。

3．管理间子系统（Administration）

管理间子系统分布在楼层配线设备的房间内，由交接间的配线设备、互连和输入/输出设备等组成，也可应用于设备间子系统。它是垂直干线子系统和水平子系统的桥梁，同时又可为同层组网提供条件。管理间子系统包括双绞线配线架、跳线，在需要有光纤的布线系统中，还应有光纤配线架和光纤跳线。当终端设备位置或局域网的结构变化时，只要改变跳线方式即可解决，而不需要重新布线（见图 5-8）。

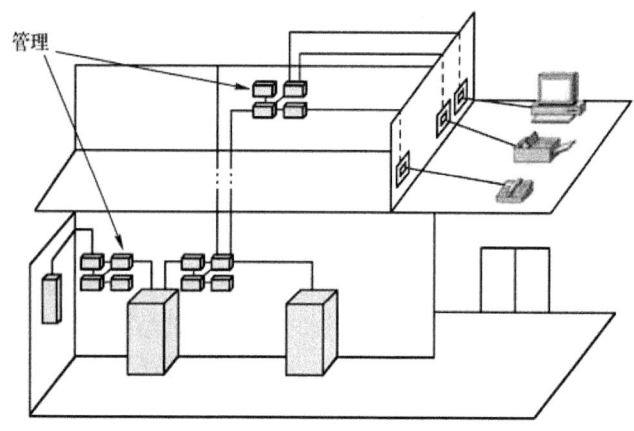

图 5-8　管理子系统图

设计时该子系统时要注意的如下要点：
① 管理的信息点数决定配线架的配线对数。
② 注意利用配线架的跳线功能增强布线系统的灵活性。
③ 配线架通常由光配线盒和铜配线架组成。
④ 管理间子系统应有足够的空间放置配线架和网络设备，如集线器、交换机等。
⑤ 集线器、交换机的使用应该配备专用稳压电源。
⑥ 要保持合适的温度和湿度，注意设备的保养。

4．垂直干线子系统（Vertical）

垂直干线子系统又称为骨干（Riser Backbone）子系统，它是整个建筑物综合布线系统的重要组成部分，它提供建筑物的干线电缆，负责连接管理间子系统到设备间子系统的子系统。此外，它也提供了建筑物垂直干线电缆的路由。该子系统通常是在两个单元之间，由所有的布线电缆组成，或有导线和光缆以及将此光缆连到其他地方的相关支撑硬件组合而成（如图 5-9）。传输介质可能包括一幢多层建筑物的楼层之间垂直布线的内部电缆或从主要单元如计算机房或设备间和其他干线接线间来的电缆。

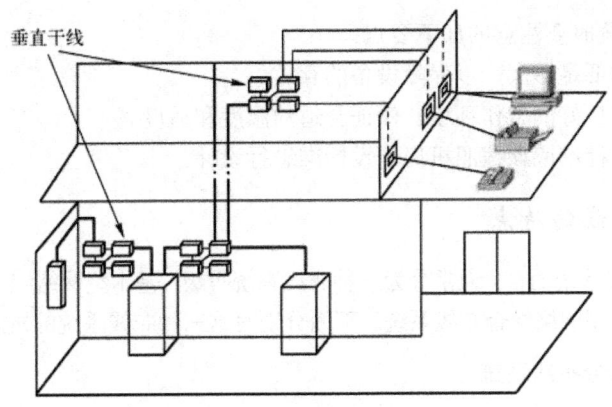

图 5-9　垂直干线子系统

设计垂直干线子系统时要注意的如下要点：
① 出于速率方面的考虑，垂直干线子系统通常选择光缆作为传输介质。
② 室外远距离可以选择多模光缆，室内则可以选择单模光缆。
③ 光缆如需拐弯，切勿直角拐弯，应保持一定的弧度，防止光缆受损。
④ 埋入地下的垂直干线电缆要防止挖路、修路对其造成危害，架空的电缆注意要防止雷击。
⑤ 确定每层楼以及整幢大楼的干线要求和防雷电的设施。

5. 建筑群子系统（Campus）

建筑群子系统是将一个建筑物中的电缆延伸到另一个建筑物的通信设备和装置，包括可架空安装或沿地下电缆管道（或直埋）敷设的铜缆和光缆，以及防止电缆的浪涌电压进入建筑的电气保护装置等（见图 5-10）。

在建筑群子系统中，室外铺设电缆通常分为以下情况：架空电缆、直埋电缆、地下管道电缆，或者是这三种的任意组合，具体情况由施工现场的环境来决定。

设计时该系统时与垂直干线子系统相同。

6. 设备间子系统（Equipment）

设备间子系统简称设备子系统，设备间子系统由设备间的电缆、建筑物配线架及相关支撑硬件、电气保护装置等构成（见图 5-11）。比较理想的设置是把计算机房、交换机房等设备间设计在同一楼层中，这样既便于管理、又节省投资。当然，也可根据建筑物的具体情况设计多个设备间。

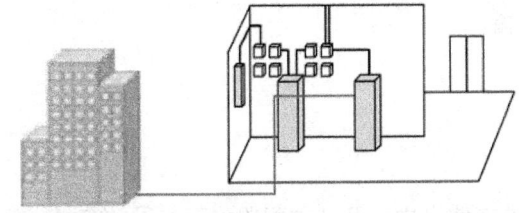
图 5-10　建筑群子系统

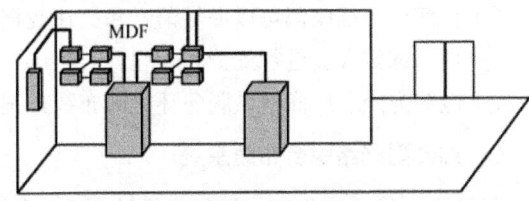
图 5-11　设备间子系统

设备间是在每幢大楼设置进线设备，进行网络管理以及管理人员值班的场所，设备间子系统主要包括综合布线系统的建筑物进线设备、电话、计算机等主机设备等，因此设备间位置及大小必须根据设备的数量、网络中心规模等内容综合考虑确定。

设计设备间子系统时要注意的如下要点：
① 设备间的空间要足够大，以保障设备的存放。
② 设备间应该有良好的工作环境，保证合适的温度和适度。
③ 设备间的建设标准应该按照机房建设标准进行设计。

5.2.2 综合布线的特点

对于网络综合布线系统而言，通常分为三种布线系统等级：基本型网络综合布线系统、增强型网络综合布线系统和综合型网络综合布线系统。下面分别对这三种布线系统的概念和特点进行介绍。

1. 基本型网络综合布线系统

基本型网络综合布线系统方案，是一个相对经济有效的布线方案，支持语音或综合型语音/数据产品，并能全面过渡到数据的异步传输或综合型网络综合布线系统，其基本配置如下：
① 每个工作区配备一个信息插座。
② 每个工作区配备一条水平布线 4 对 UTP 系统。
③ 完全采用 110 A 交叉连接硬件，并且能够同未来的附加设备兼容。
④ 每个工作区的干线电缆至少有两对双绞线。

基本型综合布线系统的特点如下：
① 能够支持所有语音和数据传输应用。
② 支持语音、综合型语音/数据的高速传输。
③ 便于维护人员进行维护和管理。
④ 对众多厂家的产品设备和特殊信息的传输提供良好的支持。

2. 增强型网络综合布线系统

增强型网络综合布线系统除了支持语音和数据的应用之外，还支持图像、影像、影视、视频会议等多种其他应用。

该布线系统具备进一步扩展功能的能力，并能够通过接线板进行管理，其基本配置如下：
① 每个工作区有两个以上信息插座；② 每个信息插座均有水平布线 4 对 UTP 系统；③ 具有 110A 交叉连接硬件；④ 每个工作区的电缆至少有 8 对双绞线。

增强型网络综合布线系统的特点如下：
① 每个工作区有两个信息插座，功能更齐全，更加灵活方便。
② 任何一个插座都可以提供语音和高速数据传输。
③ 便于维护人员进行维护和管理。
④ 能够为众多厂商提供服务环境的布线方案。

3. 综合型网络综合布线系统

综合型布线系统将双绞线和光缆纳入了建筑物的布线之中，其基本配置如下：① 在建筑或建筑群的干线或水平布线子系统中配置 62.5μm 的光缆；② 在每个工作区的电缆内配有 4 对双绞线；③ 每个工作区的电缆中应有 2 对以上的双绞线。

综合型网络综合布线系统的特点如下：
① 每个工作区有两个以上的信息插座，功能更齐全，更加灵活方便。

② 任何一个信息插座都可供语音和高速数据传输；
③ 有一个很好环境，为客户提供服务。

5.2.3 网络综合布线案例

1．网络综合布线项目概述

基于某高校的实际情况，将该高校校园网络综合布线工程分为三个阶段完成。第一阶段实现校园网基本连接，第二阶段校园网将覆盖校园所有建筑，第三阶段完成校园网应用系统的开发。

校园网建设的一期工程覆盖了教学、办公、学生宿舍区、教工宿舍区，接入信息点约为 2600 个，总投资 400 万左右。为了实现网络高带宽传输，骨干网将采用千兆以太网为主干，百兆光纤到楼，学生宿舍 10Mbps 带宽到桌面，教工宿舍 100Mbps 带宽到桌面。

2．校园建筑物布局介绍

本次校园网建设，覆盖了 41 栋楼房，其中学生宿舍 12 栋，教工宿舍 20 栋，办公楼、实验大楼、计算中心、电教楼、图书馆、招待所、青工楼各一栋，教学楼两栋。网络管理中心已定在电教楼三楼。具体的建筑物布局如图 5-12 所示。

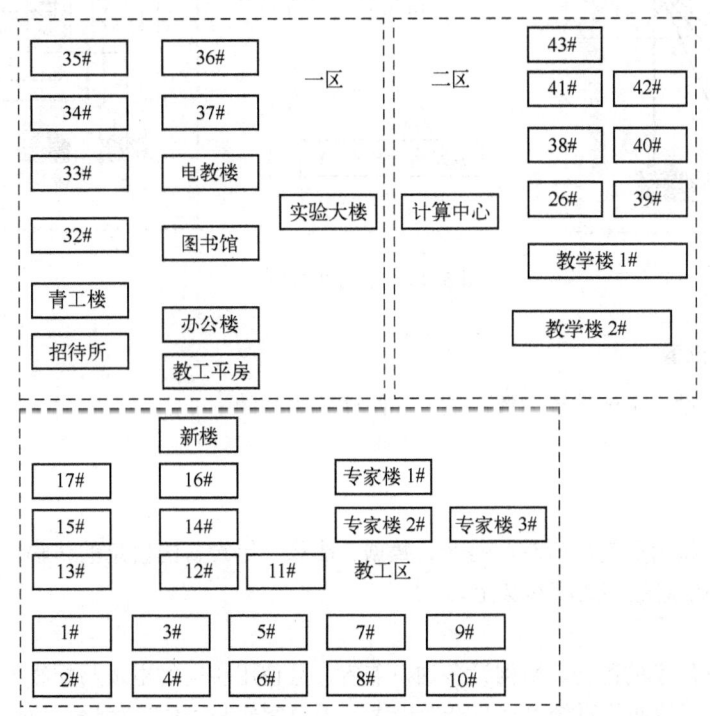

图 5-12 建筑物布局

3．网络拓扑结构分析

根据用户需求分析，决定采用星形网络拓扑结构。

学院网络中心的核心交换机为中心点，二区学生宿舍的核心交换机通过 2G 聚合链路连接网络中心的核心交换机，教工区的核心交换机也通过 2G 聚合链路连接网络中心的核心交换机。学生宿舍一区的各楼宇交换机直接汇聚到网络中心交换机。校园网网络拓扑结构，如图 5-13 所示。

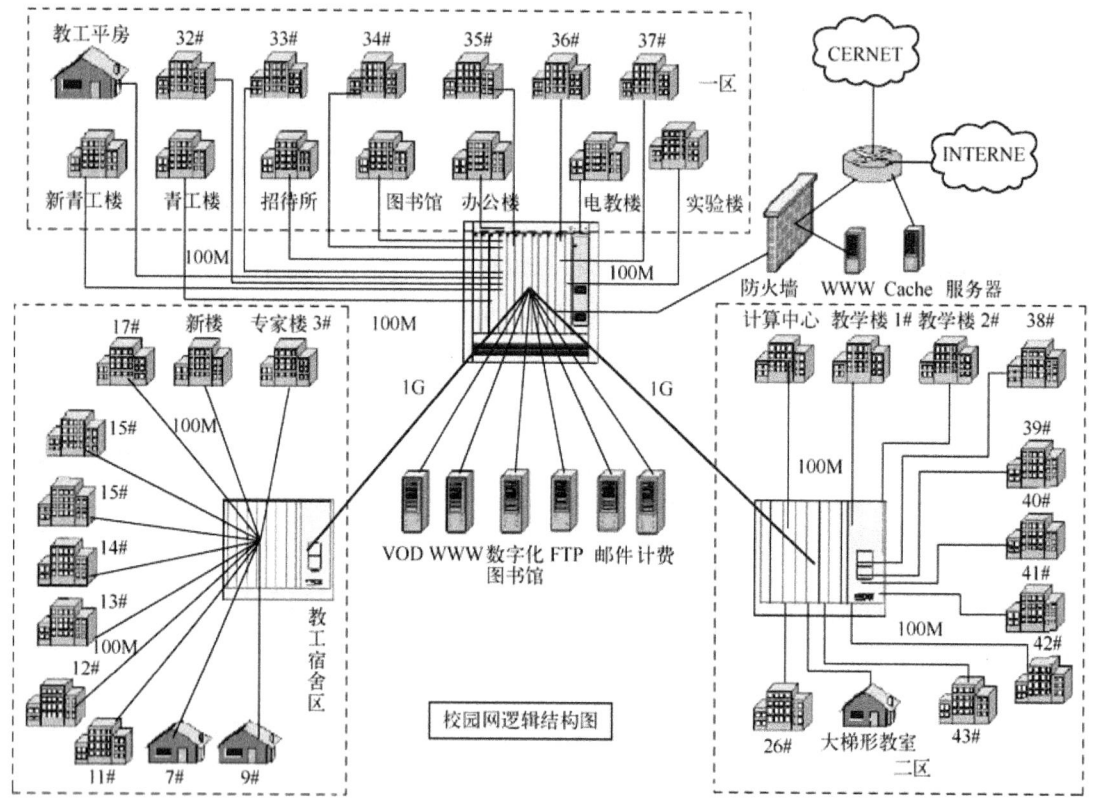

图 5-13 校园网络拓扑

4．网管中心位置

网管中心位置设立在电教楼三楼，位于学院建筑平面的中心点。

5．设计目标

（1）标准化

本设计综合了楼内所需的所有的语音、数据、图像、等设备的信息的传输，并将多种设备终端插头插入标准的信息插座或配线架上。

（2）兼容性

本设计对不同厂家的语音、数据设备均可兼容，且使用相同的电缆与配线架、相同的插头和模块插孔。因此，无论布线系统多么复杂、庞大，不再需要与不同厂商进行协调，也不再需要为不同的设备准备不同的配线零件，以及复杂的线路标志与管理线路图。

（3）模块化

综合布线采用模块化设计，布线系统中除固定于建筑物内的水平线缆外，其余所有的接插件都是积木标准件，易于扩充及重新配置，因此当用户因发展而需要增加配线时，不会因此而影响到整体布线系统，可以保证用户先前在布线方面的投资。综合布线为所有话音、数据和图像设备提供了一套实用的、灵活的、可扩展的模块化的介质通路。

6. 网络综合布线总体方案设计

（1）工作区子系统的设计

学生宿舍通常使用 Hub 接入校园网网络，从工程造价方面考虑，每个宿舍安装一个单口信息插座即可。多媒体教室、办公室、计算中心机房等信息点较密集的房间，可以选用两口或四口信息插座，具体数量要根据用户的需求决定。考虑到未来的发展，工作区的信息插座数量要预留一定的余量。

为了方便用户接入网络，信息插座安装的位置结合房间的布局及计算机安装位置而定，原则上与强电插座要相距一定的距离，安装位置距地面应该 30cm 以上，信息插座与计算机之间的距离不应超过 5m。

（2）水平干线子系统的设计

综合布线系统的水平干线子系统可以考虑采用屏蔽双绞线、非屏蔽双绞线。若是预算充足，也可以考虑使用光缆。对于屏蔽双绞线，考虑到它存在以下问题：

本身特性决定对低频噪声（如交流 50Hz）难以抑制，在一般情况下与非屏蔽双绞线的效果相当。屏蔽双绞线的连接要求制作工艺精良，否则不但起不了屏蔽的作用，反而会引起干扰。因此经过全面的考虑，校园的综合布线系统的水平干线子系统全部采用非屏蔽双绞线。如果随着环境的变化，校园建筑中确定存在电磁干扰很强的环境，也可以直接考虑使用光缆，而不必采用安装施工较为复杂的屏蔽双绞线。考虑以后的校园网网络的应用，建议整个校园网的楼内水平布线全部采用超 5 类非屏蔽双绞线，以便满足今后网络的升级需要。

考虑到该院实施布线的建筑物都没有预埋管线，所以建筑物内的水平干线子系统全部采用 PVC 管槽，并在槽内布设超 5 类非屏蔽双绞线缆的布线方案。原则上 PVC 管槽的铺设应与强电线路相距 30cm，由于特殊情况 PVC 管槽与强电线路相距很近的情况下，可在 PVC 管槽内安装白铁皮后再安装线缆，从而达到较好的屏蔽效果。

（3）设备间子系统的设计

考虑到每幢学生宿舍都有两个楼道，而且在 2 层或 3 层楼道都已设置了配电房，可以利用现有的配电房作为设备间。对于学生宿舍楼层较长的，建议采用双设备间的配置方案。教工宿舍和办公楼信息点较少，不考虑专门设置设备间。整个校园网的主设备间放置于电教楼三楼的网管中心。

由于学生宿舍信息点特别密集，每幢楼分别采用两个高密度交换机堆叠组解决网络接入，因此楼道的设备间必需放置多个交换机、配线架、理线架等设备。考虑设备的密集程度，学生宿舍的管理间必须采用 20U 以上的落地机柜。由于该设备间与配电房共用，因此网络线布设时，注意与强电线路保持 30cm 的距离。

教工宿舍的信息点较分散且信息点较少，没有必要设立专门的设备间，可以在楼道内安装 6U 墙装机柜，机柜内只需容纳交换机 1 和 2 个配线架即可。办公楼、图书馆、实验大楼、教学楼的信息点不多，而且以后的信息点扩展的数量不会太多，因此也没有必要设立专门的设备间，可以在合适的楼层处安装 6U 墙装机柜即可。机柜内应配备足够数量的配线架和理线架设备。计算中心已组建了局域网，并已建好的设备间，因此该楼不再考虑设备间的设计问题。

电教楼三楼的网络中心根据功能划分为两个区域，一半空间作为机房，另一半作为行政办公区域。网络中心机房采用铝合金框架支撑的玻璃墙进行隔离，全部铺设防静电地板，地板已进行良好接地处理。机房内还安装了一个 10kVA 的 UPS，配备的 40 个电池可以满足 8 个小时的后备电源供电。为了保证机房内温度的控制，机房内配备了两个5匹的柜式空调，空调具备来电自动开机功能。为了保证机房内设备的正常运行，所有设备的外壳及机柜均做好接地处理，以实现良好的电气保护。

（4）管理子系统的设计

为了配合水平干线子系统选用的超五类非屏蔽双绞线，每个设备间内都应配备超5类24口/1U模块化数据配线架，配线架的数量要根据楼层信息点数量而定。为了方便设备间内线缆管理，设备间内安装相应规格的机柜，机柜内的两个配线架之间还应安装理线架，以进行线缆的整理和固定。

为了便于光缆的连接，每幢楼内的设备间内应配备光缆接线箱或机架式配线架，以便连接室外布设进入设备间的光缆。为了连接每个交换机的光纤模块，还应配备一定数量的光纤跳线，一遍连接交换机光纤模块和配线架上的耦合器。

（5）垂直干线子系统的设计

综合布线系统的垂直干线子系统一般采用大对数双绞线或光缆，将各楼层的配线架与设备间的主配线架连接起来。由于大多数建筑物都在6层以下，考虑到工程造价，可以采用4对UTP双绞线作为主干线缆。对于楼层较长的学生宿舍，将采用双主干设计方案，两个主干通道分别连接两个设备间。

对于新建的学生宿舍及教学大楼都预留了电缆井，可以直接在电缆井中铺设大对数双绞线，为了支撑垂直主干电缆，在电缆井中固定了三角钢架，可将电缆绑扎在三角钢架上。对于旧的学生宿舍、办公大楼、实验大楼、图书馆，要开凿直径20cm的电缆井并安装PVC管，然后布设垂直主干电缆。

（6）建筑群子系统的设计

从校园建筑布局图可以看出，整个校园比较分散，且相互距离较远，因此把校园划分为3个片区，每个区的光纤汇集到该区设备间，再从各区设备间铺设光纤到主配线终端。

主配线终端位于电教楼3层网络中心机房内，它直接连接学生宿舍一区内的光纤，并连接学生宿舍二区和教工宿舍区的上行光纤。学生宿舍二区的设备间位于26栋的配电房，教工宿舍区的设备间位于12栋。校园内建筑物之间的距离很近，只有网络中心机房与教工区设备间之间的跨距、网络中心机房与学生宿舍二区设备间之间的跨距较远，均已超过550m，其他建筑物之间的跨距不超过500m，因此除了网络中心机房与教工区、学生宿舍二区设备间之间布设12芯单模光纤外，其他建筑物之间的光缆均选用6芯50μm多模光缆进行布线。由于该学院原有的闭路电视线、电话线全部采用架空方式安装，而且目前建筑物之间没有现成的电缆沟，经过考虑，决定所有光纤采用架空方式铺设。铺设光纤时，尽量沿着现有的闭路电视或电话线路的路由进行安装，从而保持校园内的环境美观要求，也可以加快工程进度。

教工宿舍中有10栋平房，每幢平房的信息点只有5个，每幢平房之间采用光纤连接造价太高。通过实地考察，决定拉两条光缆分别接7栋和9栋，然后各幢平房之间埋设铁管，在铁管内布设充油非屏蔽双绞电缆，以连接各幢与7栋或9栋的交换机，最后要对埋设的铁管实施接地处理。

7. 校园网综合布线系统结构图

图5-14为该高校校园网综合布线系统结构图，由学生宿舍一区，学生宿舍二区，教工宿舍区三部分组成。三个区域都通过室外多模光缆汇聚到网管中心。

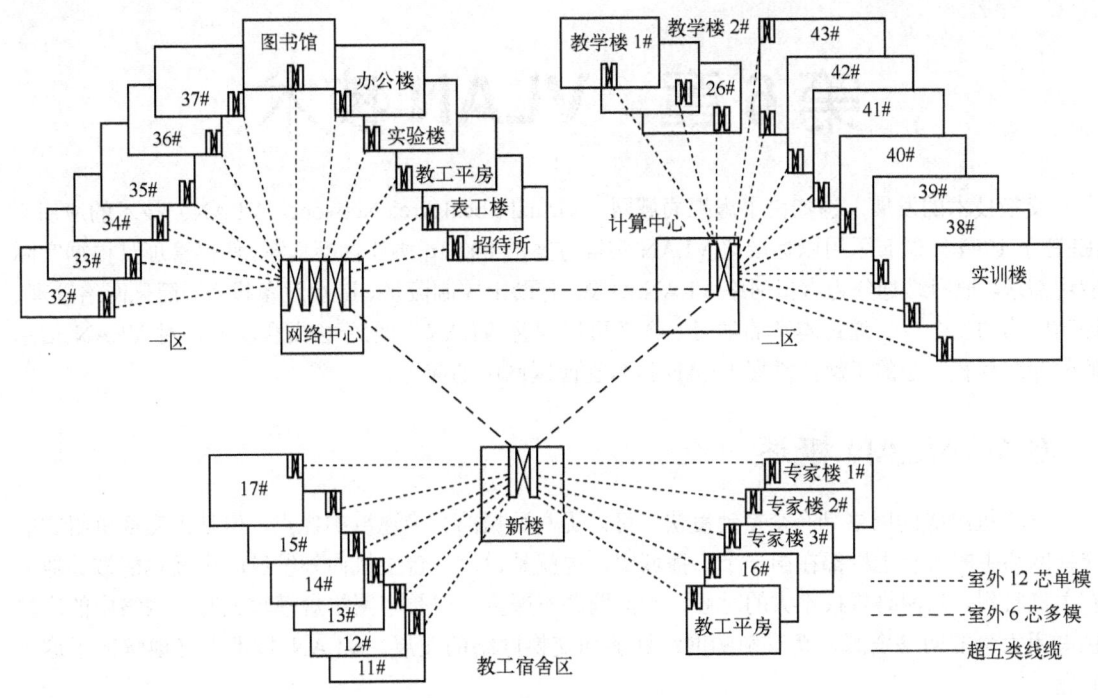

图 5-14 校园网综合布线系统结构

习题 5

1. 分层网络设计的基本设计目标是什么？
2. 理想中的网络拓扑层次包括几个层次？各层是什么功能？
3. 核心层、分布层、接入层的主要特点有哪些？
4. 简述综合布线的基本概念。
5. 网络综合布线系统由哪 6 个独立的子系统组成？
6. 简述在规划设计一个网络时，需要用到哪些类型的设备？分别用在什么位置？

第 6 章　VLAN 技术

交换技术的发展，也加快了虚拟局域网（Virtual Local Area Network，VLAN）技术的应用。IEEE 于 1999 年颁布了用以标准化 VLAN 实现方案的 802.1q 协议标准草案，使得管理员根据实际应用需求，把网络划分为虚拟网络 VLAN 网段，有助于控制流量、减少设备投资、简化网络管理、提高网络的安全性。通过本章的学习，读者可以理解 VLAN 的划分意义和功能，对 VLAN 信息的传输过程有一定的了解，掌握 VLAN 技术在园区网中的应用。

6.1　VLAN 概述

交换机组成的网络具有交换速度快，可以提高数据的交换速度的优点，但是由交换机组成的交换网络中的所有主机都在同一个广播域中，也就是说，一台主机向外发送的广播包能被其他所有主机收到。当网络规模不大的时候，此问题并不严重，但是当网络规模较大时，网络中的广播包占用大量的网络资源，严重影响网络性能和交换网络的发展。VLAN 技术很好地解决了这一问题。

6.1.1　VLAN 的概念

VLAN 是指一种将局域网设备从逻辑上划分成一个个网段，从而实现虚拟工作组的数据交换技术，主要应用于交换机中。VLAN 技术是在以太网帧的基础上增加了 VLAN 头，用 VLAN ID 把用户划分为更小的工作组，限制不同工作组间的用户互访，每个工作组就是一个虚拟局域网，从而实现在一个物理网络上划分出逻辑网络。

虚拟局域网的好处是可以限制广播范围，对交换网络进行隔离，划分到同一个 VLAN 中的主机属于一个广播域，这种划分出来的逻辑网络是第二层网络，划分 VLAN 的端口不受地理位置的限制，也就是说，不同交换机上的端口可以划分到一个 VLAN 中，形成虚拟工作组，便于动态地管理网络。此外，第二层的单播、广播和多播帧在一个 VLAN 内转发、扩散，不会直接进入其他 VLAN 中，从而有助于控制流量、减少设备投资、简化网络管理、提高网络的安全性。

VLAN 可以是有混合的网络类型设备组成，如 10Mbps 以太网、100Mbps 以太网、令牌网、FDDI、CDDI 等，可以是工作站、服务器、集线器、网络上行主干等。

6.1.2　VLAN 的种类

划分 VLAN 的种类有很多，如基于端口的划分、基于协议的划分、基于 MAC 地址的划分等。目前主流应用的是基于端口划分，因为基于端口划分简单易用，本章后续内容主要围绕基于端口的 VLAN 划分进行讲解。

1. 基于端口的 VLAN

将交换机上的物理端口和交换机内部的永久虚电路端口分成若干个组，每组构成一个虚拟网，相当于一个独立的 VLAN 交换机。这种针对交换机的端口进行 VLAN 的划分，不受主机的变化影响，配置过程简单明了，是最常用的一种方式。

2. 基于协议的 VLAN

基于协议的 VLAN 是在一个物理网络中针对不同的网络层协议进行安全划分，可分为 IP、IPX、DECnet、AppleTalk、Banyan 等。这种按网络层协议来组成的 VLAN，可使广播域跨越多个 VLAN 交换机。这对于希望针对具体应用和服务来组织用户的网络管理员来说是非常具有吸引力的，而且，用户可以在网络内部自由移动，但其 VLAN 成员身份仍然保留不变。这种方式不足之处在于，可使广播域跨越多个 VLAN 交换机，容易造成某些 VLAN 站点数目较多，产生大量的广播包，使 VLAN 交换机的效率降低。

其中，基于 IP 的 VLAN 划分是针对不同用户分配不同子网的 IP 地址，从而隔离用户主机。基于 IP 子网的 VLAN 可按照 IPv4 和 IPv6 方式来划分 VLAN。每个 VLAN 都与一段独立的 IP 网段相对应，将 IP 的广播组和 VLAN 的碰撞域一对一结合起来。这种方式有利于在 VLAN 交换机内部实现路由，也有利于将动态主机配置（DHCP）技术结合起来，同时用户可以移动工作站而不需要重新配置网络地址，便于网络管理。其主要缺点在于效率要比第二层差，因为查看三层 IP 地址比查看 MAC 地址消耗的时间多，一般情况下结合基于端口的 VLAN 进行应用。

3. 基于 MAC 地址的 VLAN

这是一种基于用户的网络划分手段，交换机跟踪基于网卡的 MAC 地址，确认 VLAN 成员，这种方式的 VLAN 允许网络用户从一个物理位置移动到另一个物理位置，自动保留其所属 VLAN 的成员身份。但这种方式要求网络管理员将每个用户都一一划分在某个 VLAN 中，在一个大规模的 VLAN 中，这就有些困难。

4. 基于组播的 VLAN

IP 组播实际上也是一种 VLAN 的定义，即认为一个 IP 组播组就是一个 VLAN。这种划分的方法将 VLAN 扩大到了广域网，因此这种方法具有更大的灵活性，也很容易通过路由器进行扩展，主要适合于不在同一地理范围的局域网用户组成一个 VLAN，不适合局域网，因为效率不高。

6.2 冲突域和广播域

VLAN 是为解决以太网的广播问题和安全性而提出的一种协议，将网络划分为多个 VLAN，可减少参与广播风暴的设备数量，缩小冲突域，增加广播域个数，从而提高网络信息安全性，降低网络升级成本，提高网络逻辑性能，减少广播风暴。

6.2.1 冲突域

冲突域（Collision Domain）是基于物理层的，指在网络内部两个数据分组同时进行传输时，产生与发生冲突的区域，所有共享介质环境都是一个冲突域，即当一个站点向另一个站点发出信号时，除目的站点外，能收到这个信号的所有站点构成的区域即为一个冲突域。例如，在以太网中，如果某个载波监听多路访问/冲突检测（Carrier Sense Multiple Access/Collision Detect，CSMA/CD）网络上的两台计算机同时通信时会发生冲突，那么这个 CSMA/CD 网络就是一个冲突域。如果以太网中的各网段以中继器连接，因为不能避免冲突，所以它们仍然是一个冲突域。由此可见，中继器、集线器等物理层设备只是将接收到的数据以广播的形式发出，极其容易产生广播风暴，其所有端口为一个冲突域。为了能够分离流量，创建更小的冲突域，使用户获得更高的带宽，降低网络流量阻塞交换设备，因此使用交换机分隔冲突信号，实现将几个分离的网络组合为一个大的互连的以太网。

6.2.2 广播域

广播域（Broadcast Domain）是基于第二层数据链路层的，指网段上所有设备的集合。这些设备收听送往本网段的所有广播。在共享网络中，一个物理的网段就是一个广播域。而在交换网络中，广播域可以是一组任意选定的第二层 MAC 地址组成的虚拟网段。这样，网络中工作组的划分可以突破共享网络中的地理位置限制，而完全根据管理功能来划分。这种基于工作流的分组模式，大大提高了网络规划和重组的管理功能。

在同一个 VLAN 中的工作站，不论它们实际与哪个交换机连接，它们之间的通信就好像在独立的交换机上一样。同一个 VLAN 中的广播只有 VLAN 中的成员才能听到，而不会传输到其他 VLAN 中，这样可以很好地控制不必要的广播风暴的产生。同时，若没有路由，不同 VLAN 之间不能相互通信，这样增加了企业网络中不同部门之间的安全性。网络管理员可以通过配置 VLAN 之间的路由来全面管理企业内部不同管理单元之间的信息互访。交换机是根据交换机的端口来划分 VLAN 的，所以用户可以自由地在企业网络中移动办公，不论在何处接入交换网络，都可以与 VLAN 内其他用户自如通信。VLAN 除了能将网络划分为多个广播域，从而有效地控制广播风暴的发生，以及使网络的拓扑结构变得非常灵活的优点外，还可以用于控制网络中不同部门、不同站点之间的互相访问。

集线器 Hub 所有端口都在同一个广播域，一个冲突域，所以 Hub 不能分割冲突域和广播域。默认情况下，交换机 Switch 所有端口都在同一个广播域内，而每个端口就是一个冲突域，所以交换机能分割冲突域，但分割不了广播域。虚拟局域网技术可以隔离广播域。路由器（Router）的每个端口属于不同的广播域。换句话说，Hub 属于第一层设备，所以分割不了冲突域，交换机和网桥属于第二层设备，所以能分割冲突域，路由器属于第三层设备，所以既能分割冲突域，又能分割广播域。

【例 6-1】 如图 6-1 所示，由集线器、交换机和路由器搭建一个网络，交换机上连接一台计算机 PC1，集线器上连接两台计算机 PC2 和 PC3，路由器上连接计算机 PC4。图中使用数字表示由两台设备构成区域。在这样的网络中具有的冲突域总共有 4 个，即每个路由器端口为一冲突域——1 和 2 区域；每个交换机端口为一个冲突域——2、3、4，集线器所有端口属于一个冲突域——4、5、6 为一个冲突域，故有 4 个冲突域。广播域有 2 个，即每个路由器每个端口分别为一个广播域——1 和 2 区域为 2 个广播域，其余 2~6 区域为一个广播域。

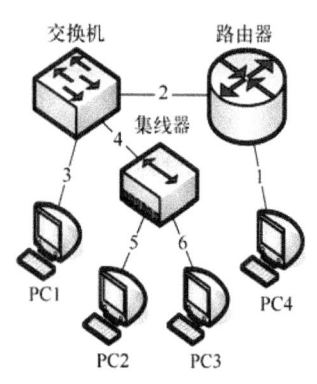

图 6-1 冲突域和广播域实例

6.3 VLAN 工作原理

将大型的广播域细分成几个较小的广播域可以减少广播流量，并提升网络性能。将域细分成 VLAN，还可以让组织更好地保持信息的机密性。细分广播域可以通过交换机上的 VLAN 改变以太网帧格式实现，也可以通过路由器完成。无论是否使用 VLAN，位于不同第三层网络的设备都必须通过路由器才能通信。

6.3.1 VLAN 帧结构（IEEE802.1q）

IEEE802.1q，俗称"Dot One Q"，是经过 IEEE 认证的对数据帧附加 VLAN 识别信息的协议。IEEE802.1q 规格说明中为成员信息提供了一种标签以太帧的标准方法，定义了网桥操作，从而允许在桥接局域网结构中实现定义、运行、管理 VLAN 拓扑结构等操作。IEEE802.1q 标准主要用来解决如何将大型网络划分为多个小部分的问题，如此广播和组播流量将不会占据更多带宽。此外，IEEE802.1q 标准还提供更高的网络字段间安全性能。

IEEE802.1q 完成以上各种功能的关键归于标签。支持 IEEE802.1q 的交换端口可配置传输标签帧或未标签帧。一个包含 VLAN 信息的标签字段可以插入以太帧中。如果两台支持 IEEE802.1q 的设备端口相连，那么标签帧可以在交换机之间传送 VLAN 信息，即可生成多交换机。但是，对于不支持 IEEE802.1q 的设备端口，则必须确保设备间传输的是未标签帧，因为不支持 IEEE802.1q 的设备端口一旦收到一个标签帧，会因为读不懂标签或标签帧超过合法以太帧大小而丢弃该帧，如众多 PC 的网卡、打印机和旧式交换机等。

1. IEEE802.1q 标签帧的构成

这里，以 IEEE802.3 中一种类型的以太帧格式（见图 6-2）为例，了解 802.1q 标签帧的构成。

前同步码 Preamble	帧首定界符 Start Of Frame Delimiter	目的 MAC 地址 Destination MAC Address	源 MAC 地址 Source MAC Address	长度/类型 Ether Size/Type	数据和填充 Payload	帧校验序列 CRC/FCS
7Bytes	1 Bytes	6 Bytes	6 Bytes	2 Bytes	46~1500 Bytes	4Bytes

图 6-2 IEEE 802.3 一种类型帧

IEEE802.3 以太网帧格式由 7 部分组成。

① 前同步码（Preamble）：有 7 字节（56 位）交替出现的 0 和 1，它的作用就是提醒接收系统有帧到来，以及使到来的帧与输入定时进行同步。前同步码实际上是在物理层添加上去的，不是（正式的）帧的一部分。

② 帧首定界符（Start Of Frame Delimiter，SFD）。用 1 字节（10101011）作为帧开始的信号。SFD 给接收信号的站最后一次机会进行同步。最后两位是 11，表示下面的字段就是目的地址。

③ 目的地址（Destination MAC Address，DA）：包含 6 字节，表示的是下一站帧目的 MAC 地址。

④ 源地址（Source MAC Address，SA）：包含 6 字节，表示的是前一站帧的源 MAC 地址。

⑤ 长度/类型（Ether Size/Type）：具有两种意义中的一种。如果这个字段值小于 1518，那么这个字段就是长度字段，并定义后面的数据字段的长度。如果这个字段的值大于 1518，就定义使用因特网服务的上层协议。

⑥ 数据和填充（Payload）：数据字段携带从上层协议封装起来的数据，其最小长度是 46 字节，最大长度是 1500 字节。

⑦ 帧校验序列（CRC/FCS）：802.3 帧的最后一个字段，包含差错检测信息，包含了 4 字节，是从 DA 开始到数据结束部分的校验和。

2. IEEE802.1q Header 标签帧的构成

IEEE802.1q 在以太帧的基础上附加了 VLAN 识别信息——802.1q Header，标签位于数据帧中"源 MAC 地址"与"长度/类型"之间（见图 6-3）。

前同步码 Preamble	帧首定界符 Start Of Frame Delimiter	目的 MAC 地址 Destination MAC	源 MAC 地址 Source MAC	802.1Q 头 802.1Q Header	长度类型 Ether Size/Type	数据和填充 Payload	帧校验序列 CRC/FCS
7字节	1字节	6字节	6字节	4字节	2字节	46~1500 字节	4字节

图 6-3 数据帧中加入 VLAN 识别信息的 IEEE802.1q 格式

其中，VLAN 标签的 IEEE802.1q Header 必须遵守下列格式（见图 6-4）。

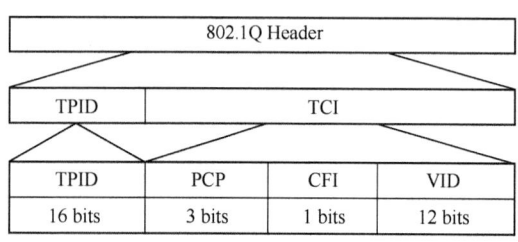

图 6-4 IEEE802.1q Header 格式

IEEE802.1q Header 格式具体内容为 2 字节的 TPID 和 2 字节的 TCI，共 4 字节。标签控制信息（Tag Control Information，TCI）包括 PCP、CFI 和 VID 三个字段。

① 标签协议识别符（Tag Protocal Identifier，TPID）：字段长度 16 位，数值设定为 0x8100，用来辨别某个 IEEE802.1q 的帧为已被标签的。为了用来区别未标签的帧，这个字段所在位置与以太帧的长度/类型字段位置相同。

② 优先权代码点（Priority Code Point，PCP）：字段长度为 3 位，定义用户优先级。作为 IEEE802.1q 优先权的参考，从 0（最低）到 7（最高），用来对资料流（音频、视频、档案等）作传输的优先级。这里，IEEE802.1q（LAN Layer 2 QoS/CoS Protocol for Traffic Prioritization）是局域网第二层有关流量优先级 QoS/CoS 协议，能够提供流量优先级和动态组播过滤服务。

③ 标准格式指示（Canonical Format Indicator，CFI）：字段长度 1 位。如果字段值为 1，则 MAC 地址为非标准格式；如果字段值为 0，则 MAC 地址为标准格式；在以太网交换器中通常默认值为 0。CFI 常用于以太网类网络和令牌环类网络之间，如果在以太网端口接收的帧具有 CFI，那么设置为 1，表示该帧不进行转发，这是因为以太网端口是一个无标签端口。

④ 虚拟局域网识别符（VLAN Identifier，VID）：字段长度为 12 位，用来具体指出帧属于哪个特定 VLAN。VID 是对 VLAN 的识别字段，在 IEEE802.1q 中常被使用，支持 4096（2^{12}）个 VLAN 的识别。VID=0 用于识别帧优先级，表示帧不属于任何一个 VLAN；VID=4095（FFF）作为预留值，所以 VLAN 配置的标识符共 4094 个。

以太帧中增加了 VLAN 标签的 IEEE802.1q 头文件后，CRC 值需要重新计算包含 TPID、TCI 后的整个数据帧校验值。当数据帧离开汇聚链路时，TPID 和 TCI 会被清零，这时还会进行一次 CRC 的重新计算。

基于 IEEE802.1q 附加的 VLAN 信息，就像在传递物品时附加的标签，因此被称为"标签型 VLAN（Tagging VLAN）"。如果交换机连接的以太网段的所有主机都能识别和发送带 IEEE802.1q 标签头的数据包，那么这种端口称为 Trunk 端口，否则称为 Access 端口。

6.3.2 VLAN 实现机制

VLAN 实现机制是利用头文件把用户划分为更小的工作组，从而将大型的广播域细分成几个较小的广播域，减少广播流量，提升网络性能，保持信息的机密性。结合交换机的工作原理，下面具体了解 VLAN 的实现机制。

交换机初始加电启动后，交换机的所有端口即加入到默认 VLAN 中，这使得交换机端口全部位于同一个广播域中,即连接到交换机任何端口的任何设备都能与连接到其他端口上的其他设备进行通信。大部分厂商出厂设定的交换机默认 VLAN 是 VLAN 1。VLAN 1 具有 VLAN 的所有功能,但是不能对它进行重命名,也不能删除。通常,为了确保网络安全,最好将默认 VLAN 从 VLAN 1 更改为其他 VLAN,这种做法要求配置交换机上的所有端口,使这些端口与默认 VLAN 而不是与 VLAN 1 关联。

在没有划分 VLAN 的前提下,如果交换机在某个端口上收到广播帧,会将该帧从交换机的所有端口上转发出去。为交换机配置 VLAN 后,特定 VLAN 中的主机所发出的单播流量、组播流量和广播流量,其传输均仅限于该 VLAN 中的设备。

单交换机 VLAN 划分实现机制如下。

首先,在一台未设置任何 VLAN 的二层交换机上,任何广播数据都会被泛洪转发给除发送端口外的所有其他端口。例如,计算机 PC1 通过交换机 Switch 端口 1 发送广播信息后,会被转发给端口 2、3、4。如果在 Switch 上设置端口 1、2 属于 VLAN 10、端口 3、4 属于 VLAN 20,再从计算机 PC1 发出广播帧,那么交换机就只会把它转发给同属于一个 VLAN 的其他端口,即同属于 VLAN 10 的端口 2,而不会再转发给属于 VLAN 20 的端口 3 和 4。同样,PC3 发送广播信息时,只会被转发给其他属于 VLAN 20 的端口 4,而不会被转发给属于 VLAN 10 的端口(见图 6-5)。这样,使用不同的"VLAN ID"区分不同的 VLAN,限制广播帧转发的范围分割了广播域。

跨交换机的 VLAN 内通信实现机制(见图 6-6)。整个网络配置在相同的子网中。当计算机 PC1 要与计算机 PC4 通信。PC1 和 PC4 二者均位于 VLAN 10,在同一个 VLAN 中与某台设备通信称为 VLAN 内通信的步骤。

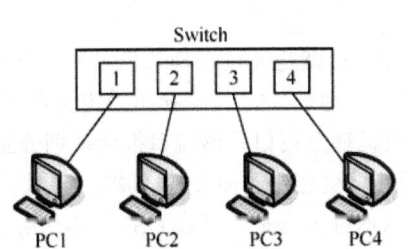
图 6-5 单交换机 VLAN 划分机制

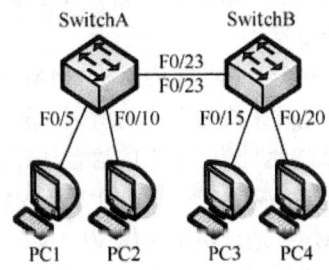
图 6-6 跨交换机 VLAN 实现机制实例

步骤 1:VLAN 10 中的 PC1 将自己的 ARP 请求帧发送给交换机 SwitchA 广播,SwitchA 将该 ARP 请求帧从交换机所有属于 VLAN 10 端口发送出去,交换机 SwitchB 将该 ARP 请求从端口 F0/20 发送给 VLAN 10 中的计算机 PC4。

步骤 2:网络中的交换机将 ARP 应答帧以单播形式,从所有配置为属于 VLAN 10 的端口转发出去。PC1 会收到应答帧,该帧包含 PC4 的 MAC 地址。

步骤 3:PC1 有了 PC4 的目的 MAC 地址后,创建以 PC4 的 MAC 地址作为目的地址的单播帧。交换机 SwitchA 和 SwitchB 会将该帧传送给 PC4。

跨交换机的 VLAN 间通信实现机制需要使用三层设备,相关内容在后续章节中讲述。

6.3.3 VLAN 端口

交换机端口是指工作在第二层数据链路层的接口,与具体的物理端口关联,用于管理物理接口和关联的第二层协议,不会用于处理路由或桥接。交换机端口可以属于一个或多个 VLAN,属于一个 VLAN 的称为访问链接，属于多个 VLAN 的称为汇聚链接。

1. 访问链接（Access Link）

访问链接，指的是基于交换机的端口，其中一个端口分配一个 VLAN ID，确保其只属于一个 VLAN，也可根据需要为其指定一个名称。其交换机端口类型称为 Port VLAN，通常设置在与主机连接的端口上。VLAN 实施过程中需要配置相应的端口，以灵活的方式将端口与特定的 VLAN 相关联，实现特定 VLAN 间的帧转发。

设定访问链接的方法有静态 VLAN 和动态 VLAN 两种，动态 VLAN 又可以继续细分成基于 MAC 地址的 VLAN、基于子网的 VLAN 和基于用户的 VLAN 等。其中，基于子网的 VLAN 和基于用户的 VLAN 有可能是网络设备厂商使用独有的协议实现的，不同厂商的设备之间互连有可能出现兼容性问题，因此在选择交换机时，一定要注意事先确认。

（1）静态 VLAN

静态 VLAN 又被称为基于端口的 VLAN（Port Based VLAN），交换机上的端口以手动方式分配给 VLAN，明确指定各端口属于哪个 VLAN。由于需要一个个端口地指定，因此当网络中的计算机数目超过一定数字（比如数百台）后，设定操作就会变得非常烦琐。并且，客户机每次变更所连端口，都必须同时更改该端口所属 VLAN 的设定，这显然不适合那些需要频繁改变拓扑结构的网络。

（2）动态 VLAN

动态 VLAN 则是根据每个端口所连的计算机，随时改变端口所属的 VLAN。这就可以避免上述的更改设定之类的操作。根据 OSI 参照模型哪一层的信息决定端口所属的 VLAN。动态 VLAN 可以大致分为 3 类。

① 基于 MAC 地址的 VLAN（MAC Based VLAN）：就是通过查询并记录端口所连计算机上网卡的 MAC 地址来决定端口的所属。假定有一个 MAC 地址"A"被交换机设定为属于 VLAN10，那么不论 MAC 地址为"A"的这台计算机连在交换机哪个端口，该端口都会被划分到 VLAN10 中去。计算机连在端口 1 时，端口 1 属于 VLAN10；而计算机连在端口 2 时，则端口 2 属于 VLAN10。由于是基于 MAC 地址决定所属 VLAN 的，因此可以理解为这是一种在 OSI 的第二层设定访问链接的方法。但是，基于 MAC 地址的 VLAN，在设定时必须调查所连接的所有计算机的 MAC 地址并加以登录。如果计算机更换了网卡，还需要更改设定。

② 基于子网的 VLAN（Subnet Based VLAN）：通过所连计算机的 IP 地址来决定端口所属 VLAN。不像基于 MAC 地址的 VLAN，即使计算机因为交换了网卡或是其他原因导致 MAC 地址改变，只要它的 IP 地址不变，就仍可以加入原先设定的 VLAN。因此，与基于 MAC 地址的 VLAN 相比，能够更简便地改变网络结构。IP 地址是 OSI 参照模型中第三层的信息，所以可以理解为基于子网的 VLAN 是一种在 OSI 的第三层设定访问链接的方法。

③ 基于用户的 VLAN（User Based VLAN）：根据交换机各端口所连的计算机中当前登录的用户来决定该端口属于哪个 VLAN。这里的用户识别信息一般是计算机操作系统登录的用户，如 Windows 域中使用的用户名。这些用户名信息属于 OSI 第四层以上的信息。

总的来说，决定端口所属 VLAN 时利用的信息在 OSI 中的层面越高，就越适于构建灵活多变的网络。动态 VLAN 的优点主要体现于当主机从网络中一台交换机的端口移到另一台交换机的端口时，第二台交换机会将该主机的端口动态地分配给适当的 VLAN 时，动态 VLAN 的优点凸现出来了。

静态 VLAN 和动态 VLAN 的相关信息的总结如表 6-1。

表 6-1 静态 VLAN 和动态 VLAN 总结

类 型	说 明
静态 VLAN（基于端口的 VLAN）	将交换机的各端口固定指派给 VLAN
基于 MAC 地址的动态 VLAN	根据各端口所连计算机的 MAC 地址设定
基于子网的动态 VLAN	根据各端口所连计算机的 IP 地址设定
基于用户的动态 VLAN	根据端口所连计算机上登录用户设定

（3）语音 VLAN

将端口配置到语音模式可以使端口支持连接到该端口的 IP 电话。在端口上配置语音 VLAN 之前，需要先配置语音 VLAN 和数据 VLAN，确保语音流量在整个网络中的传输优先级最高。当首次将电话接入处于语音模式的交换机端口时，交换机端口会向电话发送消息，进而为电话提供相应的语音 VLAN ID 和配置，然后该 IP 电话将为语音帧添加语音 VLAN ID，并通过语音 VLAN 转发所有语音流量。

2．汇聚链接（Trunk Link）

汇聚链接是两台支持 IEEE802.1Q 的设备之间搭建点对点链路，能够转发多个不同 VLAN 的通信端口，汇聚链路上流通的数据帧都被附加了用于识别 VLAN ID 的标签。这种增加标签的方式构成的 VLAN 也被称为 Tag VLAN。VLAN 汇聚可让 VLAN 扩展到整个网络上。IEEE802.1q 也会协调快速以太网接口和千兆以太网接口。

6.4 VLAN 配置方式及应用实例

配置 VLAN 大致有以下几个步骤：
① VLAN 配置分析规划，解决配置什么样的问题。
② VLAN 的具体配置，实现在交换机上 VLAN 配置。
③ VLAN 配置信息的查看、修改，确保配置合理正确。
④ VLAN 配置信息的保存。

VLAN 是以 VLAN ID 来标识的。在交换机上可以添加、删除、修改 VLAN2 到 VLAN4094，VLAN1 通常由交换机自动创建，并且不可删除。可以使用 interface 配置模式来配置一个端口的 VLAN 成员类型、加入、移出一个 VLAN。

6.4.1 Port VLAN 的配置

Port VLAN 的配置步骤主要包括生成 VLAN 和设定访问连接。具体步骤如下：
（1）生成 VLAN
在特权模式上，通过以下步骤创建或者修改一个 VLAN。
① 通过 configure terminal 由特权模式进入全局配置模式。
② 输入命令 vlan *vlan-id*，生成一个 VLAN ID，此时进入 VLAN 配置模式。
③ 输入命令 name *vlan-name*（可选），为 VLAN 取一个名字。如果不设置，则交换机会自动取一个名字 VLAN××××，其中××××是 0 开头的 4 位 VLAN ID。例如，VLAN0004 是 VLAN 4

的默认名字。如果想把 VLAN 的名字改回默认，输入 no name 命令即可。

④ 输入命令 end，返回到全局模式。

⑤ 输入命令 show vlan{*vlan id*}，检查 VLAN 配置是否正确。

（2）设定访问链接，决定各端口属于哪个 VLAN

在特权模式下，将一个端口分配给一个 VLAN。如果把一个端口分配给一个不存在的 VLAN，则这个 VLAN 将自动被创建。

① 通过 configure terminal 由特权模式进入全局配置模式。

② 输入命令 interface *interface-type interface-id*，进入需要设定的交换机端口。

③ 输入命令 switchport mode access，将交换机端口类型设定为 Port VLAN 的 access 访问链接类型，交换机二层端口的默认模式是 access。

④ 输入命令 switchport access vlan *vlan-id*!，将交换机端口分配一个 VLAN ID。

⑤ 输入命令 end，返回全局模式。

⑥ 输入命令 show interfaces *interface-type interface-id* switchport，用于检查交换机端口的完整信息。

【例 6-2】 实现图 6-6 的 VLAN 配置。在 SwitchA 和 SwitchB 上创建 VLAN 10 和 VLAN 20。其中，VLAN 10 命名为 teacher，VLAN20 命令为 student。将 SwitchA 的 F0/5 和 SwitchB 的 F0/15 端口分配给 VLAN10，将 SwitchA 的 F0/10 和 SwitchB 的 F0/20 端口分配给 VLAN20。设定结束后，使用相关 show 命令验证配置正确性。

SwitchA 的参考配置如下：

```
SwitchA#configure terminal
SwitchA(config)# vlan 10
SwitchA(config-vlan)#name teacher
SwitchA(config-vlan)#exit                              !完成 VLAN 10 生成和命名
SwitchA(config)# vlan 20
SwitchA(config-vlan)#name student
SwitchA(config-vlan)#exit                              !完成 VLAN 20 生成和命名
SwitchA(config)# interface fastethernet 0/5
SwitchA(config-if)#switchport mode access
SwitchA(config-if)#switchport access  vlan 10
SwitchA(config-if)# end
!完成将 fastethernet 0/5 作为 access 口加入到 VLAN 10 中
SwitchA(config)# interface fastethernet 0/10
SwitchA(config-if)#switchport mode access
SwitchA(config-if)#switchport access vlan 20
SwitchA(config-if)# end
!完成将 fastethernet 0/10 作为 access 口加入到 VLAN 20 中
SwitchA # show interfaces fastethernet 0/5 switchport         !检查端口的完整信息
```

Interface	Switchport	Mode	Access	Native	Protected	VLAN lists
Fa0/5	Enabled	Access	10	1	Disabled	All

6.4.2 Tag VLAN 配置

在特权模式下，利用如下步骤可以将一个端口配置成一个 Trunk 模式。

① 通过 configure terminal，由特权模式进入全局配置模式。

② 输入命令 interface *interface-type interface-id*，进入需要设定的交换机端口。

③ 输入命令 switchport mode trunk，将交换机端口类型设定为 Tag VLAN 的 Trunk 汇聚链接类型。

④ 输入命令 show interfaces *interface-type interface-id* trunk，用于检查交换机端口的 Trunk 设置信息。

【例 6-3】 在例 6-2 的基础上，将交换机 SwitchA 的 F0/23 端口和交换机 SwitchB 的 F0/23 端口设置为 Tag VLAN 的 Trunk 接口。SwitchA 的参考配置如下：

```
SwitchA#configure terminal
SwitchA(config)# interface fastethernet 0/23
SwitchA(config-if)#switchport mode trunk
SwitchA(config-if)#end
SwitchA # show interfaces fastethernet 0/23 trunk       !检查端口的 Trunk 信息
    Interface        Mode        Native VLAN      VLAN lists
    ─────────────────────────────────────────────────────────
    Fa0/23           On          1                All
```

6.4.3 Native VLAN 配置

Trunk 模式可以在一个链路上传输多个 VLAN 的流量，采用 IEEE802.1q 标准封装，要实现 Trunk 模式，所连接的链路两端的 Trunk 端口属于相同的 native VLAN。所谓 Native VLAN，就是指在交换机端口上收发的 UNTAG 报文都被认为是属于这个 VLAN 的。每个 Trunk 口的默认 native VLAN 是 VLAN 1，为交换机安全可以修改 Native VLAN 为其他数值，但这种修改要求配置交换机上的所有端口。为交换机端口指定一个 Native VLAN 的配置命令步骤如下：

① 通过 configure terminal，由特权模式进入全局配置模式。

② 输入命令 interface *interface-type interface-id*，进入需要修改 Native VLAN 的交换机端口。

③ 输入命令 switchport trunk native vlan *vlan-id*，修改 Native VLAN。

【例 6-4】 配置交换机 SwitchA 和交换机 SwitchB 的 F0/23 端口的 Native VLAN 为 VLAN 4094。交换机 SwitchA 的参考配置如下：

```
SwitchA(config)# interface fastethernet 0/23
SwitchA(config-if)# switchport   trunk native vlan 4094
SwitchA(config-if)#end
```

6.4.4 VLAN 配置其他注意事项

（1）具有相同设置配置的多端口选定

在交换机端口配置时经常会出现多个端口具有相同配置，为了方便起见，可以同时选中一组接口进行操作。多端口选择的方法如下：

◇ 连续端口，使用"-"连接最小端口号和最大端口号。

◇ 不连续端口，用逗号隔开，但一定要写明模块编号。

【例6-5】 配置交换机 SwitchA 的 F 0/1、F 0/2、F 0/3、F 0/4、F0/5、F 0/11、F 0/21 端口作为 access 端口加入到 VLAN 10 中。交换机 SwitchA 的参考配置如下：

```
SwitchA(config)#interface range fastethernet 0/1-5, 0/11, 0/21
SwitchA(config-if-range)# switchport access vlan 10
SwitchA(config-if-range)#end
```

（2）删除错误配置

① 在特权模式下，除默认 VLAN 1 外，删除生成的 VLAN 使用命令 no vlan *vlan-id*。

② 使用 no switchport Trunk 接口配置命令，将一个 Trunk 端口的所有 Trunk 的相关属性都恢复成默认值。

（3）将 VLAN 信息保存到 Flash 中

使用命令 Switch#write memory 或命令 Switch#copy running-config startup-config，保存配置文件。

（4）从 Flash 中只清除 VLAN 信息

使用命令 Switch#delete flash:vlan.dat。

（5）从 RAM 中删除 VLAN

使用命令 Switch(config)#no vlan *vlan-id*。

习题 6

1. 简述 VLAN 的概念及优点。
2. 图 6-6 中有几个冲突域和几个广播域？
3. 虚拟局域网中可以设定多少个 VLAN？为什么？
4. 比较 Port VLAN 和 Tag VLAN 的优缺点及使用场合。
5. Port VLAN 和 Tag VLAN 的配置命令是什么？
6. Native VLAN 默认值为多少？图 6-6 中在完成了例 6-3 后，测试 PC1 和 PC4 之间可以连通，但修改 SwitchA 的 Native VLAN 为 4094 后网络不通。为什么？如何修改？
7. 补全例 6-2 和例 6-3 的 SwitchB 相关配置。
8. 一个公司要安装 IP 电话，IP 电话机与办公室计算机连接在同一个设备上。为了保证 IP 电话的通话效果，以及计算机上网不受影响，可以使用哪种设备？采用什么技术？

    A．集线器   B．交换机   C．路由器

    D．STP   E．VLAN   F．子接口

第 7 章　交换机中的冗余链路管理

随着交换技术在网络中的普遍应用，保证各种网络终端包括服务器在内的设备间正常通信成为一项重要的任务。绝大多数情况下，交换网络中的交换设备之间有多条链路连接，形成冗余链路，从而保证线路上的单点故障不会影响正常网络通信。但交换机的基本工作原理导致了这样的设计会在交换网络中产生严重的广播风暴、MAC 地址不稳定等问题。本章将介绍在交换网络中既能保证冗余链路提供链路备份，又避免广播风暴产生的技术——生成树技术，以及两个以上的以太网链路组合起来为高带宽网络连接实现负载共享、负载平衡的链路聚合技术。通过本章的学习，读者应掌握生成树协议在有回路的网络中的应用，掌握链路聚合技术。

7.1　交换机冗余链路

在许多交换机或交换机设备组成的网络环境中，通常都使用一些备份连接，以提高网络的健全性、稳定性。备份连接也叫备份链路、冗余链路等。

7.1.1　交换技术与冗余链路

为了能够解决共享式局域网的碰撞问题，采用了交换机构成的交换式局域网，它可以识别数据帧中封装的 MAC 地址，并根据地址信息把数据交换到特定端口，把从一个端口接收到的数据复制到所有其他端口。这样的工作方式使交换机的不同端口之间不会产生碰撞，即分割碰撞域，网络性能大大提高。但单点失败问题难以保证通信正常，因此需要使用冗余技术解决单点失败问题（见图 7-1）。

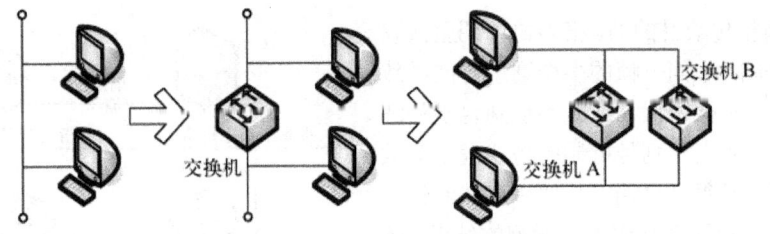

图 7-1　交换技术与冗余链路

冗余链路如图 7-2 所示，交换机 SW1 与交换机 SW3 的端口 1 之间的链路就是一个冗余连接。在交换机 SW1 与 SW2 的端口 2 之间的链路或者交换机 SW2 的端口 1 与交换机 SW3 的端口 2 之间的链路在主链路出现故障时，作为备份链路自动启用，从而提高网络的整体可靠性。

使用冗余备份能够为网络带来健全性、稳定性和可靠性等好处，但是备份链路使网络存在环路。图 7-2 中 SW1-SW2-SW3 就是一个环路。环路问题是备份链路面临的最严重的问题，环路问题将导致广播风暴、多帧复制、不稳定的 MAC 地址表等问题。

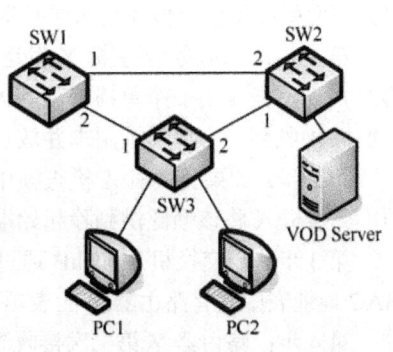

图 7-2　备份链路

7.1.2 冗余链路存在问题

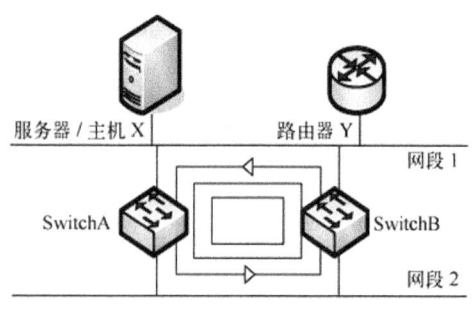

图 7-3 广播风暴

1. 广播风暴

广播风暴是一种由于在网络上广播太多导致的特殊阻塞情况，这也可能由失常的 NIC 卡、设计不足的网络或桥接/交换回路导致。图 7-3 所示的广播风暴是由下面的事件引起的。

第 1 步：当服务器/主机 X 发送一个广播帧时，如 ARP 广播，在网段 1 中的所有节点都能收到，包括交换机 SwitchA 和交换机 SwitchB。以 SwitchA 为例，该帧由交换机 A 接收。

第 2 步：因为是广播帧，SwitchA 将转发到其他所有端口，因此广播帧出现在网段 2 中。

第 3 步：当广播帧的副本到达交换机 SwitchB 时，因为数据帧上没有任何迹象表明它曾经被交换机处理过，因此 SwitchB 不知道该数据帧是由交换机 SwitchA 转发的，SwitchB 将广播帧向其他所有端口转发，广播帧又被传到网段 1 上。

第 4 步：在帧被交换机 A 接收后，由于该帧起始副本到达网段 1 的交换机 B，它又被交换机 B 转发到网段 2，这些帧在目的站点接收到一个副本后会在回路上沿四个方向传输。

如果没有回路规避服务，每个交换机就会无穷无尽地泛洪广播。这种情况通常称为网络回路（bridge loop），从而产生了广播风暴，导致带宽浪费，严重影响网络和主机性能。

消除回路的方案是通过在正常操作期间阻止四个接口中传输或接收数据来解决的，也可以看到生成树的工作情况。

2. 重复非广播帧传输

多份非广播帧传给目的站。很多协议期望接收每个传输的单个副本，同一帧的多个副本可能导致不可恢复的错误。多数协议设计既不识别也不处理传输副本。通常，利用序列号机制的协议假定多数传输失败，序列号被循环使用。其他协议试着传输副本到上层协议——这会导致不可预测的结果。图 7-4 显示了在一个交换网络中如何发生多传输的情况。下面引证了多个传输是怎样发生的。

第 1 步：当服务器/主机 X 发送单播帧到路由器 Y 时，网段 1 上一个单播帧副本被接收。同时，交换机 A 收到一个单播帧副本并放进缓冲区。

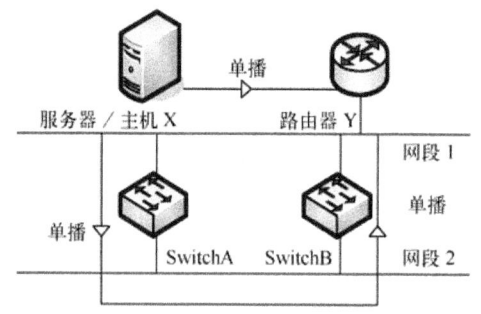

图 7-4 重复非广播帧传输

第 2 步：如果交换机 A 检查帧中目的地址，在交换机 MAC 地址表中没有找到路由器 Y 的表项，交换机 A 将该帧泛洪到除起始端口外的所有端口。

第 3 步：当交换机 SwitchB 通过网段 2 上的交换机 SwitchA 接收到该帧的一个副本时，如果 MAC 地址表中没有路由器 Y 的表项，交换机 SwitchB 也往网段 1 转发该帧的一个副本。

第 4 步：路由器 Y 第二次接收到同一帧的副本。

消除回路的解决方案是在正常操作中通过阻止四个接口之一传输或接收数据来解决的。这也是生成树协议的另一个目的。

3. MAC 地址表不稳定性

当一个帧的多个副本达到交换机不同端口时，导致网络 MAC 地址表信息不稳定。图 7-5 中，当帧第一次到达时，交换机 SwitchB 在服务器/主机 X 与到网段 1 的端口间建立一个映射。一段时间后，该帧副本通过交换机 SwitchA 传到，交换机 B 必须移去第一个表项，并且安装主机 XMAC 地址到网段 2 端口的一个映射。

在图 7-5 中，没有生成树的冗余路径会造成 MAC 数据库不稳定。产生的原因如下。

第 1 步：服务器/主机 X 给路由器 Y 发送单播帧。

第 2 步：两个交换机都没学习路由器 Y 的 MAC 地址。

第 3 步：交换机 A 和 B 学习主机 X 在端口 0 上的 MAC 地址。

第 4 步：到路由器 Y 的帧被泛洪。

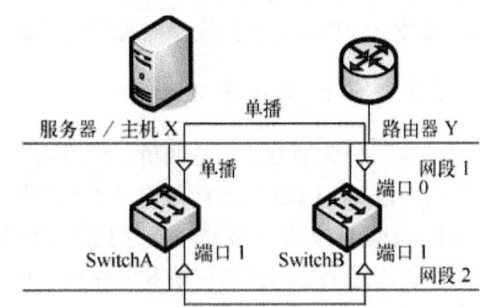

图 7-5 MAC 地址表不稳定

第 5 步：交换机 A 和 B 不正确地学习在端口 1 上主机 X 的地址。

MAC 地址表的不稳定导致同一帧的多副本在交换机的不同端口接收。当交换机在 MAC 地址表中因克服地址颠簸而消耗资源时，转发的数据可能被损坏。根据交换机的内部结构，不可能处理或不可能很好地处理 MAC 数据库的快速变化问题。在图 7-5 中，消除回路的方案也是在正确操作期间阻止四个接口接收或传输帧来消除的。阻止数据库不稳定性是生成树协议的另一个功能。

7.2 生成树协议

冗余功能是高可用性分层网络拓扑的关键要素，但是在网络中配置多条路径有可能导致环路。可使用生成树协议（Spanning Tree Protocol，STP）来防止环路。但是，如果架设冗余拓扑时没有采用 STP，可能意外生成环路。

7.2.1 生成树协议概述

在由交换机构成的交换网络中通常设计有冗余链路和设备。这种设计的目的是防止一个点的失败导致整个网络功能的丢失。虽然冗余设计可能消除的单点失败问题，但也导致了交换回路的产生，它会带来广播风暴、同一帧的多份副本、不稳定的 MAC 地址表等问题。因此，在交换网络中必须有一个机制来阻止回路，而 STP 的作用正在于此。

生成树协议定义在 IEEE802.1d 中，是一种桥到桥的链路管理协议，它在防止产生自循环的基础上提供路径冗余。为了使以太网更好地工作，两个工作站之间只能有一条活动路径。网络环路的发生有多种原因，最常见的是故意生成的冗余，万一一个链路或交换机失败，会有另一个链路或交换机替代。所以，STP 的主要思想就是当网络中存在冗余链路时，只允许主链路激活，如果主链路因故障而被断开后，备用链路才会被打开。生成树协议的发展过程分成三代：第一代生成树协议 STP；第二代生成树协议 RSTP；第三代生成树协议 MSTP。

STP 的主要作用是：避免回路，冗余备份。生成树协议基于以下几点：

① 有一个唯一的组地址（01-80-C2-00-00-00）标识一个特定 LAN 上的所有的交换机。这个组地址能被所有的交换机识别。

② 每个交换机有一个唯一的标识（Bridge Identifier）。

③ 每个交换机的端口有一个唯一的端口标识（Port Identifier）。

对生成树的配置进行管理还需要：对每个交换机调协一个相对的优先级；对每个交换机的每个端口调协一个相对的优先级；对每个端口调协一个路径花费。

7.2.2 STP 工作原理

网桥有三种典型方式：透明桥、源路由桥、源路由透明桥。网桥连接两个用同样介质存取控制方法的网段，IEEE802.1d 规范定义了透明桥。透明桥是指对于数据的接收端看不到路径中经由的交换机，认为数据是从发送端直接到达目的地。源路由桥是由 IBM 公司为它的令牌环网络开发的。源路由透明桥则是透明桥和源路由桥的组合。桥两边的网段分属于不同的冲突域，却属于同一个广播域。

在一个桥接的局域网里，为了增强可靠性，必然要建立一个冗余的路径，网段会用冗余的网桥连接。但是，在一个透明桥桥接的网络里，存在冗余的路径就能建立一个桥回路，桥回路对于一个局域网是致命的。生成树协议是一种桥嵌套协议，可以用来消除桥回路。它的工作原理是这样的：生成树协议定义了一个数据包，叫做桥协议数据单元 BPDU（Bridge Protocol Data Unit），网桥用 BPDU 来相互通信，并用 BPDU 的相关机能来动态选择根桥和备份桥，但是因为从中心桥到任何网段只有一个路径存在，所以桥回路被消除。

0……13	14……16	17……51	52……59
DLC	LLC	BPDU	DLC

图 7-6　BPDU 的以太帧格式

含 BPDU 的以太帧格式如图 7-6 所示。

以太网帧头包括 DLC 头部、LLC 头、BPDU 字段、填充 DLC 的 Padding。BPDU 帧也经常被封装在 IEEE802.1q 头部后。其中：

① DLC 头部：长度为 14 字节，包括 DMA、SMA、L/T 三个字段。

◇ DMA：指目的 MAC 地址，BPDU 采用的是 Bridge_group_addr 网桥组多播地址，其多播目标 MAC 地址为 01-80-c2-00-00-00。

◇ SMA：指源 MAC 地址。

◇ L/T：指帧长。

② LLC 头部：长度为 3 字节，包括 DSAP Address、SSAP Address 和 Unnumbered frame 字段。

③ BPDU：长度为 35 字节。

④ DLC：长度为 8 字节，是为了补齐 60 字节边界用的 DLC 填充（Padding）8 字节。

交换机之间定期发送 BPDU 包，交换生成树配置信息，以便能够对网络的拓扑、花费或优先级的变化做出及时响应。BPDU 分为两种：包含配置信息的 BPDU 包，称为配置 BPDU（Configuration BPDU）；检测到网络拓扑结构变化时，则要发送拓扑变化通知 BPDU（Topology Change Notification BPDU）。配置 BPDU 编码如图 7-7 所示。拓扑变化通知 BPDU 帧格式如图 7-8 所示。

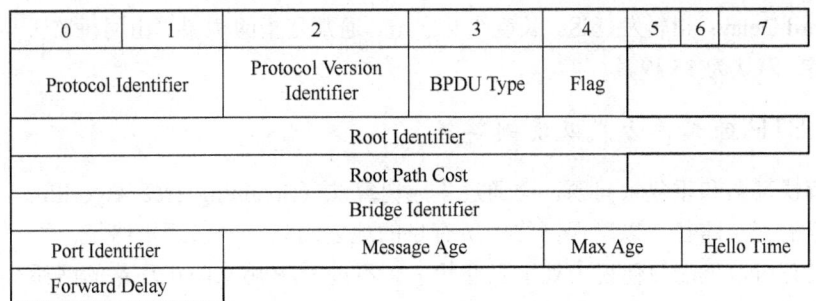

图 7-7 配置 BPDU 帧格式

0	1	2	3
Protocol Identifier		Protocol Version Identifier	BPDU Type

图 7-8 发送拓扑变化通知 BPDU 帧格式

对于配置 BPDU，超过 35 字节的部分将被忽略；对于拓扑变化通知 BPDU，超过 4 字节的部分将被忽略掉。由配置 BPDU 和发送拓扑变化通知 BPDU 帧格式可见，发送拓扑变化通知 BPDU 的组成部分是配置 BPDU 帧格式的帧头部分。BPDU 帧格式的含义如下。

① Protocol Identifier：协议 ID，长度为 2 字节，协议标识符值为固定的 0。

② Protocol Version Identifier：版本号，长度为 1 字节，当数值为 00 时，表示使用协议 IEEE802.1d；数值为 02 时，表示使用协议 IEEE802.1w。

③ BPDU Type：消息类型，长度为 1 字节，配置 BPDU 数值为 ox00，配置 TCN 数值为 ox80。

④ Flag：标志，长度为 1 字节，字节最高低用于标识 TC（Topology Change，拓扑是否变化），字节最高位用于标识 TCA（Topology Change Acknowledgment，是否是拓扑变化确认信息）。

⑤ Root Identifier：根 ID，长度为 8 字节，用于表示根网桥的网桥 ID，习惯写成 Root ID。它包括两部分：字节的 Priority（根优先级）和 6 字节的 MAC Address（根端口 IP 地址）组成。其中，Priority 默认数值是 0x8000，即十进制的 32768。

⑥ Root Path Cost：路径开销，长度为 4 字节，用于表示从交换机到达根网桥方向 STP 开销的叠加。如果交换机自己就是根网桥，其值为 0。

⑦ Bridge Identifier：网桥 ID，长度为 8 字节，用于转发根网桥 BPDU 的网桥的 ID，习惯写为 Bridge ID。Bridge ID 包括两部分：Priority（交换机自己的优先级）、MAC Address（交换机自己的 MAC 地址）。其中，Priority 数值范围为 0～61440，默认值 0x8000，即十进制的 32768；在设定时，其值只能是 "0" 或 "4096" 的倍数，故共 16 个。

⑧ Port Identifier：端口 ID，长度为 2 字节，用于转发根网桥 BPDU 的网桥的端口 ID，习惯写为 Port ID。Port ID 由 1 字节的端口优先级和 1 字节的端口 ID 组成。端口优先级范围为 0～240，默认值 128，在设定时，其值必须是 "0" 或 "16" 的倍数，故共 16 个。

⑨ Message Age：消息老化时间，长度为 2 字节。

⑩ Max Age：最大寿命，长度为 2 字节，用于记录保留对方有效 BPDU 消息的最长时间，当一段时间未收到任何 BPDU，生成期达到 MAX Age 时，网桥认为该端口连接的链路发生故障，默认 20 秒。

⑪ Hello Time：长度为 2 字节，用于根桥定期发送 BPDU 的时间间隔，默认 2 秒。

⑫ Forward Delay：指转发延迟，长度为 2 字节，通常是指网桥端口由网桥监听与学习状态改变的时间间隔，默认为 15 秒。

7.2.3 STP 的工作方式及实例解析

STP 为解决环路和重复帧问题，会通过生成树算法（Spanning Tree Algorithm，STA）阻塞可能导致环路的冗余路径，以确保网络中所有目的地之间只有一条逻辑路径。当一个端口阻止流量进入或离开时，该端口便视为处于阻塞状态。不过 STP 用来防止环路的网桥协议数据单元（BPDU）帧仍可继续通行。阻塞冗余路径对于防止网络环路非常关键。为了提供冗余功能，这些物理路径实际依然存在，只是被逻辑禁用，以免产生环路。一旦需要启用此类路径来抵消网络电缆或交换机故障的影响时，STP 就会重新计算路径，将必要的端口解除阻塞，使冗余路径进入活动状态。

STA 算法首先会指定一台交换机指定为根桥，然后将其用作所有路径计算的参考点，计算每台交换机到达根桥的最短路径，当 STA 为广播域中的所有目的地确定到达根桥的最佳路径后，会将交换机端口配置为不同的端口角色。端口角色描述了网络中端口与根桥的关系，以及端口是否能转发流量。STP 中，交换机端口角色包括根端口、指定端口和非指定端口。STP（生成树）形成方法如下。

1. 决定根交换机

根交换机（Root Bridge），也称为根桥，是网络中的一台交换机。广播域中的所有交换机都会参与选举过程。交换机初始启动时，最开始所有的交换机都认为自己是根交换机，交换机会每 2 秒向与之相连的 LAN 广播发送配置 BPDU 帧，此时帧中的 Root ID 与 Bridge ID 的值相同。随着交换机开始发送 BPDU 帧，广播域中的交换机收到其他交换机发来的配置 BPDU 后，若发现收到的配置 BPDU 中 Root ID 字段的值大于该交换机自己的 Root ID 参数值，则丢弃该帧，否则更新该交换机的 Root ID、根路径花费 Root Path Cost 等相关帧参数的值，该交换机将以新值继续每 2 秒广播发送配置 BPDU。最终，经过收敛，具有最小 BID 的交换机被公认为生成树实例中的根桥。

由前面 BPDU 帧结构的描述可知，Bridge ID 值包括 Priority（交换机自己的优先级）和 MAC Address（交换机自己的 MAC 地址）两部分，因此在比较时先比较交换机优先级，若相同，再比较 MAC 地址数值，数值越小，则 Bridge ID 值越小，越会成为根交换机。总结根交换机的选择原则和主要知识点，包括：

① 所有交换机首先认为自己是根。
② 全网选举 Bridge ID 最小的交换机为根交换机。
③ 每个交换机唯一的桥 ID 由交换机优先级和 MAC 地址组合而成。
④ 交换机优先级和 Mac 地址越小，则 Bridge ID 越小。
⑤ 默认优先级为 32768。

2. 决定根端口

根端口（Root Port）不在根交换机上，是指每台交换机能够提供最佳路径到跟交换机的端口。在进行最佳路径选择时，先计算交换机到根交换机的路径开销，选择最小路径开销值；若有多个端口具有相同的最小路径开销，则选择具有最高优先级的端口为根端口；若有两个或多个端口具有相同的最小根路径开销和最高优先级，则选择连接的相邻交换机 Bridge ID 最小的端口号为根端口；若继续相同，则选择本地 Port ID 最小后选择交换机端口物理编号最小。生成树的根端口选举过程中，应遵循以下优先顺序来选择最佳路径：

（1）比较 Root Path Cost

STP 使用的端口开销值由 IEEE 定义，默认情况下，端口开销由端口的运行速度决定。10Gbps 以太网端口的端口开销为 2，1Gbps 以太网端口的端口开销为 4，100Mbps 快速以太网端口的端口开销为 19，10Mbps 以太网端口的端口开销为 100（见表 7-1）。

表 7-1　IEEE802.1d 路径开销

带宽（链路速度）	路径开销
10Mbps	100
100Mbps	19
1Gbps	4
10Gbps	2

路径开销是到根桥的路径上所有端口开销的总和，其计算方法是从根交换机进入到拓扑中其他交换机的过程中，端口开销的累加。换句话说，BPDU 进入一个端口时会增加路径成本，出端口则不会引起 BPDU 路径开销的增加。路径开销最低的路径会成为首选路径，所有其他冗余路径都会被阻塞。

（2）比较相邻交换机的 Bridge ID

如果到达根交换机的多条可用路径具有相同的累加路径成本，那么交换机会选择通过交换机可到达跟交换机中具有最低交换机 ID 值得相邻交换机。

（3）比较本地 Port ID

如果多条路径读通过相同的相邻交换机，那么会选择具有最低优先级值得本地端口。

（4）比较交换机端口物理编号

如果端口的优先级值相同，那么会选择交换机上具有最低物理编号的端口，如 F 0/1 或 G 0/1 等。

3．决定指定交换机

每个交换机都计算出了到根交换机（Root Bridge）的最短路径；每个 LAN 都有了指定交换机（Designated Bridge），位于该 LAN 与根交换机之间的最短路径中。

确认完根交换机和根端口后，所有的交换机都认为自己是 LAN 的指定交换机。同一个 LAN 中，当交换机接收到具有更低根路径花费的其他交换机发来的 BPDU 时，该交换机就不再宣称自己是指定交换机。如果在一个 LAN 中，有两个或多个交换机具有同样的根路径花费，具有最高优先级的交换机被先指定为交换机。在一个 LAN 中，只有指定交换机可以接收和转发帧，其他交换机的所有端口都被置为阻塞状态。如果指定交换机在某个时刻收到了 LAN 上其他交换机因竞争指定交换机而发来的配置 BPDU，则该指定交换机将发送一个回应的配置 BPDU，以重新确定指定交换机。每个 LAN 都有了指定交换机，位于该 LAN 与根交换机之间的最短路径中。

4．决定指定端口

指定交换机和 LAN 相连的端口称为指定端口（Designated Port）；除根端口之外，可以在网络中获准转发流量的所有端口，都指的是指定端口。交换机确定选择哪台交换机上的哪个端口作为特定 LAN 网段的指定端口时所采用的步骤如下：

① 使用网段上具有到达根交换机的最低累加路径成本的已连接交换机。

② 如果两台交换机之间的累加路径成本相同，那么将选择具有最低交换机 ID 的交换机。

③ 如果碰巧是相同的交换机，但有两个到达 LAN 网段的单独连接，那么将选择具有最低优先级的交换机端口。

④ 如果交换机上端口的优先级仍然相同，那么选择该交换机上具有最低物理编号的端口。根交换机上的每个活动端口都是指定端口。

5. 决定非指定端口

除根端口和指定端口外的所有端口都称之为非指定端口。非指定端口是被阻塞的交换机端口，不会转发数据帧，也不会使用源地址填充 MAC 地址表。

6. 确认端口状态

运行生成树协议的交换机端口具有 4 种状态：转发（Forwarding）、学习（Learning）、监听（Listening）和阻塞（Blocking），并且总是处于四种状态之一。

① 阻塞（Blocking）：接收 BPDU，不学习 MAC 地址，不转发数据帧。所有端口以阻塞状态启动，以防止回路，由生成树确定哪个端口切换为转发状态。

② 监听（Listening）：不转发数据帧，不学习 MAC 地址，接收 BPDU，交换机向其他交换机通告该端口，参与选举根端口或指定端口。这种状态属于临时状态。

③ 学习（Learning）：不转发数据帧，学习 MAC 地址表，接收 BPDU，这种状态属于临时状态。

④ 转发（Forwarding）：可以正常传送和接受数据数据帧。

确认完全网端口角色后，根端口（Root port）和指定端口（Designated port）进入转发（Forwarding）状态；其他的冗余非指定端口就设置为阻塞状态（Blocking 或 Discarding）。这样，在决定了根交换机、交换机的根端口以及每个 LAN 的指定交换机和指定端口后，一个生成树的拓扑结构也就产生。

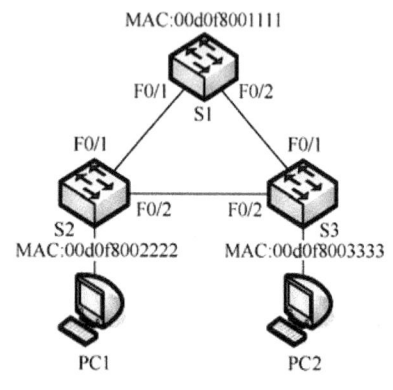

图 7-9 STP 实例

【例 7-1】 STP 实例解析。网络中有三台交换机 S1、S2 和 S3。其中，S1 的 MAC 地址是 00d0f8001111，S2 的 MAC 地址是 00d0f8002222，S3 的 MAC 地址是 00d0f8003333；交换机 S1 优先级为 0，S2 和 S3 的优先级使用默认优先级（见图 7-9）。网络使用链路均为百兆链路，则 STP 算法过程如下：

① 最初每台交换机都将自己作为根桥。交换机 S1 的优先级在三台交换机中最高。因为优先级是选择根桥的初始决定因素，所以 S1 成为根桥。如果所有交换机的优先级相同，MAC 地址便成为决定因素。

② 当交换机 S3 从交换机 S2 收到 BPDU 时，S3 将自己的根 ID 与 BPDU 帧中的进行比较。两者的优先级相同，因此交换机不得不检查 MAC 地址部分，以确定哪个 MAC 地址的值较低。因为 S2 的 MAC 地址值更低，S3 用 S2 的根 ID 更新自己的根 ID。此时，S3 将 S2 视为根桥。

③ 当 S1 将自己的根 ID 与收到的 BPDU 帧进行比较时，它发现本地根 ID 的值更小，所以它将来自 S2 的 BPDU 丢弃。

④ 当 S3 送出自己的 BPDU 帧时，该帧内包含的根 ID 是 S2 的 ID。

⑤ 当 S2 收到该 BPDU 帧时，它检查发现 BPDU 所含的根 ID 与自己的本地根 ID 匹配，所以它丢弃该帧。

⑥ 由于 S1 自己的根 ID 包含更低的优先级，所以它丢弃从 S3 收到的 BPDU 帧。

⑦ S1 送出自己的 BPDU 帧。

⑧ S3 发现 BPDU 帧内的根 ID 值更小，因此它更新自己的根 ID，指出现在的根桥是 S1。
⑨ S2 发现 BPDU 帧内的根 ID 值更小，因此它更新自己的根 ID，指出现在的根桥是 S1。
⑩ 交换机 S1 是根桥，交换机 S2 和 S3 在连接到 S1 的链路上都定义有根端口，S2 端口的 F 0/1 和 S3 端口的 F 0/1 端口为根端口。
⑪ 根桥上的所有交换机端口都是指定端口，交换机 S1 在两条链路上的端口 F 0/1 和 F 0/2 都是指定端口。对于非根桥，指定端口是指根据需要接收帧或向根桥转发帧的交换机端口，一个网段只能有一个指定端口。此时，网段上有两台交换机 S2 和 S3，则会通过选举过程来确定指定交换机 S2，对应的交换机端口 F 0/2，即开始为该网段转发帧。
⑫ 交换机 S3 具有此拓扑中的唯一一个非指定端口 F 0/2。非指定端口用于防止环路形成。

7.2.4 拓扑变化

拓扑信息在网络上的传播有一个时间限制，这个时间信息包含在每个配置 BPDU 中，即消息时限。每个交换机存储来自 LAN 指定端口的协议信息，并监视这些信息存储的时间。在正常稳定状态下，根交换机定期发送配置消息以保证拓扑信息不超时。如果根交换机失效，其他交换机中的协议信息就会超时，新的拓扑结构很快在网络中传播。

当某个交换机检测到拓扑变化，它将向根交换机方向的指定交换机发送拓扑变化通知 BPDU，以拓扑变化通知定时器的时间间隔定期发送拓扑变化通知 BPDU，直到收到了指定交换机发来的确认拓扑变化信息（这个确认信号在配置 BPDU 中，即拓扑变化标志位置位 Flag），同时指定交换机重复以上过程，继续向根交换机方向的交换机发送拓扑变化通知 BPDU。这样，拓扑变化的通知最终传到根交换机。根交换机收到了这样一个通知，或其自身改变了拓扑结构，它将发送一段时间的配置 BPDU，其中的拓扑变化标志位被置位。所有交换机将收到一个或多个配置消息，并使用转发延迟参数的值来老化过滤数据库中的地址。所有的交换机将重新决定根交换机、交换机的根端口、每个 LAN 的指定交换机和指定端口，这样生成树的拓扑结构也就重新决定了。

在正常操作期间，端口处于转发或阻塞状态。当检测到网络拓扑结构有变化时，交换机会自动进行状态转换，在这期间，端口暂时处于监听和学习状态。

生成树经过一段时间（默认值是 50 秒左右）稳定之后，所有端口要么进入转发状态，要么进入阻塞状态。STP BPDU 仍然会定时从各网桥的指定端口发出，以维护链路的状态。如果网络拓扑发生变化，生成树就会重新计算，端口状态也会随之改变。

当拓扑发生变化，新的配置消息要经过一定的时延才能传播到整个网络，这个时延称为 Forward Delay，默认 15 秒。在所有网桥收到这个变化的消息之前，若旧拓扑结构中处于转发的端口还没有发现自己应该在新的拓扑中停止转发，则可能存在临时环路。为了解决临时环路的问题，生成树使用了一种定时器策略，即在端口从阻塞状态到转发状态中间加上一个只学习 MAC 地址但不参与转发的中间状态，两次状态切换的时间长度都是 Forward Delay，这样就可以保证在拓扑变化的时候不会产生临时环路。但是，这个看似良好的解决方案实际上带来的却是至少 2 倍 Forward Delay 的收敛时间。默认情况下，交换机端口由阻塞状态到侦听状时间为 20 秒。

7.2.5 RSTP 工作原理

为了解决 STP 收敛时间长的缺陷，在 21 世纪之初 IEEE 推出了 802.1w 标准，作为对

IEEE802.1d 标准的补充。从数据帧 BPDU 而言，RSTP 将 STP 中的 BPDU 所含标志字节内涵予以细化（见图 7-10），其中第 0 位和第 7 位与 IEEE802.1d 一样，用于拓扑更改通知和确认；第 1 位和第 6 位用于快速收敛，"建议同意"过程；第 2～3 位通过代码指示产生 BPDU 的端口的角色和状态；第 4 位和第 5 位使用 2 位代码指示端口角色。

TYPE							
0	1	2	3	4	5	6	7
拓扑更改	建议	端口角色 00——未知端口 01——替换或备份端口 10——根端口 11——根端口		学习	转发	同意	拓扑更改确认

图 7-10 RSTP 中 TYPE 帧格式

IEEE802.1w 标准中定义了快速生成树协议 RSTP（Rapid Spanning Tree Protocol）。RSTP 在 STP 基础上做了三点重要改进，使得收敛速度快得多（最快 1 秒以内）。

第一点改进：为根端口和指定端口设置了快速切换用的替换端口（Alternate Port）和备份端口（Backup Port）。当根端口/指定端口失效的情况下，替换端口/备份端口就会无时延地进入转发状态。图 7-11 中所有网桥都运行 RSTP，SW1 是根桥，假设 SW2 的端口 1 是根端口，端口 2 将能够识别这种拓扑结构，成为根端口的替换端口，进入阻塞状态。当端口 1 所在链路失效的情况下，端口 2 就能够立即进入转发状态，无需等待 2 倍 Forward Delay 时间。

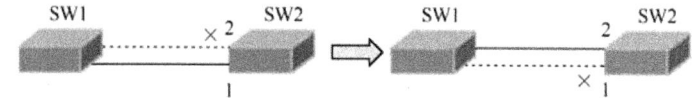

图 7-11 RSTP 冗余链路快速切换示意图

第二点改进：在只连接了两个交换端口的点对点链路中，指定端口只需与下游网桥进行一次握手就可以无时延地进入转发状态。如果是连接了三个以上网桥的共享链路，下游网桥不会响应上游指定端口发出的握手请求，只能等待 2 倍 Forward Delay 时间进入转发状态。

第三点改进：直接与终端相连而不是把其他网桥相连的端口定义为边缘端口（Edge Port）。边缘端口可以直接进入转发状态，不需要任何延时。由于网桥无法知道端口是否是直接与终端相连，所以需要人工配置。

可见，RSTP 相对于 STP 的确改进了很多。为了支持这些改进，BPDU 的格式做了一些修改，但 RSTP 仍然向下兼容 STP，可以混合组网。虽然如此，RSTP 和 STP 一样同属于单生成树 SST（Single Spanning Tree），有它自身的诸多缺陷，主要表现在三方面。

① 由于整个交换网络只有一棵生成树，在网络规模比较大的时候会导致较长的收敛时间，拓扑改变的影响面也较大。

② 近年来，IEEE802.1q 逐渐成为交换机的标准协议，在网络结构对称的情况下，单生成树也没什么大碍。但是，在网络结构不对称的时候，单生成树就会影响网络的连通性。

图 7-12 中假设 SW1 是根桥，实线链路是 VLAN 10，虚线链路是 IEEE802.1q 的 Trunk 链路，Trunk 了 VLAN 10 和 VLAN 20。当 SW2 的 Trunk 端口被阻塞的时候，显然 SW1 和 SW2 之间 VLAN

20 的通路就被切断了。

③ 当链路被阻塞后将不承载任何流量，造成了带宽的极大浪费，这在环行城域网的情况下比较明显。

图 7-13 中假设 SW1 是根桥，SW4 的一个端口被阻塞。在这种情况下，SW2 和 SW4 之间敷设的光纤将不承载任何流量，所有 SW2 和 SW4 之间的业务流量都将经过 SW1 和 SW3 转发，增加了其他几条链路的负担。这些缺陷都是单生成树 SST 无法克服的，于是支持 VLAN 的多生成树协议出现了。

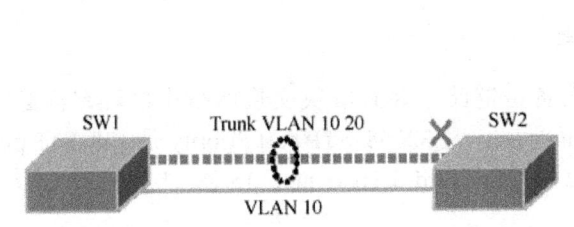
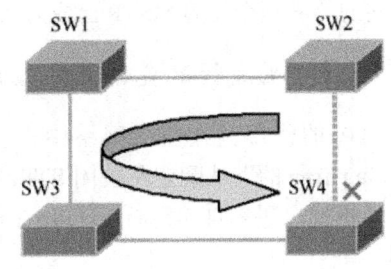

图 7-12　非对称网络示意图　　　　图 7-13　SST 带宽利用率低下示意图

7.2.6　MSTP 工作原理

多实例生成树协议 MSTP（Multi-Instance Spanning Tree Protocol）定义了"实例"（Instance）的概念。简单地说，STP/RSTP 是基于端口的，PVST/PVST＋是基于 VLAN 的，而 MSTP 就是基于实例的。所谓实例，就是多个 VLAN 的一个集合，通过多个 VLAN 捆绑到一个实例中去的方法可以节省通信开销和资源占用率。

MSTP 带来的好处是显而易见的，既有 PVST 的 VLAN 认知能力和负载均衡能力，又拥有可以与 SST 媲美的低 CPU 占用率。不过，极差的向下兼容性和协议的私有性阻挡了 MSTP 的大范围应用。

MSTP 精妙的地方在于把支持 MSTP 的交换机和不支持 MSTP 交换机划分成不同的区域，分别称为 MST 域和 SST 域。在 MST 域内部运行多实例化的生成树，在 MSTP 域的边缘运行 RSTP 兼容的内部生成树 IST（Internal Spanning Tree）。

图 7-14 中间的 MST 域内的交换机间使用 MSTP BPDU 交换拓扑信息，SST 域内的交换机使用 STP/RSTP/PVST+BPDU 交换拓扑信息。在 MST 域与 SST 域之间的边缘上，SST 设备会认为对接的设备也是一台 RSTP 设备。而 MST 设备在边缘端口上的状态将取决于内部生成树的状态，也就是说，端口上所有 VLAN 的生成树状态将保持一致。

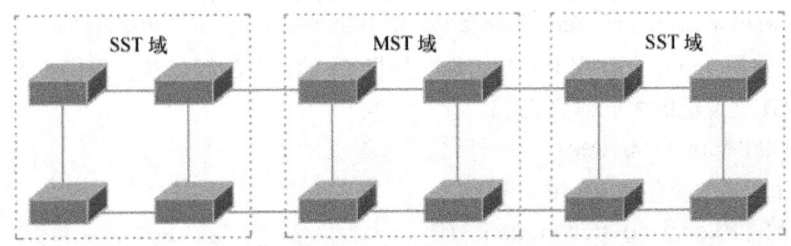

图 7-14　MSTP 工作原理示意图

MSTP 设备内部需要维护的生成树包括若干个内部生成树 IST，个数与连接了多少个 SST 域有关。若干个多生成树实例 MSTI（MultIPle Spanning Tree Instance）确定的 MSTP 生成树，个数由配置了多少个实例决定。

MSTP 相对于之前的种种生成树协议而言，优势非常明显。MSTP 具有 VLAN 认知能力，可以实现负载均衡，可以实现类似 RSTP 的端口状态快速切换，可以捆绑多个 VLAN 到一个实例中以降低资源占用率。最难能可贵的是，MSTP 可以很好地向下兼容 STP/RSTP。而且，MSTP 是 IEEE 标准协议，推广的阻力相对小得多。

可见，各项全能的 MSTP 已成为当今生成树发展的一致方向。

7.2.7 生成树配置方式及应用实例

STP 的作用是在交换网络中提供冗余备份链路，并且解决交换网络中的环路问题。Spanning Tree 的默认配置是关闭 STP，且 STP Priority 是 32768，STP port Priority 是 128；STP port cost 根据端口速率自动判断；Hello Time：2 秒；Forward-delay Time：15 秒；Max-age Time：20 秒。

1．打开、关闭生成树协议

通过 spanning-tree 命令，打开生成树协议。

  Switch(config)#Spanning-tree

如果要关闭生成树协议，可用 no spanning-tree 全局配置命令进行设置。

2．配置 Spanning Tree 的类型

  Switch(config)#Spanning-tree mode STP/RSTP

3．配置交换机优先级

  Switch(config)#spanning-tree priority <0-61440>
  （"0"或"4096"的倍数，共 16 个，默认 32768）

如果要恢复到默认值，可用 no spanning-tree priority 全局配置命令进行设置。

4．配置交换机端口优先级

  Switch(config-if)#spanning-tree port-priority <0-240>
  （"0"或"16"的倍数，共 16 个，默认 128）

如果要恢复到默认值，可用 no spanning-tree port-priority 接口配置命令进行设置。

5．STP、RSTP 信息显示

  Switch#show spanning-tree   !显示交换机生成树的状态
  Switch#show spanning-tree interface fastEthernet 0/1 !显示交换机接口

【例 7-2】 在图 7-9 中，使用 RSTP 实现交换机 S1 的相关配置。在全局模式下做如下配置：

（1）开启 S1 交换机的生成树协议

  S1(config)#Spanning-tree

（2）配置生成树的类型为 RSTP

  S1(config)#Spanning-tree mode RSTP

（3）配置交换机优先级

  S1(config)#spanning-tree priority 0

（4）RSTP 信息显示
```
S1#show spanning-tree
S1#show spanning-tree interface fastEthernet 0/1
```

7.3 以太网链路聚合

对于局域网交换机之间以及从交换机到高需求服务的许多网络连接来说，100Mbps 甚至 1Gbps 的带宽是不够的。链路聚合技术（也称为端口聚合）帮助用户减少了这种压力。

7.3.1 以太网链路工作原理

802.3ad 标准定义了如何将两个以上的以太网链路组合起来为高带宽网络连接实现负载共享、负载平衡以及提供更好的弹性。端口聚合将交换机上的多个端口物理地连接起来，在逻辑上捆绑在一起，形成一个拥有较大宽带的端口，形成一条干路，可以实现均衡负载，并提供冗余链路。链路聚合如图 7-15 所示。

Aggregate Port（AP）符合 IEEE802.3ad 标准，可以把多个端口的带宽叠加起来使用，如全双工快速以太网端口形成的 AP 最大可达 800Mbps，或者千兆以太网接口形成的 AP 最大可以达到 8Gbps。

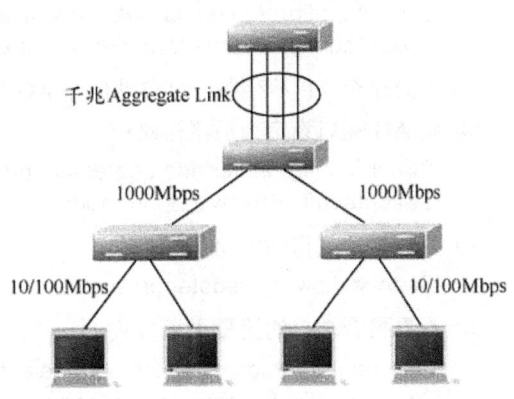

图 7-15　链路聚合

以太网链路聚合的帧标记属于双重标记，它在 IEEE802.1Q 帧的源 MAC 字段和长度/类型字段间的 IEEE802.1q 头标签设置为 IEEE802.1q 外部标签和内部标签两部分，这点对于互联网提供者（ISP）是非常有用的。允许当已被 VLAN 标签的混合资料从客户端送出时 ISP 仍能在内部使用 VLAN（见图 7-16）。外部（outer, next to Source MAC and represening ISP VLAN）标签会先于内部（inner）标签。此时，一个可变的 TPID 在十六进制值可能为 0x9100、0x9200 或 0x9300，通常作为外部标签；然而在值为 0x88a8 时会违反 IEEE802.1ad 而无法作为外部标签。

802.1Q Header							
802.1Q Outer Tag/Metro Tag/PE-Vlan				802.1Q InnerTag			
（位）1	2	3	4	1	2	3	4
TPID=0X9100/9200/9300		PCP/CFI/VID		TPID=0X8100		TCP/CFI/VID	

图 7-16　IEEE802.3ad 帧双重标记

IEEE802.3ad 的主要优点：
① 链路聚合技术（也称端口聚合）帮助用户减少了这种压力。
② 802.3ad 的另一个主要优点是可靠性。
③ 链路聚合标准在点到点链路上提供了固有的、自动的冗余性。

AP 根据报文的 MAC 地址或 IP 地址进行流量平衡，即把流量平均地分配到 AP 的成员链路中去。流量平衡可以根据源 MAC 地址、目的 MAC 地址或源 IP 地址/目的 IP 地址对进行流量分配。

7.3.2 以太网链路配置方式及应用实例

1. AG 配置命令

AG 配置命令包括：

① 在接口模式下，将某接口加入一个 AP 中：
　　Switch#configure terminal
　　Switch(config) # interface *interface-type interface-id*
　　Switch(config-if-range)#port-group *port-group-number*

② 如果这个 AP 不存在，可自动创建 AG 端口。

③ 将 AG 端口设定为汇聚链路：
　　Switch(config) #interface aggregate-port 2
　　Switch(config-if)#switchport mode trunk

④ 查看聚合端口的汇总信息：
　　Switch#show aggregateport summary

⑤ 查看聚合端口的流量平衡方式：
　　Switch#show aggregateport load-balance
　　Switch(config)#aggregateport load-balance {dst-mac |src-mac |ip}

⑥ 要将 AP 的流量平衡设置恢复到默认值，可以在全局配置模式下使用命令：
　　Switch(config)#no aggregateport load-balance

⑦ 可以在特权模式下显示 AP 设置。
　　Switch(config)#show aggregateport [port-number]{load-balance|summary}

2. 配置 aggregate port 的注意事项

① 组端口的速度必须一致。
② 组端口必须属于同一个 VLAN。
③ 组端口使用的传输介质相同。
④ 组端口必须属于同一层次，并与 AP 也要在同一层次。
⑤ 在锐捷交换机上最多支持 8 个物理端口聚合为一个 AG 端口。
⑥ 在锐捷交换机上最多支持 6 组聚合端口。

【例 7-3】 交换机 SwitchA 和 SwitchB 使用相同传输介质的两条链路予以连接，并且要配置为聚合链路（见图 7-17）。下面以其 SwitchA 配置聚合端口过程为例。

　　switchA(config)#interface aggregateport 1
　　!创建聚合端口 AG1
　　switchA(config-if)#switchport mode trunk
　　!配置 AG1 模式为 trunk
　　switchA(config-if)#exit
　　switchA(config)#interface range fastethernet 0/1-2
　　switchA(config-range-if)#port-group 1
　　!配置端口 1、2 属于 AG1

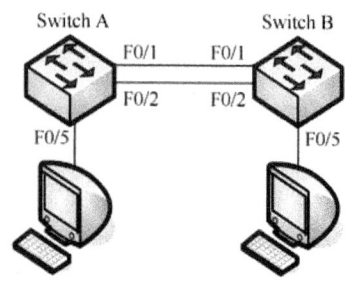

图 7-17 聚合链路实例

```
switchA(config-range-if)#end
switchA#show arregateport 1 summary
!查看端口聚合组 1 的信息
```

习题 7

1．交换网络中运行了生成树协议，请描述一下，在主要链路断开，到启用备份链路中间需要经过几个阶段？有什么特点？

2．请简要说明交换网络中形成环路、产生广播风暴的原理。

3．RSTP 在 STP 基础之上有什么改进？

4．请简述 STP 判断最短路径的规则。

5．请简述 STP 根交换机的产生过程。

6．配置链路聚合时有哪些注意事项？

7．快速生成树协议拓扑变化机制和生成树协议拓扑变化机制有什么区别？

8．请按顺序说出 IEEE802.1d 中端口由阻塞到转发状态变化的顺序是哪一个？

(1) listening   (2) learning   (3) blocking   (4) forwarding

   A．(3)-(1)-(2)-(4)　　　　B．(3)-(2)-(4)-(1)

   C．(4)-(2)-(1)-(3)　　　　D．(4)-(1)-(2)-(3)

9．下列关于 RSTP 端口的角色中，哪些属于 STP 中所没有的？

   A．shut down　　　　B．disable　　　　C．Backup

   D．Designated　　　　E．Alternate　　　F．Root

10．下列哪些值可作为 RSTP 交换机的端口优先级？

   A．0　　　　　　　　B．32

   C．1　　　　　　　　D．100

11．在生成树协议中，1000Mbps 链路的路径开销（　　）。

   A．1　　　　　　　　B．4

   C．10000　　　　　　D．20000

12．STP 交换机的默认优先级（　　）。

   A．0　　　　　　　　B．1　　　　　　　　C．32767

   D．8000H　　　　　　E．32768

第 8 章 路由技术基础

本章内容从网络互连出发学习路由相关技术。互连网络表示一组相互连接的网络。每个网络都有它本身的网络号,网络号对于特定的互连网络必须是唯一的。互连网络通信量需要分解,以避免网络通信量拥塞。引导互连网络通信量达到不同网络上的过程称为路由选择。路由器的基本功能就是路由选择。通过本章的学习,读者可掌握路由器的工作原理,熟悉路由表和地址规划原则,理解最佳路径和路由决策思想,掌握路由算法思想及选择路由算法的准则。

8.1 网络互连基础

互连网络(见图 8-1)由许多分离的但是相互连接的网络构成,这些分离的网络本身也可能由分离的子网络组成。路由器在互连网络中的位置就是在子网与网络之间、网络与网络之间。路由器可以看成是一个特殊的计算机,用于互连网络中分离各个网络,网络之间的通信通过路由器进行。在通信时,网络上的计算机只需要通过路由器来跟踪互连网络上的网络即可,而不必跟踪互联网络上的每一台计算机。

对一个具体的路由器来说,路由就是将从一个接口接收到的数据包,转发到另外一个接口的过程,该过程类似交换机的交换功能,只不过在链路层称为交换,而在 IP 层称为路由;而对于一个网络来说,路由就是将数据包从一个端点(主机)传输到另外一个端点(主机)的过程。路由的完成离不开两个最基本步骤:第一个步骤为路径选择,路由器根据到达数据包的目标地址和路由表的内容,进行路径选择;第二个步骤为包转发,根据选择的路径,将包从某个接口转发出去。为了寻找到最佳路径通常可以通过管理距离和路由选择度量值来实现。

与网络互连相对应,图 8-2 表示了路由器之间的互连。由计算机组成的各个网络通过路由器相互连接,如果网络 2 中的 PC-A 和网络 3 中的 PC-C 进行通信,它将向网络 2 发送目的地址是 PC-C 的地址的数据帧,连接到网络 2 的路由器 2,知道这个目的地址的计算机是在路由器 3 连接的网络 3 中,所以它将这个数据帧发送到路由器 3,路由器 3 在将这个数据帧发送到 PC-C 所连接的子网中,由 PC-C 接收。

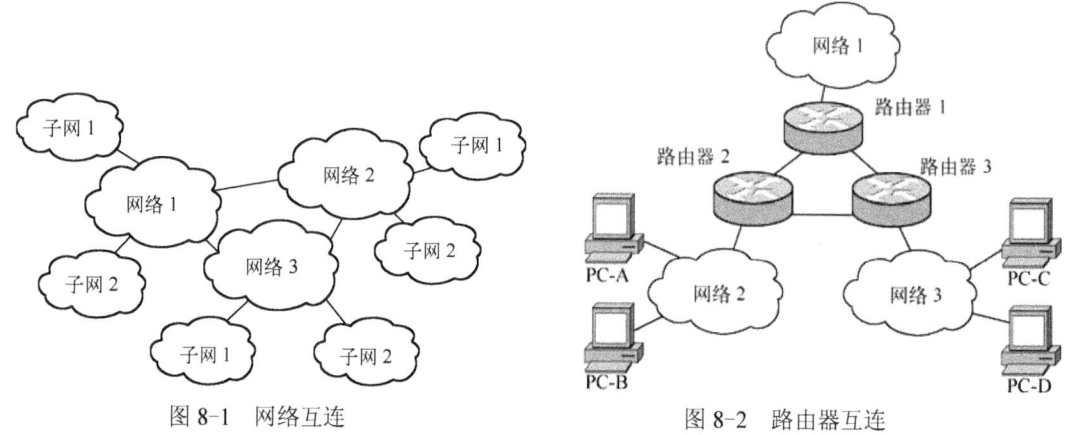

图 8-1 网络互连 图 8-2 路由器互连

8.1.1 IP 数据报格式

IP 作为网间网中网络层协议，提供无连接的数据报传输机制。IP 数据报的格式与一般帧格式差不多，也分为报头和数据区两部分，报头的具体格式（见图 8-3）。

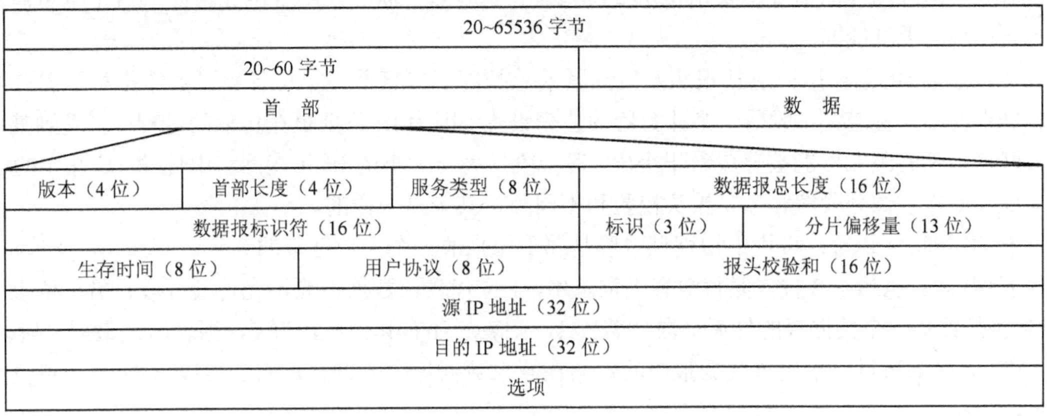

```
|<---------------------- 20~65536 字节 ---------------------->|
|<----- 20~60 字节 ----->|
|         首 部         |           数  据                    |
```

版本（4 位）	首部长度（4 位）	服务类型（8 位）	数据报总长度（16 位）
数据报标识符（16 位）		标识（3 位）	分片偏移量（13 位）
生存时间（8 位）	用户协议（8 位）	报头校验和（16 位）	
源 IP 地址（32 位）			
目的 IP 地址（32 位）			
选项			

图 8-3 IP 数据报帧格式

IP 报文头文件大小不少于 20 字节，而总长度使用 16 位字段定义，以字节计算数据报总长度，因此 IP 数据报的长度限制为 $2^{16}-1$ 字节，即 65535 字节。IP 数据报报头具体格式（见表 8-1）。

表 8-1 IP 数据报说明

名 称	长度（位）	用 途
版本	4	IP 协议版本
首部长度	4	32 位/字的报头长度
服务类型	8	指定优先级、可靠性和延迟要求
数据报总长度	16	数据报长度（以字节表示）
数据报标识符	16	表示该数据报的唯一标志
标志	3	表示数据报分段特征的标志位
分段偏移量	13	分段偏移量（以 64 位为单位）
生存时间	8	允许该数据报存在的时间（秒）
用户协议	8	请求 IP 的协议层（TCP、UDP、ICMP、…）
报头校验和	16	只适应于报头，异或后结果求反
源 IP 地址	32	32 位 IP 地址
目标 IP 地址	32	32 位 IP 地址
选择项和填充字节	可变	指定额外的服务
数据	可变	用户数据

① 版本：指该 IP 协议的版本号。不同版本的 IP 协议其报头的格式不完全相同。

② 首部长度：指数据报的总长度，包括到地址为止的 20 字节的固定部分，以 4 字节作为一个单位长度，如果没有，选择和填充区其值为 5。

③ 服务类型：用来说明对本数据报传输的要求，其中 3 位用来表示数据报的优先级，"0"

表示一般优先级,"7"表示网络控制优先级。另有 3 位分别代表 D(Delay)、T(Throughput)、R(Reliability),表示用户要求该分组以最短的延时(D)、最大的吞吐率(T)、最高的可靠性(R)来传输。它们只是反映了用户的要求,在可能的情况下网络尽量满足,当 D 置位时,如果存在租用线和卫星两条路径的情况下采用租用线(因为它延时短)而不采用卫星线路;但当 T 置位时采用高数据率的卫星线路。

④ 数据报的总长度:包括报头及数据区的总长度,以字节为单位计算。数据报标识符作为该数据报的唯一标志,一般用一个计数器的值来设置。因为 IP 数据报在传输的过程中,受到某些物理网络帧长的限制可能被分成若干个段,每一段作为一个小的 IP 包在网络中传输,这些小的 IP 包其报头中除了像分段偏移量、报头校验和不同外,其余是一样的。

⑤ 数据报标识符:可用于识别哪些段是属于原来的一个大数据报的。

⑥ 标志:包括了 3 位,但其中有 1 位未用,1 位代表该数据报允不允许被分段,另 1 位表示该 IP 包是否是一个数据报的最后一段,若置 1,则表示还有其他段,置 0,则表示是最后一段。

⑦ 分段偏移量:指出该数据报中的数据在原来数据报中的位置,它的值以 8 字节为单位来计算。

⑧ 生存时间:指允许该分组存在的时间,以秒为单位。数据报在传输过程中,随着时间的流逝,网关和主机要从该域减去所消耗的时间,一旦该域小于或等于零则该分组被删除,网关向源主机发回出错信息。

⑨ 用户协议:指什么高层协议请求传输 IP 包,实质上指出了 IP 数据报中数据区的格式。

⑩ 报头校验和:是一个 16 位的校验和,为确保头部的可靠性而设置的。

⑪ 源(目标)地址:指源主机(或目标主机)的 IP 地址。

⑫ 选择项:报头中的可变部份,用以指定额外的服务。例如指定记录下该数据报从源主机传到目标主机过程中所经过的网关地址及到达时间。也可以在选择项中给数据报指明一条到达目标主机的路径等。IP 数据报能够完成的额外服务被分成许多类别,每类有一定的编码及相应的格式,通过选择项告诉 IP 服务软件,并把记录的结果放到选择项的表格中供分析。填充字节是为了使报头长度为 32 位的整倍数而设置的。

8.1.2 IP 的工作原理

传输层把报文分成若干个数据报,每个数据报最长为 64KB。每个数据报在网关中进行路径选择,穿越一个一个物理网络从源主机到达目标主机。在传输过程中数据报可能被分成小段,每一小段都被当作一个独立的数据报被传输。分段是在进入一个帧长较小的物理网络的网关上进行的,但是并不在离开这个网络进行下一个网络的网关上重装,而是让这些分段作为一个个独立的数据报传输到目标主机,在目标主机上重装。此举的目的是希望避免可能出现的不断的多次的分段和重装过程,以提高效率,但是并不能排除被分段的数据报再次在传输中被分段,从而在目标主机上出现重装再重装的情况。一个片段的丢失也会引起整个数据报的重传。

数据报传输过程中,有两种情况会要求路由选择,第一是路由的确定,第二是互连网络上数据包的传递。

对于大多数路由选择协议而言,在路由器内将一个数据包从一个接口传递到另一个接口的路由选择算法是类似的。节点向位于不同网络上的另一个节点发送数据包,它使用目的节点的网络/

节点地址来发送那个数据包，在数据包上还加入了路由器 MAC 层地址，MAC 层地址（也称为硬件地址）是数据链路层的一部分。

通过硬件地址，路由器接收到数据包，然后查看目的节点的网络/节点地址，路由器确定它是否可以转发数据包到目的网络。如果可以转发，路由器除去它自己的 MAC 层硬件地址，然后在数据包加入下一跳的硬件地址。如果它无法为这个数据包选择路由，则丢弃数据包或者转发到默认路由。

如果下一跳不是最终的目的节点，它一般是另一个路由器，这个路由器对数据包执行完全相同的操作，即确定下一跳，除去 MAC 层地址，加入下一跳的地址，并转发数据包，如此继续，直至数据包达到目的网络/节点。在数据包的整个传输过程中，不会变化的是网络/节点地址，而硬件地址在每跳都会改变。路由选择算法的主要目的有三个：准确性、低开销、快速收敛。

准确性是路由选择算法在所使用的度的基础上选择最优路由的能力。这意味着，路由算法的度确定了路由的准确性。

低开销可以用带宽和 CPU 的使用量来评价。当使用 CPU 时，路由选择协议需要进行初等的计算。资源受到限制或过度使用的路由器需要最简单的路由选择协议。当引用带宽时，路由选择协议需要最少的通信消息，时间间隔最小。这对于低速网络链路的有效利用是非常重要的。路由器必须证明是稳定的和高效的，目的是保证低代价标准。

收敛是所有的路由器使它们的路由选择信息表同步的过程，或者某个路由选择信息的变化反映到所有路由器中所需要的时间。收敛过程越快，路由选择表的准确性就越高，这会提高网络的效率。如果互连网络的拓扑结果永远不会发生变化，则收敛不会成为一个问题。然而，网络上可能会出现多种改变：加入新的跳、加入路由器、路由器接口故障、整个路由器出现故障、带宽分配改变，网络链路的网络带宽改变，路由器 CPU 使用情况的增加或减少。所有的这些条件都可以改变一个路由选择协议的最佳路由选择。快速收敛也避免路由循环。

8.1.3 路由表

路由表是路由器进行路径抉择的基础，路由表的内容也称为路由表项或路由，来源有两个：静态配置和路由协议动态学习。

如果目的网络没有与路由器直接相连，那么当路由器向这些网络转发数据包时，它就必须要了解并计算出要使用的最佳路由。下面给出可以使路由器在没有直接建立连接的情况下获知向什么地方发送数据包的两种方法。

① 静态路由：当管理员手工建立路由的时候，路由器可以获知路由。无论什么时候，只要互联网络拓扑需要更新时，如链路故障，管理员就必须手工更新这项静态的路由条目。

② 动态路由：在管理员配置一个可以帮助确定路由的路由选择协议之后，路由器就可以自动地获知路由。与静态路由不同，只要管理员启动了动态路由选择，并使之处于可工作状态，那么，无论什么时候，一旦接收到互联网络内的新的拓扑信息，路由信息就会通过一个路由选择协议来自动得到更新。

在图 8-4 中有两个基于 IP 协议的路由器 R1 和 R2，它们将几个局域网互连之后接入 Internet。在不考虑路由度量值的情况下两个路由器的路由表（见表 8-2）。

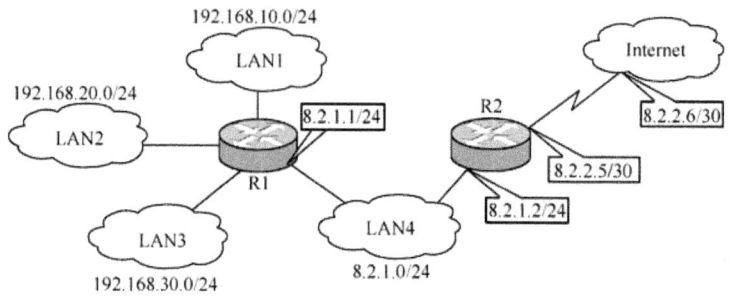

图 8-4 几个局域网通过两个路由器接入 Internet

表 8-2 R1 和 R2 的路由表

R1 的路由表		R2 的路由表	
目标网号/子网掩码	下一跳路由器 IP 地址	目标网号/子网掩码	下一跳路由器 IP 地址
192.168.10.0/24	direct	8.2.1.0/24	direct
192.168.20.0/24	direct	8.2.2.4/30	direct
192.168.30.0/24	direct	192.168.10.0/24	8.2.1.1
8.2.1.0/24	direct	192.168.20.0/24	8.2.1.1
default	8.2.1.2	192.168.30.0/24	8.2.1.1
		default	8.2.2.6

通过路由转发，每个第 3 层设备生成的路由表，可以具体查看数据包的路由类型、转发方式，网络连接关系等信息。一般路由表信息包括以下内容：

① 路由来源。每个路由表项的第一个字段，表示该路由的来源。比如，"C"代表直连路由，"S"代表静态路由，"*"说明该路由为默认路由。

② 目标网段：包括网络前缀和掩码说明。网络掩码显示格式有三种：第一种显示格式，如"/24"表示掩码为 32 位中前 24 位为"1"、后 8 位为"0"的数值；第二种显示格式，以十进制方式显示，如 255.255.255.0；第三种显示格式，以十六进制方式显示，如 0xffffff00，默认情况为第一种显示格式。显示格式可以设置。

③ 管理距离/度量值：管理距离代表该路由来源的可信度，不同的路由来源该值不一样，度量值代表该路由的花费。路由表中显示的路由均为最优路由，既管理距离和度量值都最小。两条到同一目标网段、来源不同的路由，要安装到路由表中之前，需要进行比较，首先要比较管理距离，取管理距离小的路由，如果管理距离相同，就比较度量值，如果度量值也一样，则将安装多条路由。

④ 下一跳 IP 地址：说明该路由的下一个转发路由器。

⑤ 存活时间：说明该路由已经存在的时间长短，以"时：分：秒"方式显示，只有动态路由学到的路由才有该字段。

⑥ 下一跳接口：说明该符合该路由的 IP 包，将往该接口发送出去。

如果目的网络直接与路由器相连，那么当路由器发送数据包时，它就已经知道所要选择的端口了。

【例 8-1】 通过以下路由表结构分析路由表内容。在三层设备的特权模式下，可以输入命令"show ip route"查看路由信息。在图 8-5 中，"Codes:"后内容对路由表中具体缩写字母的解释，阐述路由类型。"Gateway of last resort"说明存在默认路由，以及该路由的来源和网段。如果一个网络被划分为若干个子网,则在每个子网路由前面一行会说明该网络已划分子网以及子网的数量。

一般，一条路由显示一行，如果太长可能分为多行。以路由表信息中的"O 172.22.0.0/16 [110/20] via 10.3.3.3, 01:03:01, Serial1/2"为例，从左到右，路由表项每个字段意义如下：

```
Router#show ip route
    Codes: C-connected, S-static, R-RIP, D-EIGRP,
    EX-EIGRP external, O-OSPF, IA-OSPF inter area
    E1-OSPF external type 1, E2-OSPF external type 2,
    *-candidate default
    Gateway of last resort is 10.5.5.5 to network 0.0.0.0
        172.16.0.0/24 is subnetted, 1 subnets
    C  172.16.11.0 is directly connected, serial1/2
    O  172.22.0.0/16 [110/20] via 10.3.3.3, 01:03:01, Serial1/2
    S* 0.0.0 .0/0 [1/0] via 10.5.5 .5
```

图 8-5 路由表实例

① "O"代表该路由来源是通过 OSPF 动态路由协议。
② "172.22.0.0/16"表示其目标网段为 172.22.0.0，其子网掩码为 255.255.0.0。
③ "[110/20]"就是指管理距离/度量值，OSPF 的管理距离为 110，其度量值为 20。
④ "10.3.3.3"是指数据包要想到达"172.22.0.0/16"的下一个转发路由器端口地址。
⑤ "01:03:01"说明动态路由已学到该路由，且该路由已经存在 1 小时 3 分 1 秒。
⑥ "Serial1/2"说明 IP 数据包将由本地路由 Serial1/2 接口发送出去。

8.1.4 路由器 IP 地址设置规则

在默认情况下，路由器的物理接口是没有设置 IP 地址的。如果要启用某个物理接口，通常要为物理接口配置一个 IP 地址。在设置路由器接口时，必须注意以下几点要求：
① 同一路由器的不同接口其 IP 地址不能在相同的网段上。
② 相邻路由器的一对接口其 IP 地址必须在同一个网段上。
③ 除了相邻路由器的相邻接口外，网络中的所有路由器所连接的网段，即所有路由器的任何两个非相邻接口都必须在不同的网段上。
配置接口的 IP 地址，必须在接口配置模式下完成。
① 当配置主 IP 地址时，如果接口上已经有 IP 地址，则可能产生地址冲突。
② 可以使用 no ip address 命令删除当前的 IP 地址。
③ 路由器的所有接口默认为关闭的，因此配置接口的 IP 地址之后必须激活该接口。no shutdown 命令可以将当前接口激活。如果该接口的状态要变成 UP 状态，除了上述配置 IP 地址激活接口外，该接口还必须接有信号的物理线路。

8.2 路由协议

互连网络使用路由选择以从一个网络向另一个网络发送数据。为了保证数据使用最佳的路径到达目的地，在网络上需要某些种类的路由映射。数据传输的网络映射过程是由路由选择协议处理的。局域网（LAN）受到的性能限制，依赖于网络的大小或复杂程度。这些限制包括：网络物理段的大小，每个段上的主机数量，冗余度，通信量大小，不同的网络拓扑。

路由器及其路由选择协议，可以解决一般的瓶颈问题和其他降低网络效率的情况。网络拓扑结构上每个段上允许的主机数量是受到限制的，根据采用的网络拓扑类型的不同限制而不同。例如，使用双绞线的以太网被跳数限制了网络中主机或者节点的数量，一旦达到了最大的主机数量，则必须创建另一个网段，并且到那个网段的通信量必须通过桥接或路由。桥接提供了跳数之间传递通信量的唯一路径。然而，当需要多个传输路径时，通过提供多条路径而实现路由选择。当互连网络通信量需要冗余时，可以用那个选项来实现路由选择协议。图 8-6 说明了路由选择的冗余性。

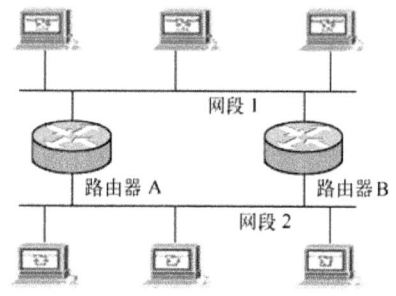

图 8-6 两个网络之间的冗余路由

拥塞是通信量超过了网络容量的地点。网络中的拥塞会使网络效率降低。桥接、交换和路由选择可以控制通信量。一些路由选择协议可以进行流量控制，所以，如果一个路由器拥塞了，另一个向它发送互连网络通信量的路由器可以由路由选择协议通知，以降低它向那个路由器发送数据的速率。路由选择协议完成这个操作，以确保当路由器过载时，可以得到最小的延迟。不同的网络拓扑结构，如 FDDI、X.25 和 ATM，因为物理介质或物理层协议的本质阻止进行桥接或者交换。为了传输互连网络通信量，不同的网络必须经过路由。

8.2.1 路由协议和可被路由协议

在互联网络中有两类协议：可被路由协议和路由协议。

1．可被路由协议（Routed Protocols）

可被路由协议，或称为寻径协议，也称为转发（Forwarding）协议，是在网络层进行数据包转发的协议，提供了网络层的地址供终端节点使用，数据和网络层地址信息一起封装在数据包中。由于数据包含有第三层的地址，所以路由器可以根据该地址，对数据包的转发进行判断。例如，IP、IPX 和 AppleTalk 等都属于可被路由的协议。当一个协议不支持第三层的地址时，那么它就属于不可以被路由的协议，常见的有 NetBEUI 协议。

2．路由选择协议（Routing Protocols）

路由选择协议是运行在路由器上的协议，通过在路由器之间不断地交换路由更新通告，进行路由决策，搜索最佳路由，建立和维护路由表。路由协议可以使路由器全面地了解整个网络的运行。

总之，计算机之间使用可被路由协议进行相互通信，而路由器使用路由协议进行路由通告、路由决策和路由搜索。

要记住的重要一点是，可被路由的协议和路由协议之间的区别。路由协议是涉及向参与路由器传播动态路由信息的协议，可被路由协议是包含网络层寻址并负责传递数据报的实际协议。这两种相似协议之间很容易混淆。当讨论 TCP/IP 时，可知它是一个可被路由的协议，因此 IP 是一个可被路由协议。IP 本身不涉及路由决策，这些决策是由通过路由协议如 RIP 或 IGRP 收集路由信息的路由器做出的。路由协议的例子有 RIP、IGRP、EIGRP 和 OSPF；可被路由协议例子有 IP 和 IPX 等（见表 8-3）。

表 8-3 可被路由协议和路由选择协议

可被路由协议	路由选择协议
IP	RIP、IGRP、OSPF、EIGRP、BGP、IS-IS
IPX	RIP、NLSP、EIGRP
AppleTalk	RMPT、AURP、EIGRP

8.2.2 路由管理距离

管理距离（Administrative Distance）是路由器用来评价路由信息可信度的一个指标，定义了路由来源的优先级别。管理距离是从 0 到 255 的整数值，对于每个路由来源，包括特定路由协议、静态路由又或是直连网络，使用管理距离值按从高到低的优选顺序来排定优先级。每个路由协议都有一个默认的信任等级，等级值越小，协议的信任度越高。优先级别最高的管理距离值为 0，只有直连网络的管理距离为 0，而且这个值不能更改；管理距离值为 255 表示路由器不信任该路由来源，并且不会将其添加到路由表中。静态路由优于动态路由，算法复杂的路由协议优于算法简单的路由协议。如果从多个不同的路由来源获取到同一目的网络的路由信息，路由器会使用管理距离功能来选择最佳路径（见表 8-4）。

表 8-4　默认管理距离

路由来源	管理距离
直连路由	0
以一个接口为出口的静态路由	0
以下一跳为出口的静态路由	1
EIGRP 的归纳路由（Summary Route）	5
外部 BGP（EBGP）路由	20
内部 EIGRP	90
IGRP	100
OSPF	110
IS-IS	115
RIP（V1 和 V2）	120
外部 EIGRP 路由	170
内部 BGP（IBGP）路由	200
不可信路由	255

8.2.3 路由的度量尺度

不同的路由算法使用不同的度量尺度来决定最佳路径。成熟的路由算法能够综合多个度量尺度进行路径选择。以下是一些常用的度量指标。

① 跳数（Hop Count）：最常用的路由度量尺度。它是数据包从源到达目的地途中经过的路由节点的数目，即到目标站要经过的第三层跳的数量，RIP 路由选择协议就使用跳数度量值。

② 可信度（Reliability）：网络连接的可靠性指标，通常用误码率表示。任何可靠性因素都能够影响可信度级别。可信度级别通常由网络管理员指定给网络连接。

③ 延迟（Delay）：延迟是一种常用和有效度量尺度。它指数据包从源到达目的地所要求的时间。延迟取决于多种因素，包括中继网络连接的带宽、路径上各路由器端口的数据包队列长度、中继网络连接的堵塞以及传输的物理距离。

④ 带宽（Bandwidth）：体现了网络连接可用的交通容量。在所有其他条件相同的情况下，10Mbps 以太网连接比 64Kbps 专线更可取。尽管带宽表明网络连接可达到的最大传输能力，但通过更大带宽连接的路由不一定比通过较慢连接的路由更好。例如，一旦更快的连接比较忙碌，那么实际传送数据包所花费的时间可能比较慢的连接要长。

⑤ 负载（Load）：负载指网络设备（如路由器）的繁忙程度。可以根据各种各样的参数来计算负载，包括 CPU 利用率和每秒被处理的包的数目。对这些参数持续不断的监视也会加重设备本身的负担。

⑥ 通信代价（Communication Cost）：又称为通信成本、通信开销等，也是一个重要的度量值。通信代价与链路的带宽成反比。OSPF 协议就使用通信代价作为度量值。

⑦ 最大传输单元（Maximum Transmission Unit，MTU）：指网络链路允许通过的最大数据包的长度。当传输的数据包具有不可分片属性时，必须考虑该度量尺度。

8.2.4 路由信息选择方式和路由决策

选择路由选择协议时，必须考虑的因素如下：
◇ 用于选择路径的路由选择度量值。
◇ 路由选择信息如何分享。
◇ 路由选择协议的收敛速度。
◇ 路由器如何处理路由选择协议。
◇ 路由选择协议的开销。

路由表在获取到一个数据包后，将决策选择自己已有路由表中的哪条路由，此时存在路由决策问题，通常进行路由决策的顺序如下。

① 子网掩码最长匹配；指当到达同一路由表述方式时，使用子网掩码和达到目的路径最长匹配的那条路由。

② 根据路由的管理距离。管理距离越小，路由越优先。比如，一条是静态路由，另一条是动态 RIP 路由，这两条路由都可到达同目标网段，此时选择静态路由，因为静态路由的管理距离数值为 0 或 1，小于动态路由 RIP 的数值 120。

③ 管理距离一样，就比较路由的度量值，越小越优先。

④ 路由量度值一样的路由，可以选中多个路径。

【例 8-2】 路由器的路由表中路由包括：
```
S    10.10.10.0/24   [1/0] via 192.168.11.1
S    10.10.0.0/16    [1/0] via 192.168.12.1
S*   0.0.0.0/0       [1/0] via 192.168.10.1
```

路由器收到数据包，读取其目的地网段是 10.10.10.1，当选择路径时，这台路由器应被转发给 192.168.11.1 下一跳地址，因为路由表路由决策规定已知，最先验证目标网段最长子网掩码匹配。

8.3 路由的分类

路由的分类方法有多种，根据路由器是否与接口直接连接划分，可以分为直连路由和非直连路由；根据路由配置方式划分，可划分为静态路由和动态路由；根据路由更新时是否携带子网掩码划分，可以分为有类路由和无类路由；根据路由的运行原理，可以分为距离矢量路由和链路状态路由等。

8.3.1 直连路由和非直连路由

直接连接的网络通过路由器接口相连，接口配置了 IP 地址和子网掩码之后，路由器查看其活动接口，检查接口配置网络地址、子网掩码、接口类型和编号，根据这些信息生成路由选择表，用于表示直接连接的网络。路由表用"C"来表示直接连接的网络。不是直接连接网络接口的路由则为非直连路由。

8.3.2 静态路由和动态路由

根据路由表中的路由信息的建立策略，路由可分为静态路由、动态路由和混合路由。

1．静态路由

静态路由是由网络管理员手工配置的路由信息。网络管理员在路由运行之前根据网络的当前状况建立起静态路由表。当网络的拓扑状态发生变化时，它们不会随之改变，只能由网络管理员进行手工修改。这要求网络管理员具有丰富的经验，并且熟悉网络的拓扑结构。静态路由包括目的网络的网络地址和子网掩码，以及送出接口或下一跳路由器的 IP 地址。路由表用"S"表示静态路由。

静态路由的算法简单，对路由器的开销较少，可以人工控制路由信息的更新，适用于网络交通相对可预言、网络设计相对简单的小型互连网络。因此，静态路由比动态了解到的路由更稳定和更可靠，因此其管理距离也比动态路由的管理距离要小。

但是，因为静态路由系统不能对网络变化做出反应，因此不适用于大型的、复杂的、不断改变的网络环境。一方面，网络管理员难以全面了解整个网络的拓扑状况；另一方面，路由表规模庞大，一旦网络发生变化，需要大范围调整路由信息，这项工作的难度和复杂性是人工所不能胜任的。因此，大型互连网络中主要使用的是动态路由。

2．动态路由

动态路由是指路由器采用某种路由算法，根据网络的实际情况自动建立路由信息。路由器之间通过适时交换路由更新信息或网络链路状态信息来维护它们的路由表；动态路由协议可通过网络发现使路由器彼此间共享远程网络的可达性和状态信息，每个协议在确定其他路由器位置以及更新和维护路由表的时候，会发送和接收数据包，将远程网络添加至路由表中。此外，通过动态路由协议获知的路由用相应协议来标识。动态路由选择协议由此有三种范畴：距离向量、链路状态和混合型。每种路由选择协议类型在与相邻路由器共享路由选择信息和选择到达接收站的最佳路径时采用的方法各不相同。在路由表中，用"R"代表 RIP，用"O"代表 OSPF，所有路由协议都分配了协议的管理距离。

路由更新通常涉及整个或者一部分路由表。动态路由算法分析收到的路由更新消息，如果确认网络发生了改变，就引发重新计算最佳路由，并根据计算结果实时调整和维护路由表，以适应网络的拓扑结构和通信流量的变化。许多路由算法能够利用收到的网络链路状态信息创建完整的网络拓扑，从而计算出到达目的地的最佳路由。

动态路由的优点是可以自动根据网络的实际情况来生成路由表，并且能够对网络的变化做出反应，实时更新路由表，因而适用于大型的、复杂多变的互连网络。

通过查询路由选择信息表，路由器可以决定在哪一跳上发送数据包；通过查询路由表，可以允许数据包需要选择经过的下一个路径段，而不是选择到达最终目的地的整个路径。当数据包达到下一个路由器时，下一个路由器将选择下一跳，以发送数据包。动态路由选择协议包括动态配置路由选择信息表的方法。路径选择的基础也是动态路由选择协议内的标准。动态路由选择的主要优点是，如果存在多个路由，而且其中的一个由于路由器故障而无法工作时，到远程网络的路由可以自动重新配置。这对于大型网络是一个优点。动态路由是可缩放的和自适应的。

3．动态和静态路由选择的混合解决方案

动态路由选择协议算法（如 RIP、IGRP 和 OSPF 等）可根据发生在互连网络中的改动而进行调整。在互连网络上定期发出的更新由接收路由器进行分析，以决定互连网络的拓扑结构是否发生变化。在互连网络拓扑结构发生变化的情况下，路由器再次运行它们的路径选择算法，然后用选择的路由更新它们的路由选择表。

动态路由和静态路由选择的混合解决方案可以用于增加网络的稳定性。在这种方法中，静态路由被指定为默认路由或最后路由器。如果没有路由选择条目匹配目的地址，则数据包将传递到默认路由。这看起来并不是最佳的解决方案，因为不可被路由的数据包看起来是没有用途的，然而，在一个连接到更大的互连网络时，它是自我包含的，而且并不与其他互连网络交换路由选择信息，则它会是较好的选择。

【例 8-3】 在图 8-7 中，公司具有内部局域网，局域网尽在向公司的用户发送电子邮件或传送文件时才与连接在 Internet 上的用户共享路由选择信息，虽然互连网络知道 192.168.1.0、192.168.3.0、192.168.4.0 和 192.168.5.0 网络，也注意到了指向 Internet 的网络 202.12.37.0，然而网络不会与 Internet 上的其他网络共享信息，因为这将增加所有路由的日常开销，而严重降低路由器性能。混合解决方案可以解决所有不可被路由的数据包的转发问题，192.168.1.0、192.168.3.0、192.168.4.0、192.168.5.0 和 202.12.37.0 网络的数据包均可以使用一条默认路由，使数据包经过路由器 D 的接口 202.12.37.67，将数据转发到 Internet。

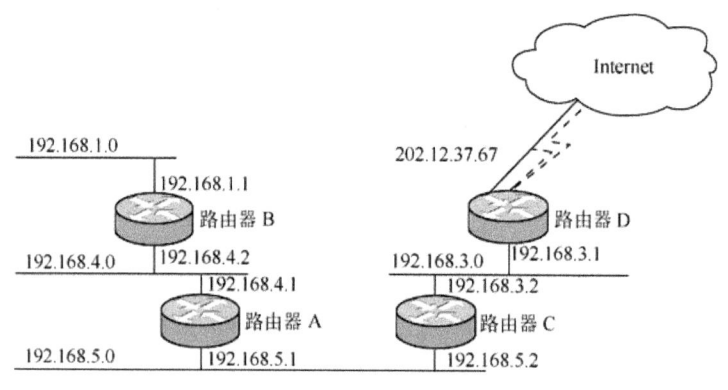

图 8-7 默认路由

一些路由算法允许对路由选择表进行集中控制。集中路由器将搜集来自所有路由器的路由选择信息，然后将它们的路由选择表分配给它们。中心控制的优点就是使正在工作的路由器从路由计算的开销中解放出来，而且保持路由选择表的一致性，缺点是中心控制路由器中存在单点故障。

大多数路由选择协议都是分布式的，因而允许路由器出现故障。每个路由器保留自己的路由选择表。为同步路由选择表，或聚合，一些路由选择协议允许路由器定期互相更新它们的网络链路的状态。

一些路由选择协议允许网络出现故障，因为它们支持多个"存活"或富余的到相同目的网络的路由。在这种情况下，某个路由器可能无法达到某个网络段，但是另一个路由器可以达到那个网络。进一步而言，一些路由选择协议允许通过达到某个目的地的多个富余路由对网络通信量进行平衡。一些协议为每个路由保留次优或可用后备的条目，这样当主要路由出现问题时，通信不会中断。

8.3.3 有类路由和无类路由

根据在路由更新时是否携带网络掩码划分，路由可分为有类（Classful）路由和无类（Classless）路由。

1. 有类路由协议

有类路由协议在路由信息更新过程中不发送子网掩码信息，只发送路由条目，路由器按照标准 A、B、C 类进行汇总处理。最早出现的路由协议（如 RIP）都属于有类路由协议。当与外部网络交换路由信息时，接收方路由器将不会知道子网情况，因为子网掩码信息没有被包括在路由更新数据包中，所以运行有类路由协议的路由器在接收到路由条目后，进行如下判断。

① 如果路由更新信息中的路由条目与自己的接收接口地址属于同一主类网络（A 类、B 类和 C 类），路由器则使用自己接口上的子网掩码作为接收到的路由条目的网络掩码。

② 如果路由更新信息中的路由条目与自己接收接口地址不属于同一主类网络，路由器则根据接收到的路由条目所属的地址类别采用默认的主类网络掩码。

尽管直至现在，某些网络仍在使用有类路由协议，但由于有类协议不包括子网掩码，因此并不适用于所有网络环境。如果网络使用多个子网掩码划分子网，那么就不能使用有类路由协议。也就是说，有类路由协议不支持 VLSM（可变长子网掩码）。有类路由协议包括 RIPv1、IGRP 等。

【例 8-4】 在网络中有 3 台路由器设备 RA、RB 和 RC（见图 8-8）。3 台设备均运行有类路由协议，路由器接收路由条目并生成路由表。

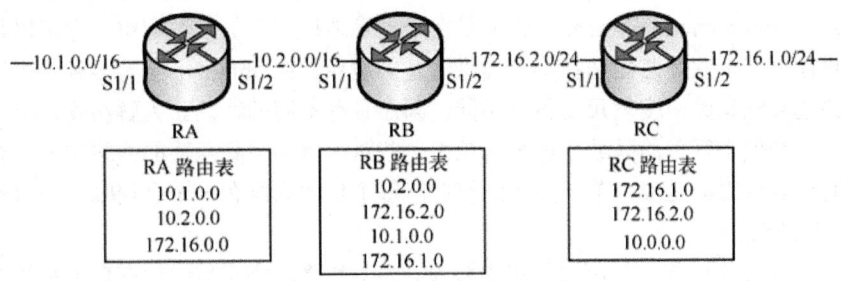

图 8-8　有类路由协议案例

根据有类路由，在规划网络时可以使用子网，但要求属于同一主网的所有子网必须使用相同掩码，且在规划网络时应使属于同一主网的子网连续，因此 RA 生成的路由表中产生了两个路由信息 10.1.0.0 和 10.2.0.0，RB 生成的路由表中产生了两个路由信息 172.16.2.0 和 10.2.0.0，RC 生成的路由表中产生了两个路由信息 172.16.2.0 和 172.16.1.0。所有子网路由信息在到达主网边界时都被丢弃，即当路由信息跨越主类网络时，只通告相应的主类网络路由。RA 与 RB 交换子网路由，产生新路由 172.16.0.0；RB 与 RA、RC 交换子网路由，产生新路由 10.1.0.0 和 172.16.1.0；RC 与 RB 交换子网路由，产生新路由 10.0.0.0。

当属于同一主网的子网不连续时，路由器则会出现错误判断，因此当使用有类路由协议时需要谨慎规划网络地址，除了保证子网连续外，还必须保证同一主网内的子网掩码相同。如果掩码不同，会造成路由表不正确。

2. 无类路由协议

无类路由协议在交换路由信息时都携带子网掩码，克服了有类路由协议在交换路由信息时不携带子网掩码的不足，因此可以构建更精确的路由表。无类路由协议包括 RIPv2、OSPF、IS-IS、BGPv4 等。

【例 8-5】 在网络中有 3 台路由器设备 RA、RB 和 RC（见图 8-9）。3 台设备均运行无类路由协议，路由器接收路由条目并生成路由表。

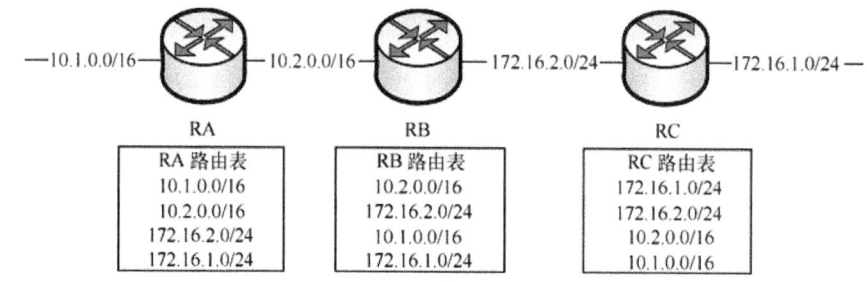

图 8-9 无类路由协议案例

因为无类路由协议在进行路由信息传递时,包含子网掩码信息,支持 VLSM(变长子网掩码),因此在生成的路由表中均有子网掩码。

无类路由协议携带子网掩码,因此可以人工执行路由归纳,也可以在任意位归纳;不限制其子网掩码长度,对于子网不连续的路由问题予以解决。

8.3.4 内部网关和外部网关

自治系统(Autonomous System,AS)是在一个管理控制下的一组网络,它可以是公司、公司的分布或集团公司,它为路由选择协议提供清楚的边界。在 Internet 上有多种路由协议,由于它们使用的路选算法和路由度量尺度各不相同,因而具有不同的特性。为解决管理上的问题,网络被分割成一个个便于管理的区域,每个区域由一些路由器和与其互连的网络构成,有着统一的管理策略,对外表现出的是一个单一实体的属性。每个自治系统有一个全局唯一的自治系统号,其范围是 1~65535。

动态路由协议分为内部或外部网关路由协议。大多数路由协议是运行在自治系统内部的路由器上的,属于内部网关协议,如 RIP、IGRP、EIGRP、OSPF 等。边界网关协议 BGP 工作在自治系统之间,处在系统的边缘上,属于外部网关协议,它仅仅交换所需的最少信息,用以确保自治系统之间的通信。自制系统号(AS 号)分为公有 AS 号和私有 AS 号,如果要接受来自 Internet 的 BGP 路由,那就需要一个公有 AS 号;如果只需要将自己的内部网络划分成不同的系统,那么只需要使用私有 AS 号。

1. 内部网关协议(Interior Gateway Protocol,IGP)

内部网关路由协议是指在单个自治系统中处理路由选择的路由选择协议,它考虑在一个公共网络管理之下网络中的路由,包括 RIP、OSPF 和中间系统到中间系统的 IS-IS 等。比如 IGRP,当配置 IGRP 时,必须输入自治系统的编号,这个 AS 号可以被看成一个路由域,IGRP 路由只与在同一 AS 号中的其他路由器交换。因此,IGRP 是一个内部网关路由协议,并且只考虑相同 AS 的路由。

2. 外部网关(Exterior Gateway Protocol,EGP)

外部网关路由协议处理不同自治系统间的路由选择,被用来交换不同自治系统或者不共享公共管理的网络之间的路由信息。边界网关协议(Border Gateway Protocol,BGP)就是外部网关协议,它在 Internet 上广泛用于不同的路由系统、自治系统和区域之间传递路由信息。图 8-10 是 IGP 和 EGP 示例。

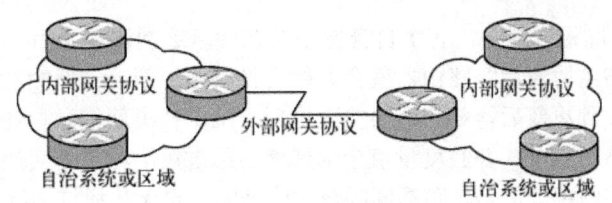

图 8-10　IGP 和 EGP 示例

8.3.5　距离向量路由选择和链路状态路由选择

动态路由选择协议可以按照它们互相通信，以确定路由选择信息表的方式进行分类。动态路由选择协议分为距离向量路由选择协议和链路状态路由选择协议。

1．距离向量路由选择协议

（1）距离矢量的含义

距离矢量路由（Distance-Vector Routing）算法简称 D-V 算法，以 R.E.Bellman、L.R.Ford 和 D.R.Fulkerson 所做工作为基础，因此又称为 Bellman-Ford 或者 Ford-Fulkerson 算法。该算法是用距离和方向矢量通告路由，计算网络中链路的距离矢量，然后根据计算结果进行路由选择。

每台路由器在信息上都依赖于自己的相邻路由器，而它的相邻路由器又通过自己的相邻路由器学习路由，就好像街边巷尾的小道新闻——一传十，十传百，很快就能弄到家喻户晓了。正因为如此，一般把距离矢量路由协议称为"依照传闻的路由协议"。距离使用诸如跳数这样的度量确定，而方向则是下一跳路由器或送出接口。使用距离矢量路由协议的路由器并不了解到达目的网络的整条路径，该路由器只知道：

◇ 应该往哪个方向或使用哪个接口转发数据包。
◇ 自身与目的网络之间的距离。

例如，在图 8-8 中，RA 知道到达网络 172.16.1.0/24 的距离是 2 跳，方向是从接口 S1/2 到 RB。

（2）距离矢量算法

D-V 算法的基本思想是在相邻路由器之间周期性地交换各自的路由表副本。当网络的拓扑结构发生变化时，路由器之间也会及时互通变更信息。路由表中的每条记录就是从该路由器到达某个目标网络的最佳路由，其中包含目标网络号、到达目的地的路径的下一路由器的入口地址和该路由的距离矢量。典型的距离向量路由选择协议有 IGRP、RIP 等。

距离矢量算法的思路是每个路由器维护一张矢量表，矢量表中列出了当前已知到每个目标的最佳距离，以及所使用的线路。通过在邻居之间相互交换信息，路由器不断更新它们内部的路由表。距离矢量路由算法号召每个路由器在每次更新时发送它的整个路由表，但仅仅给它的邻居。距离矢量路由算法倾向于路由循环，但比链路状态路由算法计算更简单。

距离矢量路由算法如下。

① 当路由器冷启动或通电开机时，它完全不了解网络拓扑结构，甚至不知道在其链路的另一端是否存在其他设备。路由器唯一了解的信息来自自身 NVRAM 中存储的配置文件中的信息。当路由器成功启动后，它将应用所保存的配置。如果正确配置了 IP 地址，则路由器将首先发现与其自身直连的网络。

② 路由器初次发现相连网络，有了自身网络的初始直连网段信息后，路由器就会开始初次交换路由信息：配置路由协议后，路由器就会开始交换路由更新。一开始，这些更新仅包含有关其直连网络的信息。收到更新后，路由器会检查更新，从中找出新信息。任何当前路由表中没有的路由都将被添加到路由表中，并且度量值全部递增。经过第一轮更新交换后，每台路由器都能获知其直连邻居的相连网络。但是，距离间隔较大的网络信息无法通过初次交换学到。

③ 路由信息二次交换。通过初次路由交换，路由器已经获知与其直连的网络，以及与其邻居相连的网络。接着路由器开始交换下一轮的定期更新，并继续收敛。每台路由器再次检查更新并从中找出新信息，获得各自邻居新的路由表，以完善路由表，并将新增加的路由度量值递增。

④ 在自治系统中，经过多次路由发送和收敛，最终通过更新所有路由器上的路由选择表，最终每台路由器均学到了全网拓扑结构。

（3）距离矢量路由协议特征

一些距离矢量路由协议需要路由器定期向各邻居广播整个路由表。这种方法效率很低，因为这些路由更新不仅消耗带宽，而且处理起来也会消耗路由器的 CPU 资源。

距离矢量路由协议有一些共同特征：

① 按照一定的时间间隔发送定期更新（RIP 的间隔为 30 秒，IGRP 的间隔为 90 秒），即使拓扑结构数天都未发生变化，定期更新仍然会不断地发送给所有邻居。

② 邻居指使用同一链路并配置了相同路由协议的其他路由器。路由器只了解自身接口的网络地址以及能够通过其邻居到达的远程网络地址，对于网络拓扑结构的其他部分则一无所知。使用距离矢量路由的路由器不了解网络拓扑结构。

③ 广播更新均发送到 255.255.255.255。配置了相同路由协议的相邻路由器将处理此类更新。所有其他设备也会在第 1、2、3 层处理此类更新，然后将其丢弃。一些距离矢量路由协议使用组播地址而不是广播地址。

④ 定期向所有邻居发送整个路由表更新。接收这些更新的邻居必须处理整个更新，从中找出有用的信息，并丢弃其余的无用信息。某些距离矢量路由协议（如 EIGRP）不会定期发送路由表更新。

（4）距离矢量路由协议存在的问题和解决方案

距离矢量路由协议算法尽管管理上比较简单，易于实现，但存在以下问题：

① 算法的路由更新报文包含整个路由表的副本，需要耗费大量的时间用于交换和记录信息，因此该算法的收敛速度较慢。通常，网络收敛所需的时间与网络的规模成直接比例，可以根据路由协议传播此类信息的速度即收敛速度来比较路由协议的性能。达到收敛的速度包含两方面：

◇ 路由器在路由更新中向其邻居传播拓扑结构变化的速度。

◇ 使用收集到的新路由信息计算最佳路径路由的速度。

网络在达到收敛前无法完全正常工作，因此，网络管理员更喜欢使用收敛时间较短的路由协议。

② 如果网络规模较大，当路由迅速改变时，某些节点可能无法及时更新，从而拥有不正确的路由信息。因此该算法的网络规模伸展性差。许多距离矢量协议采用定期更新与其邻居交换路由信息，并在路由表中维护最新的路由信息，如 RIP 和 IGRP 均属于此类协议。这里，定期更新是指路由器以预定义的时间间隔向邻居发送完整的路由表。对于 RIP，无论拓扑结构是否发生变化，这些更新都将每隔 30 秒钟以广播的形式（255.255.255.255）发送出去。这个 30 秒的时间间隔便是路由更新计时器，它还可用于跟踪路由表中路由信息的驻留时间。每次收到更新后，

路由表中路由信息的驻留时间都会刷新。这种方法可在拓扑结构发生改变时维护路由表中的信息。其中，链路故障、增加新链路、路由器故障、链路参数改变等均是造成拓扑结构发生变化的原因。

③ 距离矢量路由协议算法容易产生路由循环。比如，环路内的路由器占用链路带宽来反复收发流量；路由器的 CPU 因不断循环数据包而不堪重负；路由器的 CPU 承担了无用的数据包转发工作，从而影响到网络收敛；路由更新可能会丢失或无法得到及时处理，引起更多的路由环路，使情况进一步恶化；数据包可能丢失在"黑洞"中等问题，这些问题会导致网络性能降低，甚至使网络瘫痪，因此必须采取各种预防措施。路由环路是指数据包在一系列路由器之间不断传输却始终无法到达其预期目的网络的一种现象。当两台或多台路由器的路由信息中存在错误地指向不可达目的网络的有效路径时，就可能发生路由环路。路由环路一般是距离矢量路由协议引发，目前有多种机制可以消除路由环路。这些机制包括定义最大度量，以防止计数至无穷大、抑制计时器、水平分割、路由毒化或毒性反转、触发更新等。

◇ 水平分割

水平分割（Split Horizon）是一种避免路由环的出现和加快路由汇聚的技术。由于路由器可能收到它自己发送的路由信息，而这种信息是无用的，水平分割技术不反向通告任何从终端收到的路由更新信息，而只通告那些不会由于计数到无穷而清除的路由。水平分割法的规则和原理是：路由器从某个接口接收到的更新信息不允许再从这个接口发回去。水平分割的优点是能够阻止路由环路的产生，能够减少路由器更新信息占用的链路带宽资源。

◇ 毒性反转

毒性反转（Poison Reverse）。在基于路由信息协议的网络中，当一条路径信息变为无效之后，路由器并不立即将它从路由表中删除，而是用 16 即不可达的度量值将它广播出去，这叫做毒性反转。这样虽然增加了路由表的大小，但对消除路由循环很有帮助，它可以立即清除相邻路由器之间的任何环路。利用毒性反转进行路径水平分割，包括更新的路径，但将其距离设成无限大。从效果上来说，这就相当于在传播那些路径无法到达的信息。

◇ 触发更新

若网络中没有变化，则按通常的 30 秒间隔发送更新信息。但若有变化，路由器就立即发送其新的路由表。这个过程叫做触发更新。

触发更新可提高稳定性。每一个路由器在收到有变化的更新信息时就立即发出新的信息，这比平均的 15 秒要少得多。虽然触发更新可大大地改进路由选择，但它不能解决所有的路由选择问题。例如，用这种方法不能处理路由器出故障的问题。

◇ 抑制计时器

如果一条路由更新的跳数大于路由表已记录路由的条数，就会引起该路由进入长达 180 秒（即 6 个路由更新周期）的抑制状态阶段。在抑制计时器超时前，路由器不在接收关于这条路由的更新信息。抑制计时器的好处是可以有效地防止一条链路忽涌忽断而导致整个网络内的路由器的路由表跟着它不停的改变的现象，这种现象也称作路由抖动。

抑制计时器用于阻止定期更新的消息在不恰当的时间内重置一个已经坏掉的路由。抑制计时器告诉路由器把可能影响路由的任何改变暂时保持一段时间，抑制时间通常比更新信息发送到整个网络的时间要长。当路由器从邻居接收到以前能够访问的网络现在不能访问的更新后，就将该路由标记为不可访问，并启动一个抑制计时器。如果再次收到从邻居发送来的更新信息，包含一个比原来路径具有更好度量值的路由，就标记为可以访问，并取消抑制计时器。如果在抑制计时器超时之前从不同邻居收到的更新信息包含的度量值比以前的更差，更新将被忽略，这样可以有更多的时间让更新信息传遍整个网络。

2. 链路状态路由选择协议

链路状态（Link State）路由选择协议的目的是映射互连网络的拓扑结构，每个链路状态路由器提供关于它邻居的拓扑结构的信息，这些信息包括：路由器所连接的网段（链路），那些链路的情况（状态）。

这个信息在网络上泛洪，目的是使所有的路由器可以接收到即时信息。链路状态路由器并不会广播包含在它们的路由表内的所有信息。相反，链路状态路由器将发送关于已经改动的路由的信息。链路状态路由器将向它们的邻居发送呼叫消息，这称为链路状态数据包（Link-State Packet，LSP）或者链路状态通告（Link-State Advertisement，LSA）。然后，邻居将 LSP 复制到它们的路由选择表中，并传递那个信息到网络的剩余部分。这个过程即泛洪（flooding）。它的结果是向网络发送即时信息，为网络建立更新路由的准确映射。

链路状态路由选择协议使用称为"代价"的方法，而不是使用"跳"。代价是自动或人工赋值的，根据链路状态协议的算法，代价可以计算数据包必须穿越的跳数目、链路带宽、链路上的当前负载，或者甚至其他由管理员加入的权重来评价。

链路状态路由选择协议的主要优点是：不会形成路由循环，原因是链路状态协议建立它们自己的路由选择信息表的方式；在链路状态互连网络中聚合非常快，原因是一旦路由拓扑出现变动，则更新在互连网络上迅速泛洪。这些优点又释放了路由器的资源，因为更新路由信息所花费的处理能力和带宽消耗都很少。

8.3.6 路由协议性能比较

路由协议性能的好坏可以根据以下特征来比较。

① 收敛时间：指网络拓扑结构中的路由器共享路由信息，并使各台路由器掌握的网络情况达到一致所需的时间。收敛速度越快，协议的性能越好。在发生了改变的网络中，收敛速度缓慢会导致不一致的路由表无法及时得到更新，从而可能造成路由环路。

② 可扩展性：即根据一个网络所部署的路由协议，该网络能达到的规模。网络规模越大，路由协议需要具备的可扩展性越强。

③ 无类（使用 VLSM）或有类路由协议：无类路由协议在更新中会提供子网掩码，支持使用可变长子网掩码（VLSM），路由的效果也更好。有类路由协议不包含子网掩码且不支持 VLSM。

④ 资源使用率：包括路由协议的要求（如内存空间）、CPU 利用率和链路带宽利用率。资源要求越高，对硬件的要求越高，如此才能对路由协议工作和数据包转发过程提供有力支持。

⑤ 实现和维护：实现和维护体现了对于所部署的路由协议，网络管理员实现和维护网络时必须要具备的知识级别。

8.4 网络维护

8.4.1 IP 地址配置方式

构建路由技术的前提是三层设备使用的接口均具有网络中唯一的 IP 地址。配置设备端口 IP 地址的命令如下：

① 在全局模式下，进入需要配置的设备接口的接口配置模式：

Router(config)# interface *interface-type interface-id*

② 在接口模式下，配置 IP 地址，并开启端口：

Router(config-if)#ip address *ip-address subnet-mask*
Router(config-if)#no shutdown

【例 8-5】 为图 8-8 路由器 RA 配置 IP 地址。

路由器 RA 上的活动端口为 Serial 1/1 端口和 Serial 1/2 端口，假设 Serial 1/1 端口的 IP 地址为 10.1.0.1/16，Serial 1/2 端口的 IP 地址为 10.2.0.1/16。这里仅对于 RA 路由器的 S 1/1 接口做具体配置，具体配置命令为：

RA(config)# interface serial 1/1
RA(config-if)#ip address 10.1.0.1 255.255.0.0
RA (config-if)#no shutdown

8.4.2 IP 网络的监控和维护

在路由器中可以删除一些特定缓冲、表、数据库的全部内容，也可以显示指定的网络状态。监视和维护 IP 网络的内容包括两方面：清除 IP 路由表，显示系统和网络统计量。

1. 清除 IP 路由表

路由表的更新是靠路由协议自动维护的，但有时可能觉得路由表中存在无效路由，或者一些特殊的配置要求执行该动作来体现最新的变化，这时需要手工清除路由表以刷新路由表。如果要清除路由表，在命令执行模式中执行以下命令：

Router#clear ip route {*network* [*mask*]|*}   清除路由表

其中，如果选择"*"，则表示删除所有路由。执行清除 IP 路由表一定要谨慎，因为该动作的结果会造成网络临时中断。如果能通过清除部分路由达到目标，就尽量不要清除全部的路由。

2. 显示系统和网络统计量

显示 IP 路由表、缓冲、数据库的所有内容，通过这些信息对网络故障的排除十分有帮助。通过显示本地设备网络的可达到性，可以知道数据包在离开本设备后将往哪条路径发送。

① 要显示 IP 路由表当前状态，在特权模式下执行命令：

Router#show ip route [*network* [*mask*] [*longer-prefixes*]] [*protocol* [*process-id*]]

② 显示 IP 路由表当前状态的摘要，在特权模式下输入命令：

Router#show ip route summary

③ 显示 RIP 路由信息，在特权模式下输入命令：

Router#show ip route rip

④ 显示 IP 路由摘要，在特权模式下输入命令：

Router#show ip route summary

习题 8

1. 度量值的计算方法是什么？
2. 有类路由协议和无类路由协议有什么区别？

3. 距离矢量协议和链路状态协议有什么区别?
4. 哪些是可被路由的协议?
   A. IP B. IPX C. RIP D. OSPF
5. 路由协议分为哪两种?
6. 动态路由协议的开销大,还是静态路由的开销大?为什么?

第 9 章 基本路由选择

在学习了 IP 帧结构和路由选择协议的基本类型和特点后,本章将对静态路由和 RIP 路由进一步介绍,并结合 VLAN 技术,学习 VLAN 间路由。通过本章的学习,读者应掌握静态路由、默认路由的工作原理和配置方法,熟悉动态路由协议的使用方法,掌握 RIP 路由协议的原理和配置方法,理解静态路由和动态路由之间的使用范畴。

9.1 静态路由工作原理

静态路由是手工配置的路由,它使得到达指定目标网络的数据包的传送能按照预定的路径进行。一个静态路由选择"算法"仅仅是定义了一张路由选择表,它由网络管理员创建,目的是允许在合理网络上进行路由选择。在没有管理员人工改变的情况下,路由选择表永远不会变化。

静态路由选择在网络变化频繁出现的环境中并不会工作得很好。在大型和经常变动的互连网络中,静态路由选择是不可行的。然而,在小型的、自我包含的、很少变动的互连网络中,静态路由选择可以很好地工作。最适合使用静态路由的情况如下:

- ◆ 链路的带宽较低(如拨号链路),不希望它们传输动态路由选择更新。
- ◆ 管理员想完全控制路由器使用路由。
- ◆ 需要为动态路由提供一条备用路由。
- ◆ 前往只有一条路径可以到达的网络(末节网络)。
- ◆ 路由器不够强大,没有足够的 CPU 或内存资源来运行动态路由选择协议。
- ◆ 需要让路由器看作直连路由。

特别是,当 RGNOS 软件不能学到一些目标网络的路由时,配置静态路由就会显得十分重要。
配置静态路由,在全局配置模式中执行以下命令:

Router(config)#ip route *network network-mask*
{*ip-address* | *interface-type interface- number*} [distance] [permanent]

其中:

- ◆ network 是目的网络或子网。
- ◆ network-mask 是子网掩码。
- ◆ ip-address 是下一跳路由器的 IP 地址。
- ◆ interface-type 是用来访问目的网络接口的类型名称。
- ◆ interface-number 是接口号。
- ◆ distance 是一个可选参数,用来定义管理距离。
- ◆ permanent 是一个可选参数,用于确保某个路由不会被删除,既便是它的相关接口已经被关掉。

当错误配置静态路由时,删除静态路由的命令如下:

Router(config)#no ip route *network network-mask*
{*ip-address* | *interface-type interface-number*} [distance]

【例9-1】 局域网络通过路由器 A 和其他网络进行连接,另一个承接网络通过路由器 B 与外界连接,路由器 A 和路由器 B 直连(见图 9-1)。

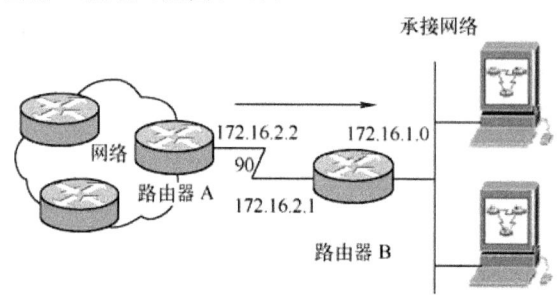

图 9-1　静态路由的配置案例

由路由器 A 到承接网络的静态路由的配置如下:
　　RouterA(config)#ip route 172.16.1.0 255.255.255.0 172.16.2.1
其中:
◇ ip route 为静态路由命令的关键命令设定。
◇ 172.16.1.0 指定了目的网络的网络号。
◇ 255.255.255.0 表示目的网段的子网掩码。
◇ 172.16.2.1 指出了在通往目的网络路径上的下一跳路由器的入口 IP 地址。

对路由器 A 来说,分配一个到承接网络的静态路由是合适的,因为,路由器 A 要访问图中的承接网络,只有一条路径可用;如果要进行双向的信息交流,还必须在反方向上配置一个路由。

9.2　默认路由

默认路由是一类特殊的静态路由,如果源地址到目的地址的路由未知,或者当路由选择表中存放所有可能路由的信息不可行的时候会使用默认路由。默认路由与静态路由配置方式相比较,默认路由的目的地址网段号和子网掩码配置内容均使用 0.0.0.0,以表示任意网段。

【例9-2】 在图 9-1 中,承接网络需要通过路由器 B 来转发所有数据帧,因为目的网络并没有明确列在由路由器 B 到路由器 A 的路由选择表中。此路由允许承接网络访问位于路由器 A 之上的所有已知网络。

为了实现转发,要在路由器 B 中配置默认路由,应在全局模式下输入下面的命令:
　　RouterB(config)#ip route 0.0.0.0 0.0.0.0 172.16.2.2
其中:
◇ ip route 标识静态路由命令。
◇ 0.0.0.0 去往一个未知的子网的路由。
◇ 0.0.0.0 指定表示默认路由的特殊掩码。
◇ 172.16.2.2 指定转发数据包下一跳路由器的入口 IP 地址。

这条命令表示由路由器 B 转发的所有未知数据包,均转发给下一跳地址 172.16.2.2。

如果没有执行删除动作,RGNOS 软件将永久保留静态路由。但是可以用动态路由协议学到得更好路由来替代默认路由。更好的路由是指管理距离更小的距离,包括静态路由在内所有的路由都携带管理距离的参数。

默认路由是当数据在查找转发方向时，发现没有明显可以使用的路由选择信息，而为数据指定的路由。如果路由器有一个连接到小型网络段的连接和一个到具有多个IP子网的大型互连网络连接时，那么连接到不同子网的接口最好设置为默认路由，因为路由器收到的任何数据包将通过默认路由对应的接口转发出去。此外，一旦路由器无法确认到所有其他网络的路由，也最好使用默认路由。指定默认路由器的一种方法是规定某个路由器作为灵巧路由器（smart router）。灵巧路由器包含整个互连网络的路由信息，作为互连网络上所有其他路由器的默认路由器，可用于动态路由选择协议重新分配默认路由，或者为每个路由器单独人工设置默认路由器。

在两种情况下，需要启用IP无类别命令ip classless（在全局配置模式下）：
◇ 当数据包中的目的网段对路由器而言未知，但路由器可知该目的网段的主类网段，子网的数据包转发到最佳超网路由。
◇ 当数据包中的目的网段对路由器而言未知，子网的数据包转发到默认路由。

除上述两种情况外，如果不启用ip classless，路由器会丢掉该数据包。默认情况下，路由器已经启用了ip classless，要关闭该功能可以用no ip classless命令。

静态路由是这样的一种路由，通过人工输入到路由选择表中。静态路由选择有如下优点：
① 不需要动态路由选择协议，这减少了路由器的日常开销；② 在小型互连网络上很容易配置；
③ 可以控制路由选择。

9.3 完整静态路由配置应用实例

本实例目的在于实现网络的互连互通，从而实现信息的共享和传递。搭建网络时，需要用到的设备包括：路由器（2台）、V35线缆（1对）、PC（2台）、直连线或交叉线（2条）。搭建好的网络拓扑图如图9-2所示。

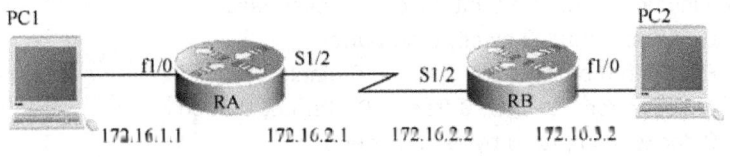

图9-2 配置静态路由

这里，普通路由器和主机相连时，需要使用交叉线。现在大部分路由器的以太网接口支持MDI/MDIX，因此可以直接使用直连线实现网络连通。网络拓扑搭建完后，通过设备的console端口可以对路由器A做如下配置。

步骤1：在路由器RA上配置F 1/0接口的IP地址为172.16.1.1/24，S 1/2接口的IP地址为172.16.2.1/24，并配置串口上的时钟频率。

```
RA#configure terminal
RA(config)#interface fastethernet 1/0
RA(config-if)#ip address 172.16.1.1 255.255.255.0
RA(config-if)#no shutdown
RA(config-if)#interface serial 1/2
RA(config-if)#ip address 172.16.2.1 255.255.255.0
RA(config-if)#clock rate 64000
RA(config-if)#no shutdown
```

RA(config-if)#end

其中，clock rate 64000 是指假设 RA 是 DCE 端，则需要配置 RA 的时钟频率，保证数据的同步传输。为了确保配置正确，可以使用 show ip interface brief 命令验证路由器接口的配置情况。

```
RA#show ip interface brief
    Interface           IP-Address(Pri)      OK?      Status
    serial 1/2          172.16.2.1/24        YES      UP
    serial 1/3          no address           YES      DOWN
    Fastethernet 1/0    172.16.1.1/24        YES      UP
    Fastethernet 1/1    no address           YES      DOWN
    Null 0              no address           YES      UP
```

这里，可以看到 serial 1/2 和 serial 1/3 端口的状态 Status 显示为 UP，表示端口已开启，并且对应的端口 IP 地址 IP-Address 正确。如果没有配置 IP 地址，则显示 "no address"。进一步验证 RA 路由器的配置情况还可以使用 show interface serial 1/2 命令。

```
RA# show interface serial 1/2
    serial 1/2 is UP  , line protocol is UP
    Hardware is PQ2 SCC HDLC CONTROLLER serial
    Interface address is: 172.16.2.1/24
       MTU 1500 bytes, BW 2000 Kbit
       Encapsulation protocol is HDLC, loopback not set
       Keepalive interval is 10 sec , set
       Carrier delay is 2 sec
       RXload is 1 ,Txload is 1
       Queueing strategy: WFQ
       5 minutes input rate 0 bits/sec, 0 packets/sec
       5 minutes output rate 0 bits/sec, 0 packets/sec
         0 packets input, 0 bytes, 0 no buffer
         Received 0 broadcasts, 0 runts, 0 giants
         0 input errors, 0 CRC, 0 frame, 0 overrun, 0 abort
         0 packets output, 0 bytes, 0 underruns
         0 output errors, 0 collisions, 2 interface resets
         0 carrier transitions
       V35 DCE cable
       DCD=up DSR=up   DTR=up  RTS=up   CTS=up
```

命令 show interface serial 1/2 是用来具体查看 S1/2 端口详细配置情况的，在显示的结果中可以看到 "serial 1/2 is UP,line protocol is UP"，这是端口的状态。其中，"serial 1/2 is UP" 表示 serial 1/2 的物理端口已经被打开，"line protocol is UP" 表示端口的协议也正常运行。"Interface address is: 172.16.2.1/24" 给出了接口地址；"Encapsulation protocol is HDLC" 表示接口的封装协议使用的是默认协议 HDLC。

步骤 2：在路由器 A 上配置静态路由。

```
RA#config terminal
RA(config)#ip route 172.16.3.0 255.255.255.0 172.16.2.2
RA(config)#end
```

对 RA 设置静态路由的另外一种写法是：

```
RA(config)#ip route 172.16.3.0 255.255.255.0 serial 1/2
```

在经过的路径上不使用下一跳 IP 地址，而使用本地路由接口号作为转发路径，这样的好处是不需要寻找其他设备的对应 IP 地址，但是在局域网的以太端口使用时会出现错误。因此建议使用下一跳的路径转发写法。

验证 RA 上的静态路由学习情况，可在全局模式下使用 "show ip route"。

```
RA#show ip route
    Codes:    C – connected, S – static,  R – RIP
         O – OSPF, IA – OSPF inter area
         N1 – OSPF NSSA external type 1, N2 – OSPF NSSA external type 2
         E1 – OSPF external type 1, E2 – OSPF external type 2
         * – candidate default
    Gateway of last resort is no set
    C     172.16.1.0/24 is directly connected,Fastethernet 1/0
    C     172.16.1.1/32 is local host
    C     172.16.2.0/24 is directly connected,Serial 1/2
    C     172.16.2.1/32 is local host
    S     172.16.3.0/24 [1/0] via 172.16.2.2
```

在反馈的信息中可以看到 "S 172.16.3.0/24 [1/0] via 172.16.2.2"，结合第 8 章所讲的内容可知，路由器学到了一条路由，这条路由的类型属于 "S" 即静态路由，其目标网段为 172.16.3.0，子网掩码为 255.255.255.0，"[1/0]" 说明这条路由管理距离值为 1，度量值为 0。"via 172.16.2.2" 说明要想到达 172.16.3.0 网段需要经过下一跳地址 172.16.2.2。

9.4 RIP 工作原理和配置

9.4.1 RIP 协议概述

路由信息协议（Routing Information Protocols，RIP）是使用最广泛的距离向量协议，它是由施乐公司（Xerox）在 20 世纪 70 年代开发的，专门为小型互联网而设计。经过多年的应用之后，被因特网协议组采纳，在 1988 年正式标准化为 RFC1058，1993 年又推出 RIP 的第二版 RIP v2，1994 年标准化为 RFC1723。

RIP 具有下列特性：

（1）RIP 是基于 D-V 算法的动态路由协议，其度量方法是跳数

每经过一台路由器，路径的跳数加 1。如果到相同目标有两个不等速或不同带宽的路由器，但跳跃计数相同，则 RIP 认为两个路由是等距离的。RIP 会优先选择跳数少的路径。RIP 支持的最大跳数是 15，跳数为 16 的网络被认为不可达。

（2）RIP 通过定时广播 UDP 报文来交换路由信息，使用的 UDP 端口号是 520

默认情况下，它的更新周期是 30s。每个路由器每隔 30s 向相邻节点广播自己的路由表，接到广播的路由器根据收到的信息更新自身的路由表。

（3）RIP 路由表的更新原则

对本路由表中已有的路由信息，当其来源相同时，只要度量的跳数有变化，就更新该路由项。如果跳距没有变化，就无需更新。如果来源不同，仅当新的跳距比原来小时，才更新该路由项。路由表中的每个路由项都对应一个超时定时器。通常，每 30s 就可以收到已有的路由项的一条更新信息。如果经过 180s（6 个更新周期），没有得到对端的更新报文，就将经过此端的路由信息标

为不可达（16）。一个路由项被标为不可到达之后，再过 120s（4 个更新周期），仍没有得到该端的更新报文，就从路由表中删除该路由。注意，这是 RFC 规定的一个路由项从标为不可达起保持的时间间隔，锐捷和思科路由器规定的这个时间间隔是 60s（2 个更新周期）。

（4）RIPv2 包括了很多对 RIPv1 的增强特性

最显著的是和路由相关的子网掩码被包含在路由更新报文中。原始 RIP 由于没有掩码，不能使用可变长子网掩码和路由聚合特征，因此不能分割地址空间以最大效率应用有限的 IP 地址。另外，RIPv2 增加了验证机制和报文组播等特性。

（5）RIP 的局限性

RIP 应用非常广泛，且使用简单、配置灵活。不同厂商的路由器都可以通过 RIP 互连。但由于其本身的原因，存在很大的局限性。

① RIP 只适用于小型的同构网络，因为它允许的最大路由节点数为 15，任何超过 15 个节点的目的地均被标记为不可达。而且 RIP 每隔 30s 一次的路由信息广播也是造成网络的广播风暴的重要原因之一。

② 收敛速度慢是 RIP 的主要问题。在 RIP 认识到路径不可到达前，它被设为等待，直到错过 6 次更新，即 180s。然后，在使用新路径更新路由表前，它等待另一个可行路径的下一个信息的到来。这意味着在备份路径被使用前至少经过了 3min，这对于多数应用程序的超时是相当长的时间。

③ RIP 的一个基本问题是它固定的路由度量。当选择路径时它忽略了链路的速度、延迟、负载等因素。例如，如果一条由所有快速以太网连接组成的路径比包含一个 10Mbps 以太网连接的路径多一个跳数，具有较慢 10Mbps 以太网连接的路径将被选为最佳路径。

④ RIP 的另一个明显不足是缺乏负载均衡能力。在具有多条可用链路的情况下，RIP 会选择首先知道的一条链路转发所有报文。当它收到一个更新报文，指出到达同一目的地的另一条链路具有最低的度量（跳距）时，它会停止使用第一条链路，改用第二条链路转发所有报文。

尽管 RIP 有如此之多的欠缺，但在小型互连网络中，RIP 在带宽使用、配置和管理时间上有一定优势。因此，它适用于网络拓扑结构相对简单且数据链路故障率极低的小型网络中。

9.4.2 RIP 路由工作原理

RIP 是 D-V 算法在局域网上的直接实现，RIP 将协议的参加者分为主动机和被动机两种。主动机主动地向外广播路径刷新报文，被动机被动地接受路径刷新报文。一般情况下，网关作为主动机，主机作为被动机。

RIP 规定，网关每 30 秒向外广播一个 D-V 报文，报文信息来自本地路由表。RIP 的 D-V 报文中，其距离以驿站计：与目的网络直接相连的网关规定为一个驿站，相隔一个网关则为两个驿站……依次类推。一条路径的距离为该路径（从源计算机到目的计算机）上的网关数。为防止寻径回路的长期存在，RIP 规定，长度为 16 的路径为无限长路径，即不存在路径。所以一条有限的路径长度不得超过 15。正是这一规定限制了 RIP 的使用范围，使 RIP 局限于小型的局域网点中。

对于相同开销路径的处理是采用先入为主的原则。在具体的应用中，可能会出现这种情况，去往相同网络有若干条相同距离的路径。在这种情况下，无论哪个网关的路径广播报文先到，就采用谁的路径。直到该路径失败或被新的更短的路径来代替。

RIP 协议对过时路径的处理是采用了两个定时器：超时计时器和垃圾收集计时器。所有机器对路由表中的每个项目对设置两个计时器。每增加一个新表，就相应增加两个计时器。当新的路由被安装到路由表中时，超时计时器被初始化为 0，并开始计数。每当收到包含路由的 RIP 消息，超时计时器就被重新设置为 0。如果在 180s 内没有接收到包含该路由的 RIP 消息，该路由的度量就被设置为 16，而启动该路由的垃圾收集计时器。如果 120s 过去了，也没有收到该路由的 RIP 消息，该路由就从路由表中删除。如果在垃圾收集计时器到 120s 之前，收到了包含路由的消息，计时器被清零，而路由被安装到路由表中。

慢收敛的问题及其解决的方法。包括 RIP 在内的 D-V 算法路径刷新协议，都有一个严重的缺陷，即“慢收敛”（slow convergence）问题，又叫“计数到无穷”（count to infinity）。如果出现环路，直到路径长度达到 16，也就是说，要经过 7 个来回（至少 30×7 秒），路径回路才能被解除，这就是所谓的慢收敛问题。采用的方法有很多种，主要采用有水平分割（split horizon）法和带触发更新的毒性逆转（Poison Reverse with Triggered updates）法等。水平分割法的原理是：当网关从某个网络接口发送 RIP 路径刷新报文时，其中不能包含从该接口获得的路径信息。毒性逆转法的原理是：某路径崩溃后，最早广播此路径的网关将原路径继续保存在若干刷新报文中，但是指明路径为无限长。为了加强毒性逆转的效果，最好同时使用触发更新技术：一旦检测到路径崩溃，立即广播路径刷新报文，而不必等待下一个广播周期。

9.4.3　RIP 报文的格式

对于 RIP 报文有两种版本的格式，Version 1 和 Version 2。两种报文稍有不同，如图 9-3 所示。

Version 1（0……31）

命令	版本	全零
地址族		全零
IP 地址		
全零		
全零		
度量值		
前 20 个字节的重复		

Version 2（0……31）

命令	版本	路由选择
地址族		路径标签
IP 地址		
子网掩码		
下一跳的 IP 地址		
度量值		
前 20 个字节的重复		

图 9-3　RIP 报文格式

主要报文字段的含义如下。

① 命令：取值范围是 1～5，但只有 1 和 2 是有效值。命令码 1 标识一个请求报文，命令码 2 标识一个相应报文。RIP 是一个基于 UDP 协议的，所以受 UDP 报文的限制一个 RIP 的数据包不能超过 512 字节。两个版本都包含一个地址族，对于 IP 地址该字段的值为 2，后面是一个 IP 地址和它的度量值（站点计数）。这些通告字段可重复 25 次。

② 版本：指生成 RIP 报文时所使用的版本，RIP 只有两个版本：版本 1 和版本 2。

③ 路由选择：路由选择域是路由程序用来决定路由更新信息归属（哪个域）的信息。一台机器通过使用路由选择域，就可以同时运行多个 RIP。

④ 路径标签：若干 RIP 支持外部网关协议（EGP），该字段包含一个自治系统号。

⑤ 子网掩码：该字段与报文中的 IP 地址相关。

⑥ 下一跳的 IP 地址：如果该字段为 0，则表明数据报应当发送到正在发送该 RIP 报文的机

器，否则，该字段包含一个 IP 地址，指明应将数据报发往何处。

从报文中可以看出，RIPv1 不能运行于包含有子网的自治系统中，因为它没有包含运行所需的子网信息——子网掩码。RIPv2 有子网掩码，因而它可以运行于包含有子网的自治系统中，这也是 RIPv2 对 RIPv1 有意义的改进。

9.4.4 RIP 协议的运行

网关刚启动时，运行 D-V 算法，对 D-V 路由表进行初始化，为每个与它直接相连的实体建一个表目，并设置目的 IP 地址，距离为 1（这里 RIP 和 D-V 略有不同），下一站的 IP 为 0，还要为这个表目设置两个定时器（超时计时器和垃圾收集计时器）。每隔 30s 就向它相邻的实体广播路由表的内容。

相邻的实体收到广播时，在对广播的内容进行细节上的处理之前，对广播的数据报进行检查。因为广播的内容可能引起路由表的更新，所以这种检查是细致的。首先检查报文是否来自端口 520 的 UDP 数据报，如果不是，则丢弃。否则看 RIP 报文的版本号：如果为 0，这个报文就被忽略；如果为 1，检查版本字段后 2 字节内容必须为 0 的字段，如果不为 0，忽略该报文；如果大于 1，不检查后 2 字节内容。之后对源 IP 地址进行检查，看它是否来自直接相连的邻居，如果不是来自直接邻居，则报文被忽略。如果上面的检查都是有效的，则对广播的内容进行逐项的处理。看它的度量值是否大于 15，如果是，则忽略该报文。然后检查地址族的内容，如果不为 2，则忽略该报文。再更新自己的路由表，并为每个表目设置两个计时器，初始化其为 0。就这样所有的网关都每隔 30s 向外广播自己的路由表，相邻的网关和主机收到广播后更新自己的路由表。直到每个实体的路由表都包含到所有实体的寻径信息。如果某条路由突然断了，或者其度量大于 15，与其直接相邻的网关采用水平分割或触发更新的方法向外广播该信息，其他实体在两个计时器溢出的情况下将该路由从路由表中删除。如果某个网关发现了一条更好的路径，它也向外广播，与该路由相关的每个实体都要更新自己的路由表的内容。

【例 9-3】 路由器中的路由表的建立过程，如图 9-4 所示。

初始加电时，所有路由器中的路由表只有路由器直连网络的情况。运行 RIP 后，路由表增加了一列，即从该路由表到目的网络上的路由器的"距离"。在图 9-4 中，"下一站路由器"项目中有符号"—"，表示直接交付。这是因为路由器和同一网络上的主机可直接通信而不需要再经过别的路由器进行转发。同理，到目的网络的距离也是零，因为需要经过的路由器数为零。粗的空心箭头表示路由表的更新，细的箭头表示更新路由表要用到相邻路由表传送过来的信息。

接着，各路由器都向其相邻路由器广播 RIP 报文，这实际上就是广播路由表中的信息。

假定路由器 R2 先收到了路由器 R1 和 R3 的路由信息，然后更新自己的路由表。更新后的路由表再发送给路由器 R1 和 R3。路由器 R1 和 R3 再分别进行更新。

RIP 存在的一个问题是：当网络出现故障时，要经过比较长的时间才能将此信息传送到所有路由器。例如，设三个路由器都已经建立了各自的路由表，现在路由器 R1 与网络 1 的连接线路已经断开。路由器 R1 发现后，将到网络 1 的距离改为 16，并将此信息发给路由器 R2。由于路由器 R3 发给 R2 的信息是"到网络 1 经过 R2 的距离为 2"，于是 R2 将此项目更新为"到网络 1 经过 R3 的距离为 3"，发给 R3。R3 再发给 R2 信息"到网络 1 经过 R3 的距离为 4"。这样一直到距离增大到 16 时，R2 和 R3 才知道网络 1 是不可达的。RIP 的这一特点叫做"好消息传播得快，而坏消息传播得慢。"像这种网络出故障的传播时间往往需要较长的时间，这是 RIP 的一个主要缺点。

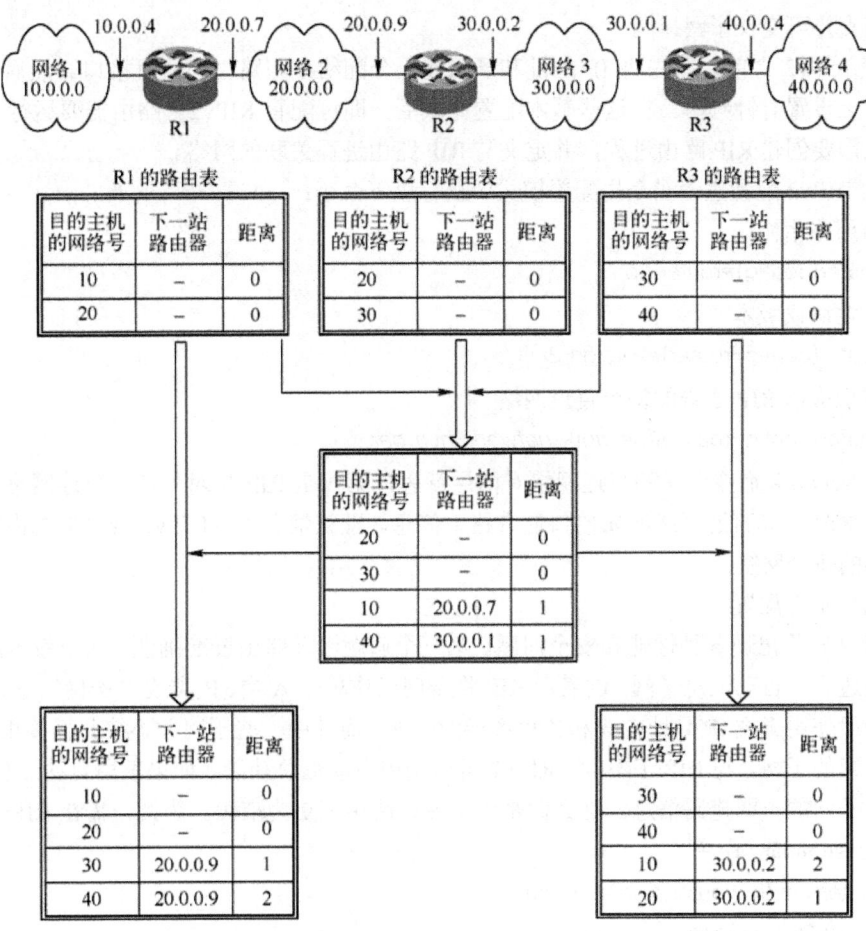

图 9-4　使用 RIP 协议时路由表的建立过程

9.4.5　RIP 路由配置方式及应用实例

RIP（Routing Information Protocol）是在小型以及同介质网络中得到了广泛应用的一种路由协议。RIP 采用距离向量算法，是一种距离向量协议。

RIP 使用 UDP 报文交换路由信息，UDP 端口号为 520。通常情况下，RIPv1 报文为广播报文，RIPv2 报文为组播报文，组播地址为 224.0.0.9。RIP 每隔 30s 向外发送一次更新报文。如果路由器经过 180s 没有收到来自对端的路由更新报文，则将所有来自此路由器的路由信息标志为不可达，若在 240s 内仍未收到更新报文，就将这些路由从路由表中删除。

RIP 使用跳数作为度量值来衡量到达目的地的距离。在 RIP 中，路由器到与它直接相连网络的跳数为 0，通过一个路由器可达网络的跳数为 1，其余依此类推，不可达网络的跳数为 16。

运行 RIP 的路由器可以从邻居学到默认路由，也可以自己产生默认路由。当满足以下条件之一，RGNOS 软件就会产生默认路由，并通告给邻居路由器：

◇ 配置了 ip default-network。
◇ 其他路由协议学到的默认路由或静态默认路由注入到 RIP 中。

RIP 将向指定网络的接口发送更新报文，如果接口的网络没有与 RIP 路由进程关联，该接口就不会通告任何更新的更新报文。RIP 有 RIPv1 和 RIPv2 两个版本，RIPv2 支持明文认证、MD5

密文认证和支持可变长子网掩码。

在配置 RIPv2 之前，首先将 IP 地址和子网掩码分配给参与路由的所有接口。然后，在合适的串行链路上设置时钟频率。在这些基本配置完成后，即可配置 RIPv2。路由器要运行 RIP 路由协议，首先需要创建 RIP 路由进程，并定义与 RIP 路由进程关联的网络。

基本的 RIPv2 配置包含在全局配置模式中执行以下命令：

（1）启用路由协议

  Router(config)#router rip

（2）指定协议版本

  Router(config-router)#version 2

（3）标识应由 RIP 通告的每个直连网络

  Router(config-router)#network *network-number*

其中，Network 命令定义的直连网络有两层意思，第一是 RIP 只对外通告直连网络的路由信息，第二是 RIP 只向直连网络所属接口通告路由信息。默认情况下，RIPv2 会将汇总内容通告给其有类边界的每个网络。

（4）路由汇总配置

使用 RIP 时将出现各种性能和安全问题。第一个问题涉及路由表准确性。两个版本的 RIP 都可以在有类边界上自动汇总子网，这表示 RIP 将子网当作单个 A 类、B 类或 C 类网络看待。但是，企业网络一般使用无类 IP 寻址方式和各种各样的子网，而其中一些子网并不彼此直接相连，这就产生了不连续的子网。与 RIPv1 不同，RIPv2 可以禁用自动汇总功能。如果禁用自动汇总，RIPv2 将报告所有子网的子网掩码信息。这么做是为了保证路由表更为准确。为此，需在 RIPv2 配置中添加 no auto-summary 命令。

  Router(config-router)#no auto-summary

（5）RIP 报文单播配置

RIP 通常为广播协议，如果 RIP 路由信息需要通过非广播网传输，则需要配置路由器，以便支持 RIP 利用单播通告路由信息更新报文。要配置 RIP 报文更新单播通告，在 RIP 路由进程配置模式中执行以下命令：

  Router(conf-router)#neighbor *ip-address*   !配置 RIP 报文单播通告

配合该命令的使用，还可以控制哪些接口是否允许通告 RIP 路由更新报文，限制一个接口通告广播式的路由更新报文，需要在路由进程配置模式中配置 passive-interface 命令。

（6）水平分割配置

多台路由器连接在 IP 广播类型网络上，又运行距离向量路由协议时，就有必要采用水平分割的机制以避免路由环路的形成。水平分割可以防止路由器将某些路由信息从学习到这些路由信息的接口通告出去，这种行为优化了多个路由器之间的路由信息交换。然而对于非广播多路访问网络（如帧中继、X.25 网络），水平分割可能造成部分路由器学习不到全部的路由信息，这时可能需要关闭水平分割。如果一个接口配置了次 IP 地址，也需要注意水平分割的问题。要配置关闭或打开水平分割，在接口配置模式中执行以下命令：

  Router(config-if)#no ip split-horizon   !关闭水平分割
  Router(config-if)#ip split-horizon   !打开水平分割

【例 9-4】 RIP 报文单播配置例子。三台路由器全部连接在局域网上，并且全部运行 RIP。

设备 IP 地址分配和设备连接图见图 9-5。通过 RIP 报文单播配置，要求实现以下目标：

✧ RouterA 可以学到 RouterC 通告的路由。
✧ RouterC 学不到 RouterA 通告的路由。

为了实现以上配置要求，需要在路由器 A 配置 RIP 报文单播。

（1）路由器 A 的配置

① 配置以太网端口：

RouterA(config)#interface fastEthernet0
RouterA(config)#ip address 192.168.12.1 255.255.255.0
RouterA(config)# no shutdown

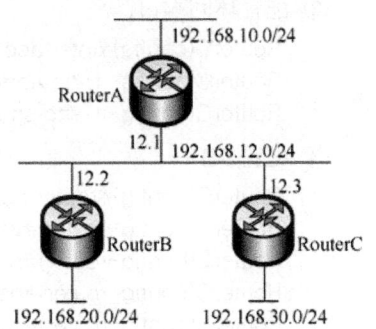

图 9-5　RIP 报文单播配置例子

② 配置环回端口：

RouterA(config)#interface Loopback0
RouterA(config-if)#ip address 192.168.10.1 255.255.255.0
RouterA(config)#no shutdown

③ 配置 RIP：

RouterA(config)#router rip
RouterA(config-router)#version 2
RouterA(config-router)#network 192.168.12.0
RouterA(config-router)#network 192.168.10.0
RouterA(config-router)#neighbor 192.168.12.0
RouterA(config-router)#passive-interface f0

（2）路由器 B 的配置

① 配置以太网端口：

RouterB(config)#interface fastEthernet0
RouterB(config-if)#ip address 192.168.12.2 255.255.255.0
RouterB(config-if)#no shutdown

② 配置环回端口：

RouterB(config)#interface Loopback0
RouterB(config-if)#ip address 192.168.20.1 255.255.255.0
RouterB(config-if)#no shutdown

③ 配置 RIP：

RouterB(config)#router rip
RouterB(config-router)#version 2
RouterB(config-router)#network 192.168.12.0
RouterB(config-router)#network 192.168.20.0

（3）路由器 C 的配置

① 配置以太网端口：

RouterC(config)#interface fastEthernet0
RouterC(config-if)#ip address 192.168.12.3 255.255.255.0
RouterC(config-if)#no shutdown

② 配置环回端口：
　　RouterC(config)#interface Loopback0
　　RouterC(config-if)#ip address 192.168.30.1 255.255.255.0
　　RouterC(config-if)#no shutdown
③ 配置 RIP：
　　RouterC(config)#router rip
　　RouterC(config-router)#version 2
　　RouterC(config-router)#network 192.168.12.0
　　RouterC(config-router)#network 192.168.30.0
　　RouterC(config-router)#neighbor 192.168.12.0

9.5　VLAN 间路由

9.5.1　VLAN 间路由的必要性

在不同的 VLAN 间进行路由，使分属不同 VLAN 的主机能够互相通信的步骤如下：在 LAN 内的通信必须在数据帧头中指定通信目标的 MAC 地址。而为了获取 MAC 地址，TCP/IP 使用的是 ARP。ARP 解析 MAC 地址的方法则是通过广播。也就是说，如果广播报文无法到达，那么就无从解析 MAC 地址，亦即无法直接通信。计算机分属不同的 VLAN，也就意味着分属不同的广播域，收不到彼此的广播报文。因此，属于不同 VLAN 的计算机之间无法直接互相通信。为了能够在 VLAN 之间通信，需要利用 OSI 参照模型中更高层网络层的信息（IP 地址）来进行路由。路由功能一般由路由器提供，但当前局域网中也经常利用带有路由功能的交换机——三层交换机（Layer 3 Switch）来实现。

9.5.2　使用路由器/三层交换机进行 VLAN 间路由

在使用路由器/三层交换机（后面统一使用三层交换机表述）进行 VLAN 间路由时，三层交换机和交换机的接线方式，大致有以下两种：
◇ 将三层交换机与交换机上的每个 VLAN 分别连接。
◇ 不论 VLAN 有多少个，三层交换机与交换机都只用一条网线连接。

将交换机上用于和三层交换机互联的每个端口以 VLAN 为单位分别用网线与三层交换机上的独立端口互连（见图 9-6），交换机上有 2 个 VLAN，就需要在交换机上预留 2 个端口用于与三层交换机互连，三层交换机上同样需要 2 个端口，两者之间用 2 条网线分别连接。这种办法存在扩展性问题，每增加一个新的 VLAN，都需要消耗三层交换机的端口和交换机上的访问链接，而且需要重新布设一条网线。这部分成本和重新布线所带来的开销都使得这种接线法成为一种不受欢迎的办法。

因此，当使用一条网线连接三层交换机与交换机进行 VLAN 间路由时，需要用到汇聚链接，即不论 VLAN 数目多少，都只用一条网线连接三层交换机和交换机。首先将用于连接三层交换机的交换机端口设为汇聚链接，而三层交换机上的端口也必须支持汇聚链路。双方用于汇聚链路的协议自然也必须相同。尽管实际与交换机连接的物理端口只有一个，但在理论上可以把它分割为多个虚拟端口（见图 9-7）。VLAN 将交换机从逻辑上分割成了多台交换机，因而用于 VLAN 之间路由的三层交换机也必须拥有分别对应各 VLAN 的虚拟接口。

采用这种方法即使以后在交换机上新建 VLAN，仍只需要一条网线连接交换机和三层交换

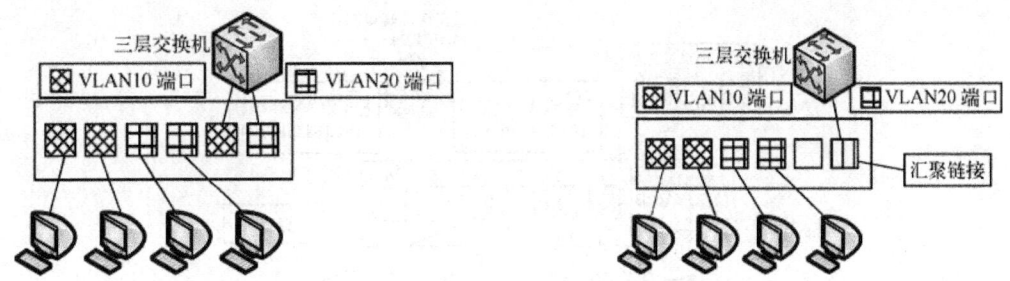

图 9-6　三层交换机与交换机上的每一个 VLAN 分别连接　图 9-7　三层交换机与交换机上只用一条网线连接

机。用户只需要在三层交换机上新设一个对应新 VLAN 的子接口就可以了。与前面的方法相比，扩展性要强得多，也不用担心需要升级 LAN 接口数不足的三层交换机或重新布线。

1．同一 VLAN 内的通信

汇聚链路连接交换机与三层交换机时，VLAN 间路由为各台计算机及三层交换机的虚拟接口设定 IP 地址（见图 9-8）。

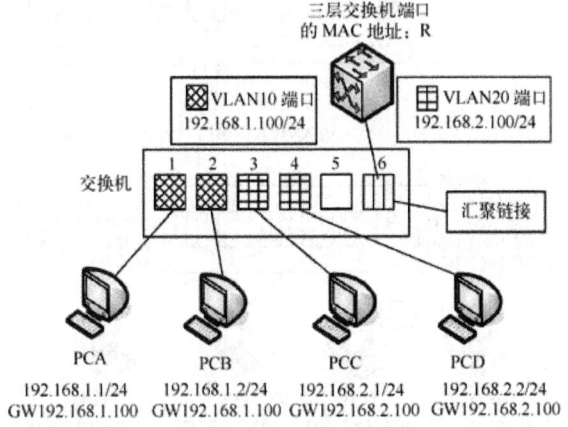

图 9-8　同一 VLAN 内的通信 IP 地址配置

图中，VLAN10 的网络地址为 192.168.1.0/24，VLAN20 的网络地址为 192.168.2.0/24。各计算机的 MAC 地址分别为 A/B/C/D，三层交换机汇聚链接端口的 MAC 地址为 R。交换机通过对各端口所连计算机 MAC 地址的学习，生成一个 MAC 地址列表。

首先，计算机 A 与同一 VLAN 内的计算机 B 之间通信时，PC A 发出 ARP 请求信息，请求解析 PC B 的 MAC 地址。交换机收到数据帧后，检索 MAC 地址列表中与收信端口同属一个 VLAN 的表项。结果发现，PCB 连接在端口 2 上，于是交换机将数据帧转发给端口 2，最终 PC B 收到该帧。收发信双方同属一个 VLAN 之内的通信，一切处理均在交换机内完成（见图 9-9）。

2．不同 VLAN 间通信时数据的流程

PC A 与 PC C 之间通信属于不同 VLAN 间的通信问题（见图 9-10）。

PC A 从通信目标的 IP 地址（192.168.2.1）得出 PC C 与本机不属于同一个网段，此时会向设定的默认网关（Default Gateway，GW）转发数据帧。在发送数据帧之前，需要先用 ARP 获取路由器的 MAC 地址。得到三层交换机的 MAC 地址 R 后，发送往 C 的数据帧（如图 9-10）。①的数据帧中，目标 MAC 地址是三层交换机的地址 R，但内含的目标 IP 地址仍是最终要通信的对象

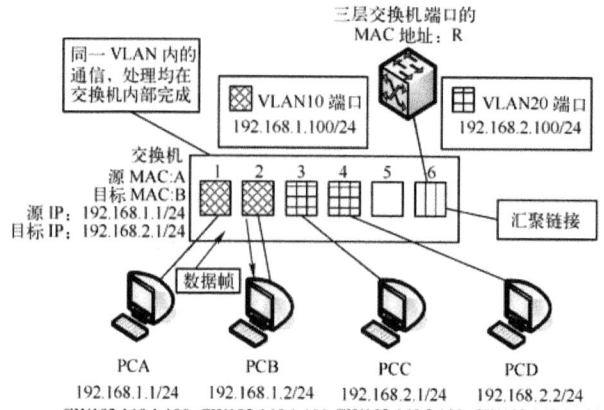

图 9-9　同一 VLAN 内的数据传输

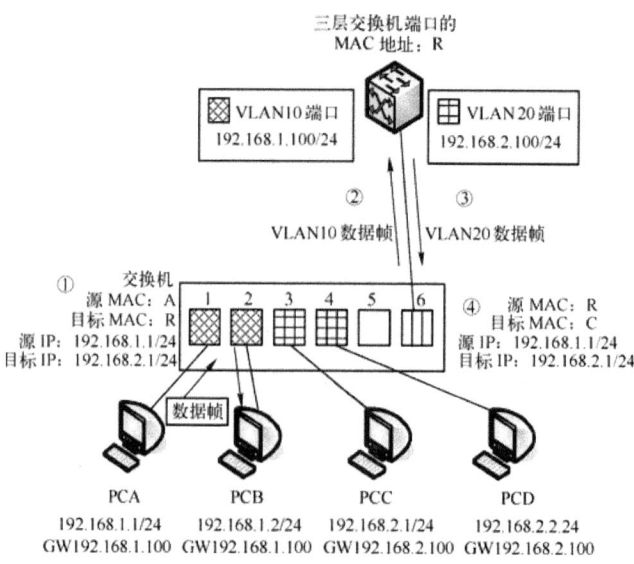

图 9-10　不同 VLAN 间通信时数据的流程

C 的地址。交换机在端口 1 上收到①的数据帧后，检索 MAC 地址列表中与端口 1 属于同一个 VLAN 的表项。由于汇聚链路会被看成属于所有的 VLAN，因此这时交换机的端口 6 也属于被参照对象。这样交换机就知道往 MAC 地址 R 发送数据帧，需要经过端口 6 转发。从端口 6 发送数据帧时，由于它是汇聚链接，因此会被附加上 VLAN 识别信息。由于原先是来自 VLAN10 的数据帧，因此如图中②所示，会被加上 VLAN10 的识别信息后进入汇聚链路。三层交换机收到②的数据帧后，确认其 VLAN 识别信息，由于它是属于 VLAN10 的数据帧，因此交由负责 VLAN10 的虚拟接口接收。接着，根据内部的路由表，判断该向哪里汇聚。由于目标网络 192.168.2.0/24 是 VLAN20，且该网络通过虚拟接口与三层交换机直连，因此只要从负责 VLAN20 的虚拟接口转发就可以了。这时，数据帧的目标 MAC 地址被改写成 PC C 的目标地址；并且由于需要经过汇聚链路转发，因此被附加了属于 VLAN20 的识别信息。这就是图中③的数据帧。交换机收到③的数据帧后，根据 VLAN 标识信息从 MAC 地址列表中检索属于 VLAN20 的表项。由于通信目标 PC C 连接在端口 3 上且端口 3 为普通的访问链接，因此交换机会将数据帧除去 VLAN 识别信息后（数据帧④）转发给端口 3，最终 PC C 才能成功地收到这个数据帧。

进行 VLAN 间通信时,即使通信双方都连接在同一台交换机上,也必须经过"发送方—交换机—三层交换机—交换机—接收方"的流程。

9.6 基本路由选择综合应用实例

【例 9-5】实现网络的互连互通,从而实现信息的共享和传递。使用的网络设备包括 1 台 S3750 交换机、2 台 R1762 路由器、1 对 V.35 线缆、1 条直连线或交叉线,拓扑结构如图 9-11 所示。

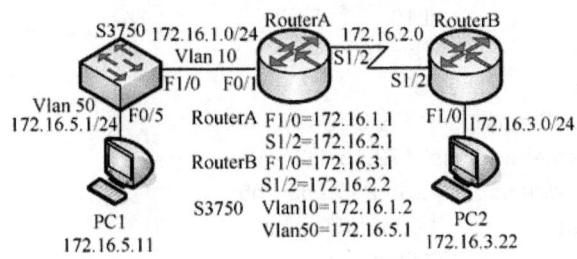

图 9-11 动态路由配置

路由器和主机直连时一般使用交叉线,R1762 的以太网接口,所以使用直连线也可以连通。RouterA 的 S 1/2 为 DCE 接口。配置步骤如下:

步骤 1:各设备基础配置。

① 三层交换机配置:

```
S3750#configure terminal
S3750(config)#vlan 10
S3750(config-vlan)#exit
S3750(config)#vlan 50
S3750(config-vlan)#exit
S3750(config)#interface fastEthernet 0/1
S3750(config-if)#switchport access vlan 10
S3750(config-if)#exit
S3750(config)#interface fastEthernet 0/5
S3750(config-if)#switchport access  vlan 50
S3750(config-if)#exit
S3750(config)#interface vlan 10       ！创建 VLAN 虚接口,并配置 IP
S3750(config-if)#ip address 172.16.1.2 255.255.255.0
S3750(config-if)#no shutdown
S3750(config-if)#exit
S3750(config)#interface vlan 50       ！创建 VLAN 虚接口,并配置 IP
S3750(config-if)#ip address 172.16.5.1 255.255.255.0
S3750(config-if)#no shutdown
S3750(config-if)#exit
```

② 验证测试:

```
S3750#show vlan
      VLAN Name        Status     Ports
      ----------------------------------------------------------
      1    default     active     Fa0/2 ,Fa0/3 ,Fa0/4 ,Fa0/6
```

```
                                    Fa0/7 ,Fa0/8 ,Fa0/9 ,Fa0/10
                                    Fa0/11,Fa0/12,Fa0/13,Fa0/14
                                    Fa0/15,Fa0/16,Fa0/17,Fa0/18
                                    Fa0/19,Fa0/20,Fa0/21,Fa0/22
                                    Fa0/23,Fa0/24
    10    VLAN0010          active  Fa0/1
    50    VLAN0050          active  Fa0/5
S3750#show ip interface
    Interface              : VL10
    Description            : Vlan 10
    OperStatus             : UP
    ManagementStatus       : Enabled
    Primary Internet address: 172.16.1.2/24
    Broadcast address      : 255.255.255.255
    PhysAddress            : 00d0.f87c.eba2
    Interface              : VL50
    Description            : Vlan 50
    OperStatus             : UP
    ManagementStatus       : Enabled
    Primary Internet address: 172.16.5.1/24
    Broadcast address      : 255.255.255.255
    PhysAddress            : 00d0.f87c.eba3
```

③ 路由器 RouterA 配置:

```
RouterA(config)#interface fastethernet 1/0
RouterA(config-if)#ip address 172.16.1.1 255.255.255.0
RouterA(config-if)#no shutdown
RouterA(config-if)#exit
RouterA(config)#interface serial 1/2
RouterA(config-if)#ip address 172.16.2.1 255.255.255.0
RouterA(config-if)#clock rate 64000
                            !Serial 1/2 为 DCE 接口，所以需要设定同步时钟频率
RouterA(config-if)#no shutdown
```

④ 路由器 RouterB 配置:

```
RouterB#configure terminal
RouterB(config)#interface fastethernet 1/0
RouterB(config-if)#ip address 172.16.3.1 255.255.255.0
RouterB(config-if)#no shutdown
RouterB(config-if)#exit
RouterB(config)#interface serial 1/2
RouterB(config-if)#ip address 172.16.2.2 255.255.255.0
RouterB(config-if)#no shutdown
```

⑤ 验证测试：验证路由器接口的配置和状态。

```
RouterA#show ip interface brief
    Interface              IP-Address(Pri)        OK?        Status
    serial 1/2             172.16.2.1/24          YES        UP
```

serial 1/3	no address	YES	DOWN
Fastethernet 1/0	172.16.1.1/24	YES	UP
Fastethernet 1/1	no address	YES	DOWN
Null 0	no address	YES	UP

RouterB#show ip interface brief

Interface	IP-Address(Pri)	OK?	Status
serial 1/2	172.16.2.2 /24	YES	UP
serial 1/3	no address	YES	DOWN
Fastethernet 1/0	172.16.3.1 /24	YES	UP
Fastethernet 1/1	no address	YES	DOWN
Null 0	no address	YES	UP

步骤 2：配置 RIP v2 路由协议。

① S3750 配置 RIP：

```
S3750#configure terminal
S3750(config)#router rip                          !开启 RIP 协议进程
S3750(config-router)#network 172.16.1.0           !申明本设备的直连网段
S3750(config-router)#network 172.16.5.0
S3750(config-router)#version 2
S3750(config-router)#end
```

② RouterA 配置 RIPv2：

```
RouterA#configure terminal
RouterA(config)#router rip
RouterA(config-router)#network 172.16.1.0
RouterA(config-router)#network 172.16.2.0
RouterA(config-router)#version 2                  !定义 RIP 协议 v2
RouterA(config-router)#no auto-summary            !关闭路由信息的自动汇总功能
RouterA(config-router)#end
```

③ RouterB 配置 RIP：

```
RouterB#configure terminal
RouterB(config)#router rip
RouterB(config-router)#network 172.16.2.0
RouterB(config-router)#network 172.16.3.0
RouterB(config-router)#version 2                  !定义 RIP 协议 v2
RouterB(config-router)#no auto-summary            !关闭路由信息的自动汇总功能
RouterB(config-router)#end
```

步骤 3：验证三台路由设备的路由表，查看是否自动学习了其他网段的路由信息。

```
S3750#show ip route
    Type: C - connected, S - static, R - RIP, O - OSPF, IA - OSPF inter area
          N1 - OSPF NSSA external type 1, N2 - OSPF NSSA external type 2
          E1 - OSPF external type 1, E2 - OSPF external type 2
    Type Destination IP    Next hop        Interface Distance Metric    Status
```

C	172.16.1.0/24	0.0.0.0	VL10	0	0	active
R	172.16.2.0/24	172.16.1.1	VL10	120	2	active
R	172.16.3.0/24	172.16.1.1	VL10	120	3	active
C	172.16.5.0/24	0.0.0.0	VL50	0	0	active

```
RouterA#show ip route
    Codes:   C – connected, S – static,   R – RIP
        O – OSPF, IA – OSPF inter area
        N1 – OSPF NSSA external type 1, N2 – OSPF NSSA external type 2
        E1 – OSPF external type 1, E2 – OSPF external type 2
        * – candidate default
    Gateway of last resort is no set
    C    10.1.1.2/32 is directly connected,Serial 1/2
    C    172.16.1.0/24 is directly connected,Fastethernet 1/0
    C    172.16.1.1/32 is local host
    C    172.16.2.0/24 is directly connected,Serial 1/2
    C    172.16.2.1/32 is local host
    R    172.16.5.0/24 [120/1] via 172.16.1.2，00:00:01,Fastethernet 1/0
    R    172.16.3.0/24 [1/0] via 172.16.2.2,00:00:21,serial 1/2
RouterB#show ip route
    Codes:   C – connected, S – static,   R – RIP
        O – OSPF, IA – OSPF inter area
        N1 – OSPF NSSA external type 1, N2 – OSPF NSSA external type 2
        E1 – OSPF external type 1, E2 – OSPF external type 2
        * – candidate default
    Gateway of last resort is no set
    C    10.1.1.1/32 is directly connected,Serial 1/2
    R    172.16.1.0/24 [120/1] via 172.16.2.1，00:00:03, serial 1/2
    C    172.16.2.0/24 is directly connected, serial 1/2
    C    172.16.2.2/32 is local host
    R    172.16.5.0/24 [120/0] via 172.16.2.1,00:00:21, serial 1/2
```

步骤4：测试网络的连通性。

    ping 172.16.3.22   !从主机 PC1 中 ping 主机 PC2

注意：在串口上配置时钟频率时，必须在电缆 DCE 端的路由器上配置；no auto-summary 功能只有在 RIPv2 支持；S3750 没有 no auto-summary 命令；PC 主机网关一定要指向直连接口 IP 地址，如 PC1 网关指向三层交换机 VLAN50 的 IP 地址。

习题 9

1. 完成例 9-2 中 RB 的相关配置，并予以解释。
2. 配置局域网，实现全网连通，要求每个路由器都有静态路由配置。图 9-12 中所有路由器上接口为 Fastethernet 0，下接口为 Fastethernet 1。

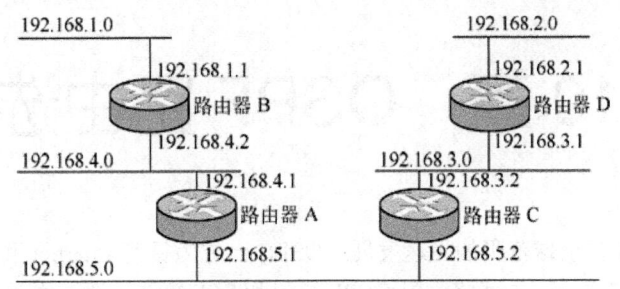

图 9-12　静态路由配置拓扑

3. 简述静态路由的配置方法和过程。
4. 简述 RIP 更新的几个计时器及作用。
5. 简述 RIP 的配置步骤及注意事项。
6. 简述 RIPv1、RIPv2 之间的区别有。

第 10 章 OSPF 路由选择

随着 Internet 技术在全球范围的飞速发展，OSPF 已成为目前 Internet 和 Intranet 采用最多、应用最广泛的路由协议之一。本章将学习 OSPF 协议和 SPF 算法。通过本章的学习，读者应熟悉动态路由协议的使用方法，理解自治系统的划分和区域间路由，理解 OSPF 的运行过程，掌握 OSPF 协议的配置方式。

10.1 OSPF 概述

OSPF 协议是由 Internet 网络工程部（IETF）的内部网关协议（IGP）工作组为 IP 网络而开发的一种路由协议，即网关和路由器都在一个自治系统内部。OSPF 是一个链路状态协议或最短路径优先（SPF）协议。虽然 OSPF 协议依赖于 IP 环境以外的一些技术，但该协议专用于 IP，而且包括子网编址的功能。OSPF 协议根据 IP 数据报中的目的 IP 地址来进行路由选择，一旦决定了如何为一个 IP 数据报选择路径，就将数据报发往所选择的路径中，不需要额外的包头，即不存在额外的封装。该方法与许多网络不同，因为使用某种类型的内部网络报头对 UDP 进行封装，以控制子网中的路由选择协议。另外，OSPF 可以在很短的时间里使路由选择表收敛。OSPF 还能够防止出现回路，这种能力对于网状网络或使用多个网桥连接不同局域网是非常重要的。在运行 OSPF 的每个路由器中都维护一个描述自治系统拓扑结构的统一的数据库，该数据库由每个路由器的局部状态信息、路由器相连的网络状态信息、外部状态信息等组成。其中，局部状态信息是指路由器可用的接口信息、邻居信息，路由器相连的网络状态信息是指网络所连接的路由器、外部状态信息是指自治系统的外部路由信息。每个路由器在自治系统范围内扩散相应的状态信息。

所有的路由器并行运行同样的算法，根据该路由器的拓扑数据库构造出以它自己为根节点的最短路径树，该最短路径树的叶子节点是自治系统内部的其他路由器。当到达同一目的路由器存在多条相同代价的路由时，OSPF 能够实现在多条路径上分配流量。

OSPF 具有下列特性：

① OSPF 是基于链路状态的路由协议，通过传递链路状态来得到网络信息，维护一张网络有向拓扑图，利用最短路径优先（Shortest Path First，SPF）算法得到路由表。路由表的变化基于网络中路由器物理连接的状态和速度，链路状态一旦变化，立即被广播到网络中的每个路由器。

② 与 IGRP 一样，OSPF 直接运行在 IP 上，其协议号是 89，IP 服务类型为 0，优先级为网络控制，并使用组播地址 224.0.0.5 来表示所有 SPF 路由器。这样，可以使它的链路状态通告在 IP 中投递时获得较高的优先级，进而加快算法的收敛速度。

③ 路由器运行 OSPF，采用由科学家 Edsger Dijkstra 提出的最短路径优先算法 SPF 计算最佳路由时，需要占用较多的 CPU 资源。由于计算 SPF 树所需的时间取决于网络规模的大小，OSPF 将一个自治系统再划分为区域（Area）。每个区域都有着该区域独立的网络拓扑数据库及网络拓扑图，并且其网络拓扑结构在区域外是不可见的。区域中的路由器也不需了解其域外的其余网络结构。路由器仅与它们自己区域内的其他路由器交换 LSA，从而减少了协议占用的 CPU 和内存资源。

OSPF 协议的优势如下：

① OSPF 支持大型异构网络的互连，提供了一个异构网络间通过同一种协议交换网络信息的途径，并且不容易出现错误的路由信息。

② OSPF 支持路由验证，只有通过路由验证的路由器之间才能交换路由信息，并且可以对不同的区域定义不同的验证方式，从而提高了网络的安全性。

③ OSPF 支持代价相同的多条链路上的负载均衡。

④ OSPF 路由信息不受跳数的限制，减少了因分级路由带来的子网分离问题。

⑤ OSPF 支持 VLSM 和 CIDR，有利于网络地址的有效管理。

⑥ OSPF 使用区域对网络进行分层，减少了协议对 CPU 的处理时间和内存的需求。

虽然 OSPF 协议是 RIP 强大的替代品，但是它执行时需要更多的路由器资源。如果网络中正在运转的是 RIP，并且没有发生任何问题，仍然可以继续使用。但是如果想在网络中利用基于标准协议的多余链路，OSPF 协议是更好的选择。

10.2 SPF 算法

链路状态路由（Link-State Routing）算法简称 L-S 算法，也称为最短路径优先（Shortest Path First，SPF）算法。SPF 算法的目的是得到整个网络的拓扑结构，从而计算出最佳路由。按照 SPF 算法的要求，每个路由器中维持着一份最新的关于整个网络的拓扑数据库，即 SPF 树。树的根节点就是该路由器本身。各路由器定期地检查所有直接链路的状态（是否活动和可达），将获得的信息组成链路状态报文（Link-State Packet，LSP）发给网络上的所有其他路由器。每个路由器收到链路状态报文 LSP 时，按照其中的信息逐步建立或更新自己的网络拓扑数据库。再根据网络拓扑数据库判断每个目标网络是否可达，并计算最短路径，以更新路由表。

SPF 算法包括三个步骤：

（1）各网关主动测试与所有相邻网关之间的状态。为此，网关周期性地向相邻网关发出 Hello 报文，询问相邻网关是否能够访问。假如相邻网关做出反应，说明链接为"开"（UP），否则为"关"（DOWN）。算法名中的"链接"和"状态"即出于此。

（2）各网关周期性地广播其 L-S 信息。这里的"广播"是真正意义的广播，不像 D-V 算法那样只向相邻网关发送 D-V 报文，而是向所有参加 SPF 算法的网关发送 L-S 报文。

（3）网关收到 L-S 报文后，刷新网络拓扑图，将相应链接改为"开"或"关"状态。假如 L-S 发生变化，网关立即利用算法，根据 L-S 图重新计算本地路径。

实际应用中有好几种最短路径选择算法，如 Dijkstra 算法、A*算法、PSP（Partitioning Shortest Path）算法和 DBFS（Dynamic Breadth-First Search）算法等。SPF 算法中，各节点用自己拥有的数据库，以自己为根，建立一个路径选择路由表，该数据库中统一描述自治系统拓扑结构。

在图 10-1 中，节点 A 是源节点，节点 J 是目的节点（指路由器）。其具体步骤如下：

① 网络中的每条路径代价有一个权值，该权值是根据某一标准（如考虑距离、时延、队列长度等）得出的。

② 为每个节点标上一条已知路径从源端到该节点需要的最小代价。最初不知道任何路径，所以每个节点标记为无穷大。

③ 发现它的邻居路由器，获得它们的网络地址。为每个节点检测周围有哪些相邻的节点，源节点是第一个被考虑的节点，并且变为工作节点。

④ 测量路由器到各邻居路由器的传输代价（或延迟）；组装一个 LSP 报文分组，包含它刚获

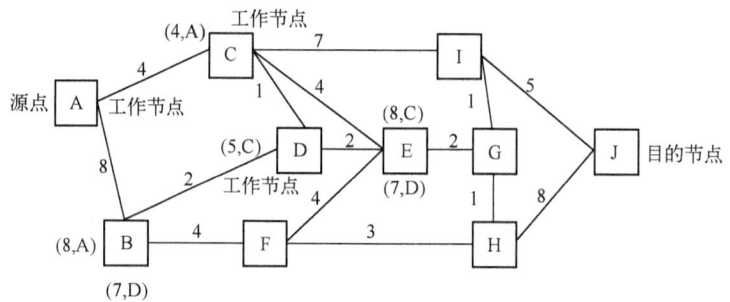

图 10-1 一种 SPF 算法的应用

得的链路状态信息；将 LSP 报文发送给网络中的所有其他路由器。为工作节点的每个相邻的节点分配一个最小代价标号。如果发现一条从该节点到源节点的更短的路径，则修改标号。在 OSPF 中，当链路状态报文广播到所有其他节点时，会发生这种情况，即因发现更短的路径而修改标号。

⑤ 在给相邻节点分配了标号以后，检测网络中的其他节点。如果某个已分配了标号的节点拥有较小的标号值，则它的标号变为永久标号，该节点变为工作节点。

⑥ 如果某节点的标号与到它的某个相邻节点路径上的权值之和小于该相邻节点的标号，则改变该相邻节点的标号，因为发现了一条更短的路径。

⑦ 计算 LSP 报文到每个网络的最短路径。选择另一个工作节点，重复上述过程，直到穷尽所有的可能。最后的每个节点的标号就给出了源节点和目的节点之间的一条端到端的代价最低的路径。

经过了上面的计算可以形成图 10-2 所示的路由选择拓扑图（即最短距离树，又叫最优树）。

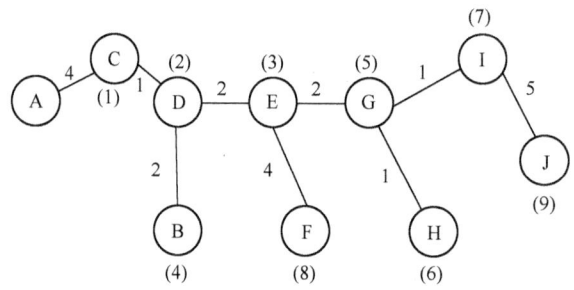

图 10-2 路由器 A 的路由选择拓扑图

典型的链路状态路由选择协议有 OSPF 等。L-S 算法与 D-V 算法的区别主要体现在以下几方面：

① D-V 算法不了解整个网络的拓扑结构，而 L-S 算法清楚地知道整个网络的拓扑结构。

② D-V 算法根据从邻居处获得的信息计算路由的距离矢量，算法简单，但不能保证信息可靠。而 L-S 算法根据 LSP 维持网络拓扑数据库，计算最短路径，算法复杂，需要占用较多的 CPU 时间和内存空间，但由于 LSP 的信息是发送者直接验证的，且在传输过程不改变，保证了可靠性。

③ 路由更新报文包含整个路由表，报文长，与网络规模成正比，因而网络规模的伸展性较差。链路状态报文 LSP 只包含一个路由器的直接链路状态，报文短，与网络规模无关。

④ D-V 算法的收敛速度较慢，容易产生路由循环；L-S 算法的收敛速度较快，不容易产生路由循环。

总之，两种算法各有千秋，前者适用于小型网络，而后者适用于大型网络。

10.3 OSPF 基本概念

10.3.1 自治系统的分区

OSPF 允许在一个自治系统里划分区域，相邻的网络和与它们相连的路由器组成一个区域（Area）。每个区域有自己的拓扑数据库，该数据库对于外部的区域是不可见的，每个区域内部路由器的链路状态信息数据库实际上只包含着该区域内的链路状态信息，链路状态信息数据库也不能详细知道外部的链接情况，在同一个区域内的路由器拥有同样的拓扑数据库。与多个区域相连的路由器拥有多个区域的链路状态信息库。划分区域的方法减少了链路状态信息数据库的大小，并极大地减少了路由器间交换状态信息的数量（见图 10-3）。

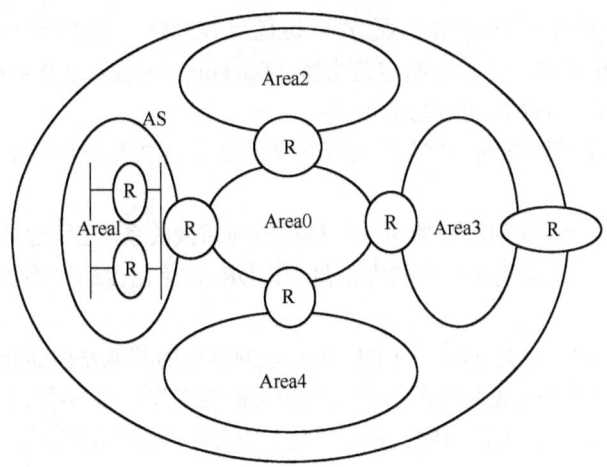

图 10-3 把自治系统分成多个 OSPF 区域

在多于一个区域的自治系统中，OSPF 规定必须有一个骨干区（backbone），称为 Area 0。骨干区是 OSPF 的中枢区域，与其他区域通过区域边界路由器（Area Border Router，ABR）相连。区域边界路由器通过骨干区进行区域路由信息的交换。为了到达一个区域的各路由器保持相同的链路状态信息库，这就要求区域路由器与骨干区是相连的，但是并不要求它们是物理连接的。在实际的环境中，如果它们在物理上是断开的，这时可以通过建立虚链路（Virtual Link）的方法保证骨干区域的连续性。虚链路将属于骨干区并且到一个非骨干区都有接口的两个 ABR 连接起来。虚链路本身属于骨干区，OSPF 将通过虚链路连接的两个路由器看成通过未编号的点对点链路（unnumbered point-to-point）连接。

10.3.2 区域间路由

当两个非骨干区域间路由 IP 包时，必须通过骨干区。IP 包经过的路径分为三部分：源区域内路径、骨干路径、目的端区域内路径。其中，源区域内路径是从源端到 ABR 的路径，骨干路径是骨干区域源 ABR 到目的区域 ABR 之间的路径，目的区域中的路径是目的区域 ABR 到目的路由器的路径。从另一个观点来看，一个自治系统就像一个以骨干区作为 Hub，各非骨干区连到 Hub 上的星型结构。各区域边界路由器（ABR）在骨干区上进行路由信息的交换，发布本区域的路由信息，同时收到其他 ABR 发布的信息，传到本区域进行链路状态的更新，以形成最新的路由表。

10.3.3 Stub 区和自治系统外路由

在一个 OSPF 自治系统中有这样一种特殊的区域叫存根区域（Stub 区域）。这个区域中只有一个外部出口，不允许外部的非 OSPF 路由信息进入。到自治系统外的数据包只能依靠默认路由。存根区域的边界路由器必须在路由概要里向区域宣告这个默认路由，但是不能超过这个存根区域。默认路由的使用可以减少链路状态信息库的大小，即该自治系统外部路由信息（如 BGP 产生的路由信息），可以通过该自治系统的区域边界路由器（ASBR）透明地扩散到整个自治系统的各区域中，使得该自治系统内部的每台路由器都能够获得外部的路由信息。但是该信息不能扩散到存根区域。这样自治系统内的路由器可以通过 ASBR 路由包到自治系统外的目标。

10.3.4 DR 和 BDR

在自治系统内的每个广播和非广播多点访问（NBMA）网络中都有一个指定路由器（Designated Router，DR）和一个备份指定路由器（Backup Designated Router，BDR），它们是通过 Hello 协议选举产生的。DR 的主要功能如下：

① 产生代表本网络的网络路由宣告，这个宣告列出了连接到该网络的有哪些路由器，其中包括 DR 自己。

② DR 同本网络的所有其他路由器建立一种星型的邻接关系，这种邻接关系是用来交换各个路由器的链路状态信息，从而同步链路状态信息库。DR 在路由器的链路状态信息库的同步上起到核心的作用。

另一个比较重要的路由器是 BDR。BDR 也与该网络中的其他路由器建立邻接关系。因此，BDR 的设立是为了保证当 DR 发生故障时尽快接替 DR 的工作，而不致出现由于需重新选举 DR 和重新构筑拓扑数据库而产生大范围的数据库震荡。当 DR 存在的情况下，BDR 不生成网络链路广播消息。

在 DR、BDR 的选举后，该网络的其他路由器向 DR、BDR 发送链路状态信息，并经 DR 转发到与 DR 建立邻接关系的其他路由器。当链路状态信息交换完毕时，DR 与其他路由器的邻接关系进入了稳定态，区域范围内统一的拓扑（链路状态）数据库也就建立了，每个路由器以该数据库为基础，采用 SPF 算法计算出各路由器的路由表，这样就可以进行路由转发了。

10.4 OSPF 协议

10.4.1 OSPF 协议包

OSPF 使用 5 种类型的包：Hello 包、数据库描述包、链路状态请求包，链路状态更新包和链路状态确认包。所有的 OSPF 协议包有一个相同的公共首部，如图 10-4 所示。

版本号	类型	包长度
源路由器 IP 地址		
区域 ID		
检验和		验证类型
身份验证（32 位）		

图 10-4 OSPF 的公共首部

① 版本号：8 位字段，定义 OSPF 协议的版本，目前是版本 2。
② 类型：8 位字段，定义包类型，如表 10-1 所示，使用值 1 到 5 来定义这些类型。

表 10-1 OSPF 路由协议包类型

包 类 型	目 的	包 类 型	目 的
Hello 协议包	发现和维护邻居	链路状态更新	数据库上传
数据库描述	汇总数据库内容	链路状态确认	扩散确认
链路状态请求	数据库下载		

③ 包长度：16 位字段，定义包括首部在内的总包长度。
④ 源路由器 IP 地址：32 位字段，定义发送这个包的路由器的 IP 地址。
⑤ 区域 ID：32 位字段，定义进行路由选择的区域。
⑥ 检验和：用来对整个包进行差错检测，但不包括验证类型字段和验证数据字段。
⑦ 验证类型：16 位字段，定义在这个区域内使用的验证协议。现在已定义了两种：0 表示没有验证，1 表示口令。
⑧ 身份验证：16 位字段，是验证数据真伪的值。今后当定义出更多类型的验证时，这个字段将包括验证计算的结果。在目前，若验证类型是 0，则这个字段填入 0。若验证类型是 1，这个字段就携带 8 字符的口令。

OSPF 使用 5 种路由协议包，在各路由器之间进行交换信息，如表 10-1 所示。

Hello 包是类型为 1 的 OSPF 协议包，用于寻找和维护路由器所连网络上的邻居关系。通过周期性地发出 Hello 包，来确定和维护邻居路由器接口是否仍在起作用。Hello 包被发送到网络上的每个活动的路由器接口。在广播和非广播的多点访问的网络上，DR 和 BDR 的选举也是通过 Hello 包来完成的。在不同的物理网络上，Hello 包的目的地址是不同的，如在点到点和广播网络上，其目的地址是组播地址 AllSPFRouter（224.0.0.5）；在虚链路上是单播传递，即从虚链路的源端直接发送到链路的另一端；而在点到多点的网络上，分离的 Hello 包分别发送到相连的每个邻居；在非广播的多点访问网络上，Hello 包的发送要看各个路由器的配置信息。

数据库描述包是类型为 2 的 OSPF 包，在形成邻接路由器的过程中，路由器之间交换数据库描述包，且它们描述链路状态数据库。根据接口数和网络数，可能不只一个数据库描述包来传输整个链路状态数据库（见图 10-5）。在交换的过程中所涉及的路由器建立主从关系。主路由器发送包，而从路由器通过使用数据库描述（Database Description，DD）序列号认可接收到的包。接口 MTU 域（Interface MTU）指示通过该接口可发送的最大 IP 包长度。当通过虚链路发送包时，这个域设置为 0。选项域（Options）包含 3 位，用于显示路由器的能力。I 位是 Init 位，对数据库序列中的第一个包，设置为 1。M 位设置为 1，表示在序列中还有更多的数据库描述包。MS 位是主从位，在数据库描述包交换期间，1 表示路由器是主路由器，而 0 表示路由器是从路由器。包的其余部分是一个或多个 LSA。

Interface MTU	Options	00000	I	M	MS
DD sequence number					
An LSA Header					

图 10-5 数据库描述包格式

链路状态请求包是类型为 3 的 OSPF 包（见图 10-6）。当两个路由器完成交换数据库描述包时，路由器可检测链路状态数据库是否过时。当这种情况发生时，路由器可请求较新的数据库描述包。

链路状态更新包是类型为 4 的 OSPF 包，用于实现 LSA 的传播（见图 10-7）。每个链路状态更新包包含一个或多个 LSA，而每个包使用链路状态确认包来认可。

LSA 类型
链路状态 ID
宣告路由器

图 10-6　链路状态请求包格式

LSA 的个数
LSA

图 10-7　链路状态更新包的格式

链路状态确认包是类型为 5 的 OSPF 包，其格式中除 OSPF 包首部外，包括 LSA 的首部。这些包发送到下面三个地址之一：多点传送地址 AllDRouters，多点传送地址 AllSPFRouters，或单点传送地址。

10.4.2　链路状态更新包链路状态类型

链路状态更新包是 OSPF 运行的核心，路由器使用它来通知链路状态。链路状态包可包含不同的 LSA，分为以下 4 种。

1．路由器链路状态宣告

路由器为每个有活动 OSPF 接口的区域生成一个路由器 LSA。包含在路由器 LSA 中的信息是路由器接口在该区域中的状态，而 LSA 在整个区域传播。进入一个区域的所有路由器接口必须在一个路由器 LSA 中说明。

2．网络链路状态宣告

网络 LSA 是类型为 2 的 LSA，而这样的 LSA 是由支持两个或多个路由器的每个广播和非广播多路访问网络（Non-Broadcast Multiple Access，NBMA）所生成的。网络 LSA 是由网络的 DR 所创建的。这个 LSA 描述了连接到网络的所有的路由器，包括 DR 自己。链路状态 ID 是 DR 到这个区域的接口的 IP 地址。

3．汇总链路状态宣告

类型 3 和类型 4 的 LSA 是汇总链路状态宣告。汇总 LSA 是有区域边界路由器生成的，而且它们说明区域的目标。3 型汇总有 IP 地址目标，链路状态 ID 是 IP 的网络号。4 型汇总 LSA 以一个自治系统边界路由器为其目标，链路状态 ID 是 OSPF 路由器 ID。链路状态 ID 是两种类型 LSA 包之间的唯一区别。

4．外部自治系统链路状态宣告

类型 5 是 AS-External LSA，它被用于说明自治系统外的网络。AS-External LSA 用于说明到外部网络的路由。链路状态 ID 域包含 IP 网络号或 0.0.0.0，如果它描述一个默认路由，此时的作为掩码也是 0.0.0.0。

10.5 OSPF 协议的运行

10.5.1 Hello 协议的运行

Hello 协议的作用是发现和维护邻居关系、选举 DR 和 BDR。在广播型网络上每个路由器周期性地广播 Hello 包,其目的地址是 AllSPFRouter,使得它能够被邻居发现。每个路由器的每个接口都有一个相关的接口数据结构,当 Hello 包中的特定参数,如 Area ID, Authentication, Network Mask, HelloInterval, RouterDeadInterval 和 Options values 等相匹配时,Hello 包才能被接收。Hello 包中包含着本路由器所希望选举的 DR 及其优先级、BDR 和 BDR 的优先级、本路由器通过交换 Hello 协议包所"看"到的其他路由器。从 Hello 包里得到的邻居被放在路由器的邻居列表里。当从接收到的 Hello 包里看到自己时,就建立了双向通信。建立了双向通信的路由器才有可能建立连接(Adjacency)关系,能否建立连接关系,要看连接两个邻居的网络的类型。通过 Hello 协议包的交换,得知了希望成为 DR 和 BDR 的路由器及其优先级,下一步的工作是选举 DR 和 BDR。

10.5.2 DR 和 BDR 的产生

在初始状态下,一个路由器的活动接口设置 DR 和 BDR 为 0.0.0.0,这意味着没有 DR 和 BDR 被选举出来。同时设置 Wait Timer 值为 RouterDeadInterval,其作用是如果在这段数时间里还没有收到有关 DR 和 BDR 的宣告,那么它就宣告自己为 DR 或 BDR。经过 Hello 协议交换过程后,每个路由器获得了希望成为 DR 和 BDR 的那些路由器的信息。

按照下列步骤选举 DR 和 BDR:

① 在路由器同一个或多个路由器建立双向的通信以后,就检查每个邻居 Hello 包里的优先级、DR 和 BDR 域。列出所有符合 DR 和 BDR 选举的路由器. 路由器的优先级要大于 0,接口状态要大于双向通信,列出所有 DR,列出所有 BDR。

② 从这些合格的路由器中建立一个没有宣称自己为 DR 的子集,因为宣称为 DR 的路由器不能选举成为 BDR。

③ 如果在这个子集里有一个或多个邻居,包括它自己的接口,在 BDR 域宣称自己为 BDR,则选举具有最高优先级的路由器,如果优先级相同,则选择具有最高 Router ID 的那个路由器为 BDR。

④ 如果在这个子集中没有路由器宣称自己为 BDR,则在它的邻居里选择具有最高优先级的路由器为 BDR,如果优先级相同,则选择具有最大 Router ID 的路由器为 BDR。

⑤ 在宣称自己为 DR 的路由器列表中,如果有一个或多个路由器宣称自己为 DR,则选择具有最高优先级的路由器为 DR,如果优先级相同,则选择具有最大 Router ID 的路由器为 DR。

⑥ 如果没有路由器宣称为 DR,则将最新选举的 BDR 作为 DR。

⑦ 如果是第一选举某个路由器为 DR/BDR 或没有 DR/BDR 被选举,则重复②到⑥步,然后是第⑧步。

⑧ 将选举出来的路由器的端口状态作相应的改变,DR 的端口状态为 DR,BDR 的端口状态为 BDR,否则为 DR other。

在多路访问网络中,DR 和 BDR 与该网络内所有其他路由器建立邻接关系,这些邻接关系也是该网络内全部的邻接关系。DR 和 BDR 的引入简化了网络的逻辑拓扑结构,将一个网状网络转变成一个星型网络，使协议包扩散，计算变得简单，并有效防止了邻接关系震荡的发生。

10.5.3 链路状态数据库的同步

在 OSPF 中，保持区域范围内的所有路由器的链路状态数据库同步极为重要。通过建立并保持邻接关系，OSPF 使具有邻接关系的路由器的数据库同步，进而保证了区域范围内所有路由器数据库同步。数据库同步过程从建立邻接关系开始，在完全邻接关系已建立时完成。当路由器的端口状态为 ExStart 时，路由器通过发一个空的数据库描述包来协商"主从"关系以及数据库描述包的序号，Router ID 大的为主，反之为从。序号也以主路由器产生的初始序号为基准，以后的每次数据库描述包的发送，序号都要加 1。主路由器发送链路状态描述包（数据库描述包），从路由器接收链路状态描述包后来检查自己的链路状态数据库，如果发现链路状态数据库里没有该项，则添加该项，将该项加入到链路状态请求列表，准备向主路由器请求新的链路状态，并向主路由器发送确认包。主路由器收到链路状态请求包时，发出链路状态的更新包，进行链路状态的更新。从路由器收到链路状态更新包后发出确认包，进行确认，表示收到该更新包，否则主路由器就在重发定时器的启动下进行重复发送。每个路由器向它的邻居发送数据库描述包来描述自己的数据库，每个数据库描述包由一组链路状态广播组成，邻居路由器接收该数据库描述包，并返回确认消息。这两个路由器形成了一种"主从"关系，只有主路由器能够向从路由器发送数据库描述包，反之则不行。当所有数据库请求包都被主路由器处理后，主、从路由器也就进入了邻接完成状态。当 DR 与整个区域内所有的路由器都完成邻接关系时，整个区域中所有路由器的数据库也就同步了。

10.5.4 路由表的产生和查找

当链路状态数据库达到同步以后，各路由器就利用同步的数据库，以自己为根节点，来并行地计算最优树，从而形成本地的路由表。

当收到 IP 包需要查询路由表时，按照以下规则完成路由查找：

① 在路由表中选择相匹配的路由记录。相匹配的记录是指需转发 IP 包的目的地址"落在"该匹配路由记录的目的地址范围内（该匹配记录可能有多个）。

【例 10-1】 如果有路由表项为 172.16.64.0/18、172.16.64.0/24 和 172.16.64.0/27 供目的地址 172.16.64.205 选择，则选择最后一项。因为它是最匹配的一个。也就是说，要选择掩码最长的一个。默认路由是最后要选择的，因为它的掩码最短。如果没有匹配的路由表项供选择，则由 ICMP 发送一个目标不可到达的控制报文，而且该 IP 包将被丢弃。

② 如果有多个路径匹配，根据路由的类型来进行进一步的选择，它们的优先级依次为区域内的路径，区域间得额路径，E1 型的外部路径，E2 型的外部路径。

③ 如果有类型和费用都相等的多条路径，则 OSPF 将同时利用它们。

④ 最后利用所寻找的路径来进行 IP 包的转发。

10.6 OSPF 配置方式

OSPF 是 Internet 上最主要的内部网关路由协议。与 RIP 协议不同，OSPF 是基于链路状态的最短路径优先算法的协议。

1. OSPF 的设置过程

（1）启动 OSPF 协议

　　Router(config)# router ospf *process-id*

注意：process-id 为 OSPF 在本路由器内的进程号，可以在 1～65535 之间设置。

（2）在与该路由器相连的网络中指定参与 OSPF 的子网，说明该子网属于哪一个 OSPF 路由区域

　　Router(config-router)#network *network wildcard-mask* area *area-id*

其中，network 是子网号，wildcard-mask 是反掩码，area-id 是区域号。

　　路由器将限制只能在相同区域内交换子网信息，不同区域间不交换路由信息。另外，区域 0 为主干 OSPF 区域。不同区域交换路由信息必须经过区域 0。一般地，某一区域要接入 OSPF 0 路由区域，该区域必须至少有一台路由器为区域边界路由器，即它同时参与本区域路由和区域 0 路由。

（3）OSPF 区域间的路由信息汇聚

　　如果区域中的子网是连续的，当区域边界路由器向外传播路由信息时，采用路由汇聚功能，路由器就会将所有这些连续的子网聚合为一条路由传播给其他区域，则在其他区域内的路由器看到这个区域的路由就只有一条。这样可以节省路由交换时所需的网络带宽。

　　设置对某一特定范围的子网进行路由汇聚的命令是：

　　Router(config-router)#area *area-id* range *range-mask*

其中，range-mask 是子网范围掩码。

（4）指明网络类型。在需要收发 OSPF 路由信息的接口中，设置：

　　Router(config-if)#ip ospf network {broadcast|non-broadcast|point-to-mutlipoint}

通常，DDN、帧中继和 X.25 属于非广播型的网络，即 non-broadcast。

（5）对于非广播型的网络连接，需指明相邻路由器的节点地址：

　　Router(config-router)#neighbor *ip-address*

通过以上配置的路由器之间就可以相互交换 OSPF 的路由信息了。

【例 10-2】如图 10-8 所示，有 3 台路由器 RA、RB 和 RC，其中 RA 的 f0/1 接口的 IP 地址为 192.168.1.1，环回口 IP 地址为 1.1.1.1/24；RB 的 f0/1 接口 IP 地址为 192.168.1.2，s1/1 的 IP 地址为 192.168.2.2；RC 的 S 1/1 接口的 IP 地址为 192.168.2.3，环回口 IP 地址为 3.3.3.3/24。

这三台设备同属于 Area 0 区域；当接口基本 IP 地址配置好后，配置路由选择 OSPF。

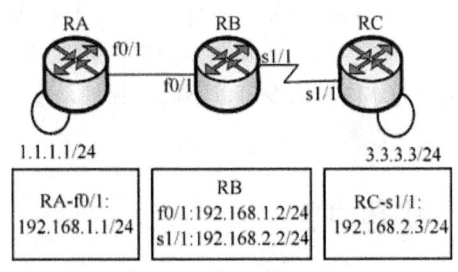

图 10-8　OSPF 配置案例

路由器 RA 的 OSPF 配置如下：

　　RA(config)#router ospf 1
　　RA(config-router)#network 192.168.1.0 0.0.0.255 area 0
　　RA(config-router)#network 1.1.1.0 0.0.0.255 area 0

路由器 RB 的 OSPF 配置如下：

　　RB(config)#router ospf 1

RB(config-router)#network 192.168.0.0 0.0.255.255 area 0

路由器 RC 的 OSPF 配置如下：

RC(config)#router ospf 1
RC(config-router)#network 192.168.2.0 0.0.0.255 area 0
RC(config-router)#network 3.3.3.0 0.0.0.255 area 0

验证 OSPF 的相关结果，以 RA 路由器为例，可在特权模式下使用：

RA#show ip route

观察 OSPF 邻居关系的建立情况使用：

步骤 1：在特权模式下输入命令：

RA#debug ip ospf adj

进入调试状态；

步骤 2：如进入 f 0/1 端口，关闭端口，观察邻居关系断裂；

RA(config)#interface fastethernet 0/1
RA(config-if)#shutdown

步骤 3：当接口都关闭后，重新开启端口，观察回馈信息，了解 OSPF 工作流程。

RA(config)#no shutdown

2．OSPF 的安全设置

为了防止路由信息被窃取，可以对 OSPF 进行安全设置，确保只有同一区域内合法的路由器之间才能交换路由信息。

OSPF 支持纯文本的明文方式和消息摘要（MD5）方式。因为明文方式安全性较差，所以通常多采用 MD5 方式。

设置步骤如下：

（1）设置某区域使用安全设置 MD5 方式

Router(config-router)#area *area-id* autherfication *message-digest*

（2）设置某接口验证其相邻路由器相邻接口时的 MD5 口令：

Router(config-if)#ip ospf *message-digest-key key-id* md5 key

其中，key-id 是口令标号，key 是口令字符串。

在同一区域内的相邻路由器的相邻接口的口令标号及口令字符串必须一致；同一路由器的不同接口的 MD5 口令可以不同。另外，在一台路由器上允许某些接口使用安全设置，某些接口不使用安全设置。

习题 10

1．请讲述 OSPF 的基本工作过程。
2．简述自治系统的分区概念。
3．简述 DR 和 BDR 的选举方法。
4．简述 OSPF 的配置过程。
5．下列哪些路由协议属于链路状态路由协议？
    A．RIPv1   B．IS-IS   C．OSPF
    D．RIPv2   E．静态路由

6. 路由协议分为___和___两种路由协议?
   A. 距离向量　　　　　　　　B. 链路状态
   C. 路由状态　　　　　　　　D. 交换状态
7. 两个链路状态路由协议有什么?
   A. RIPV1/V2　　　　　　　　B. IGRP 和 EIGRP
   C. OSPF　　　　　　　　　　D. IS-IS

第 11 章 帧中继技术

本章主要介绍帧中继协议的基本概念、基本功能和帧中继的帧结构，通过实例配置来理解帧中继在网络中的应用。通过本章的学习，掌握帧中继的基本概念和基本使用方法。

11.1 帧中继概述

11.1.1 帧中继基本功能

帧中继（Frame-Relay，FR）技术是在分组技术充分发展，数字与光纤传输技术和计算机技术日益成熟的条件下发展起来的。帧中继仅完成 OSI 物理层和链路层核心层的功能，将流量控制、纠错等留给智能终端去完成，大大简化了节点机之间的协议；同时，帧中继采用虚电路技术，能充分利用网络资源，因而帧中继具有吞吐量高、时延低、适合突发性业务等特点。帧中继具有很大的潜力，主要应用在广域网（WAN）中，支持多种数据型业务，如局域网互联、图像查询、图像监视和会议电视等。由于帧中继高效简单，又可以实现一对多的连接，因此得到了广泛的应用。

11.1.2 帧中继工作原理

帧中继的协议结构如图 11-1 所示。帧中继在 OSI 第二层以简化的方式传送数据，仅完成物理层和链路层核心层的功能，智能化的终端设备把数据发送到链路层，并封装在 D 通道链路接入协议（LAPD）帧结构中，实施以帧为单位的信息传送。网络不进行纠错、重发、流量控制等。

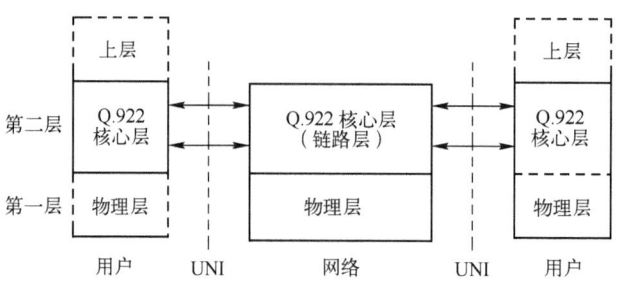

图 11-1 帧中继的协议结构

帧不需要在第三层处理，能在每个交换机中直接通过，即帧的尾部还未收到前，交换机就可以把帧的头部发送给下一个交换机，一些属于第三层的处理（如流量控制）留给了智能终端去处理。这样帧中继把通过节点间的分组重发并把流量控制、纠错和拥塞的处理程序从网内移到网外或终端设备，从而简化了交换过程，使得吞吐量大、时延小。

帧中继采用统计复用，即按需分配带宽，适用于各种具有突发性数据业务的用户。用户可以有效地利用预先约定的带宽，并且当用户的突发性数据超出预定带宽时，网络可及时提供所需带宽。

11.1.3 帧中继与 X.25 协议的主要差别

帧中继是继 X.25 后发展起来的数据通信方式。从原理上看，帧中继与 X.25 都同属于分组交换。帧中继与 X.25 协议的主要差别如下：

① 帧中继带宽较宽。
② 帧中继的层次结构中只有物理层和链路层，含去了 X.25 的分组层。
③ 帧中继采用 D 通道链路接入规程 LAPD，X.25 采用 HDLC 的平衡链路接入规程 LAPB。
④ 帧中继可以不用网络层而只使用链路层来实现复用和转接。
⑤ 与 X.25 相比，帧中继在操作处理上做了大量简化。不需要考虑传输差错问题，其中间节点只做帧的转发操作，不需要执行接收确认和请求重发等操作，差错控制和流量均交由高层端系统完成，大大缩短了节点的时延，提高了网内数据的传输速率。

11.2 帧中继格式

帧中继采用 Q.922 LAPD 的帧格式，如图 11-2 所示。

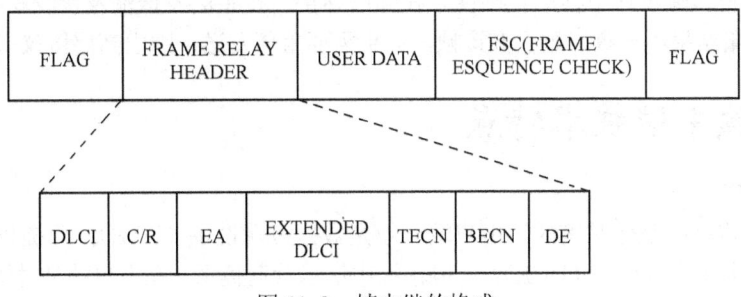

图 11-2 帧中继的格式

1. 帧标志 FLAG

FLAG 用于帧定位，帧中继标志的编码是 01111111。

2. 帧中继头（FRAME RELAY HEADER）

帧中继头包括下面的内容。

（1）数据链路连接标识（DLCI）

其用于区分不同的帧中继连接，是帧中继的地址字段。根据地址字段把帧送到适当的邻近节点，并选择路由到达目的地。根据需要，地址字段还可扩展为 2 个 8 位组。在目前实施的帧中继中，对地址字段的分配还存在某些限制。根据 ITU-T 的有关的建议，DLCI 的 0 号保留为通路接收控制信令使用；DLCI 的 1 到 15 号和 1008 到 1022 号保留为将来应用；DLCI 的 1023 号保留为在本地管理接口（LMI）通信时使用；DLCI 从 16 号到 1007 号共有 992 个地址可为帧中继使用。对于标准的帧中继接口，DLCI 的号具有本地的含义。在帧中继连接中，两个端口的用户/网络接口（UNI）可以具有不同的 DLCI 值。

（2）命令响应位（C/R）

该比特在帧中继网络中透明传输。

（3）地址段扩张位（EA）

EA 用于指示地址是否扩张，地址字段仅使用两个 8 位组，第一个 8 位组的 EA 置为 "0"，第二个 8 位组的 EA 置为"1"。

（4）扩张的 DLCI（EXTENDED DLCI）

（5）前向拥塞告知位（FECN）和后向拥塞告知位（BECN）

BECN 可以由拥塞的网络置位来通知帧中继接入设备启动避免拥塞的程序。帧中继网络拥塞时，网络的任务是识别拥塞的状态及设置前向拥塞告知比特 FECN。当接收端帧中继接入设备发现 FECN 比特被置位后，必须在向发送端发送的帧中将 BECN 置位。

（6）丢弃指示（DE）

丢弃指示位用于指示在网络拥塞情况下丢弃信息帧的适用性。通常当网络拥塞后，帧中继网络会将 DE 比特置 1。但目前有关该比特的确切定义和使用方法尚在研究之中。

3．用户数据（USER DATA）

用户数据包括控制字段和信息字段，其长度是可变的。信息字段的内容应由 8 比特组的倍数构成。

4．FSC 为帧序列校验序列

其用于保证在传输过程中帧的正确性。在帧中继接入设备的发送端及接收端都要进行 CRC 校验的计算。如果结果不一致，则丢弃该帧。如果需要重新发送，则由高层协议来处理。

11.3　帧中继技术特点

（1）DTE/DCE

帧中继建立连接时是非对等的，用户端一般是数据终端设备（DTE），而提供帧中继网络服务的设备是数据电路终端设备（DCE），一般由帧中继运营商提供。在用户端某种测试环境中，也可以组建帧中继的 DTE 和 DCE 相连，或者组建帧中继交换的方案来搭建帧中继的相连。

（2）帧中继地址

帧中继协议是一种统计方式的多路复用服务，允许在同一物理连接共存多个逻辑连接（通常也叫做信道），也就是说，它在单一物理传输线路上能够提供多条虚电路。每条虚电路是用数据链路连接标识（Data Link Connection Identifier，DLCI）来标识的，DLCI 只具有本地意义，即在 DTE-DCE 之间有效。DLCI 不具有端到端的 DTE-DTE 之间的有效性，即在帧中继网络中，不同物理接口上相同的 DLCI 并不表示是同一个虚连接。帧中继网络用户接口上最多可支持 1024 条虚电路，其中用户可用的 DLCI 范围是 16～1007。由于帧中继虚电路是面向连接的，本地不同的 DLCI 连接到不同的对端设备，因此可以认为 DLCI 就是 DCE 提供的"帧中继地址"。

（3）静态地址映射

帧中继的地址映射是把对端设备的 IP 地址与本地的 DLCI 相关联，以使得网络层协议使用对端设备的 IP 地址能够寻址到对端设备。帧中继主要用来承载 IP，在发送 IP 报文时，根据路由表只知道报文的下一跳 IP 地址。发送前必须由下一跳 IP 地址确定它对应的 DLCI，这个过程通过查找帧中继地址映射表来完成，因为地址映射表中存放的是下一跳 IP 地址和下一跳的 DLCI 的映射关系。地址映射表的每一项可以由手工配置。

（4）反转 ARP

反转 ARP 可以使帧中继动态地学习到网络协议的 IP 地址，利用反转 ARP 的请求报文请求下一跳的协议地址，并在反转 ARP 的响应报文中获取 IP 地址，放入 DCLI 和 IP 地址的映射表中。

默认情况下，路由器支持反转 ARP 来协商 DLCI 和 IP 地址。动态地址映射专用于多点帧中继配置。当 PVC 远端设备不支持反转 ARP 协议时，禁止该协议或者该 DLCI 的反转 ARP。

（5）永久虚电路 PVC 和交换虚电路 SVC

根据建立虚电路的不同方式，可以将虚电路分为两种：永久虚电路（PVC）和交换虚电路（SVC）。手工设置产生的虚电路叫永久虚电路，通过某协议协商产生的虚电路叫交换虚电路，这种虚电路不需人工干预，自动创建和删除。在帧中继中使用较多的方式是永久虚电路方式，即手工配置虚电路方式。

（6）本地管理信息

在永久虚电路方式下，需要检测虚电路是否可用。本地管理信息（LMI）协议就是用来检测虚电路是否可用。在路由器中实现了 3 种本地管理信息协议：ITU-T Q.933 Annex A、ANSI T1.617 Annex D 和 Cisco 格式，它们的基本工作方式都是：DTE 设备每隔一定时间发送一个全状态请求 Status Enquiry 报文去查询虚电路的状态，DCE 设备收到全状态请求 Status Enquiry 报文后，立即用 Status 报文通知 DTE，当前接口上所有虚电路的状态。

（7）CIR 技术

帧中继主要用于传递数据业务，传递数据时不带确认机制，没有纠错功能。但提供一套合理的带宽管理和防止阻塞的机制，用户有效利用预先约定的带宽，即承诺的信息速率（CIR），并且允许用户的突发数据占用未预定的带宽。

11.4 帧中继配置技术

11.4.1 帧中继主要配置命令

帧中继配置的主要内容有：配置接口封装协议、配置动态或者静态地址映射、配置本地管理接口 LMI 参数（可选）、配置帧中继交换（可选）、配置帧中继子接口（可选）、配置负载压缩（可选）、配置 TCP/IP 报头压缩（可选）、配置 DLCI 优先等级（可选）、创建接口的广播队列（可选）。

（1）配置接口封装协议

在同步口上封装帧中继协议或者取消封装帧中继，使用如下命令来指定：

        Router(config-if)#encapsulation frame-relay [ietf]   !封装 Frame-Relay 帧中继协议
        Router(config-if)#no encapsulation frame-relay   !在指定的接口上取消封装帧中继

为了与主流设备兼容，系统默认封装的帧中继的格式是 Cisco 封装，如果没有特殊的使用场合，则配置 ietf 类型，即 encapsulation frame-relay ietf 命令。

（2）配置帧中继协议的接口类型

帧中继接口默认接口类型为 DTE，DCE 类型只有在设备用作帧中继交换或者模拟帧中继设备时才使用，NNI 是用在帧中继交换机之间的接口类型。命令如下：

        !封装 Frame-Relay 帧中继协议的接口类型为 DTE 或者 DCE 或者 NNI
        Router(config-if)#frame-relay intf-type {dte|dce|nni}
        Router(config-if)#no frame-relay intf-type   !恢复接口的默认的接口类型

如果封装成 DCE，必须首先在全局配置层配置命令：

        Router(config)#frame-relay switching

(3) 配置地址映射

① 配置静态地址映射

静态地址映射反映远端设备的 IP 地址和本地 DLCI 的对应关系，地址映射可以手工配置，命令如下：

```
Router(config-if)#frame-relay map ip ip-address DLCI[broadcast|ietf|cisco]
                                              !手动建立帧中继静态地址映射表
Router(config-if)#no frame-relay map ip ip-address    !删除帧中继 IP 地址映射表项
```

在对端设备不支持反转 ARP（动态地址映射）协议时，本地端必须配置静态地址映射才能通信，设置静态映射之后，反转 ARP 自动失效。

ietf 可选关键字指示帧中继进程使用 IETF 帧中继封装方法。当路由器与一个帧中继网络上的指定使用 cisco 封装的设备时，使用 cisco 关键字。使用 cisco 或 ietf 关键字可以覆盖接口配置命令 encapsulation frame-relay 所指定的方法。不指定 cisco 或者关键字将使地址映射继承接口配置命令 encapsulation frame-relay 所设置的属性。

当网络协议需要使用广播功能时使用关键字 Broadcast，在 IP 网络上使用 OSPF 或者 EIGRP 路由协议时，使用该关键字尤其重要。

② 配置动态反转 ARP

动态地址映射对于网络协议默认都为启用状态。

由于反转 ARP 默认为启用状态，因此不需要为动态寻址而专门指定它，除非反转 ARP 被禁止。在指定的接口配置下，如下命令禁止反转 ARP。

```
Router(config-if)#frame-relay inverse-arp [ip] [DLCI]
                                              !指定帧中继的特定的协议和 DLCI 号使用反转 ARP
Router(config-if)#no frame-relay inverse-arp [ip] [DLCI]
                                              !禁止帧中继的特定的协议和 DLCI 号使用反转 ARP
```

当 no frame-relay inverse-arp 不特别指定哪个协议和哪个 DLCI 号时，是使所有的协议和接口上所有的 DLCI 都禁止使用反转 ARP。

(4) 配置本地虚电路号 DLCI

只有当本地接口类型为 DCE 或者是 NNI 类型时，才可以在接口上配置本地虚电路号，命令如下：

```
Router(config-if)#frame-relay local-dlci DLCI       ! 指定本地虚电路号
Router(config-if)#no frame-relay local              ! 取消本地虚电路号
```

(5) 配置本地管理接口 LMI 类型

RGNOS 系统支持 3 种帧中继的本地管理接口：ITU-TQ.933 附录 A(Q933A)、ANSIT1.617 附录 D（ANSI）和 CISCO 格式。用户在配置设置该参数时必须和帧中继网络的接入设备（DCE 端）一致，系统默认是 Q933A，一般提供 ANSI 类型。与工业主流设备 Cisco 设备相连时，也可以采用和 Cisco 相一致的管理类型 Cisco 格式。

配置本地管理接口命令如下：

```
Router(config-if)#frame-relay lmi-type {q933a | ansi | cisco}
```

(6) 配置帧中继交换

RGNOS 系列路由器支持帧中继的交换功能，用此功能可以将路由器模拟成局域网络中的交换机。配置帧中继交换必须注意以下几点：

◇ 设定帧中继交换使能命令。

◆ 设定接口的 intf-type 是 DCE 或者 NNI 类型。
◆ 帧中继交换路由器必须两个以上的接口配置了交换才可以起作用。
◆ 必须配置帧中继交换路由：

　　Router(config-if)#frame-relay route in-dlci interface serial number out-dlci
　　　　　　　　　　　　　　　　!设定帧中继交换，指定两个同步口之间的 DLCI 交换
　　Router(config-if)#no frame-relay route in-dlci interface serial number out-dlci
　　　　　　　　　　　　　　　　!取消该接口和 serial number 之间的 DLCI 的交换

将本地接口上 DCE 上的 DLCI 设定为 in-dlci，而另外一个同步接口 serial number 上的 DCE 的 DLCI 设定为 out-dlci。

（7）配置帧中继子接口

子接口使得一个单一的物理接口能够被视为多个虚拟接口。子接口的使用，使路由器将物理接口的属性应用于每个虚拟接口。默认情况下，DLCI 全部分配给物理接口，需要将 DLCI 明确分配给该物理接口的一个指定的虚拟子接口。一个物理接口可以有多个子接口，虽然子接口是逻辑接口并不实际存在，但对于网络层而言，子接口和主接口没有区别，都可通过配置 PVC 与远端设备相连。

帧中继的子接口又可分为两种：点到点 point-to-point 子接口和点到多点 multipoint 子接口。点到点子接口用于点到点连接，一般一个帧中继点到点子接口分配一个 PVC，这种子接口与连接 DDN 线路的物理接口属性类似；点到多点子接口用于连接同一个网段的多个（一般两个以上）用户端设备。

因为点到点的子接口只有一个远程 DTE 的设备，不用配置静态地址映射，利用反转 ARP 就可知道对方 IP 地址对应的 DLCI，点到多点的子接口可通过运行反转 ARP 协议动态学习或通过手工静态配置来使每条 PVC 都能与其相连的远程 DTE 建立地址映射关系。

具有反转 ARP 能力的所有点到点子接口和多点子接口都需要 frame-relay interface-dlci 命令，而使用静态寻址的多点子接口则不需要此命令。

接口配置按照如下步骤进行。

① 创建子接口

子接口的创建可以按如下步骤进行：

第一步：

　　Router(config)# interface serial number　　!进入同步串口接口配置层

第二步：

　　Router(config-if)# encapsulation frame-relay [ietf|cisco]
　　　　　　　　　　　　　　　　　　　　!封装帧中继，推荐 ietf 格式

第三步：

　　Router(config)# interface serial number.subinterface-number [multipoint|point-to-point]
　　　　　　　　　　!退出到全局配置层，再创建帧中继的子接口，并指定接口的类型

其中，封装帧中继子接口时，默认封装为点到多点。

② 配置帧中继子接口的 DLCI 号

如果使用反转 ARP，那么必须配置帧中继子接口的 DLCI，如果使用静态映射，则可以忽略此步骤。

　　Router(config-subif)# frame-relay interface-dlci DLCI　　!配置子接口的 DLCI
　　Router(config-subif)# no frame-relay interface-dlci DLCI　　!删除子接口的 DLCI

③ 配置帧中继子接口 PVC 及建立地址映射

对于点到点子接口，因为只有唯一的对端 DTE，所以在给子接口配置虚电路的 DLCI 时，实际已经隐含地确定了对端的网络地址，而于对点到多点子接口，对端网络地址与本地 DLCI 的映射关系必须通过配置静态地址映射或者通过反转 ARP 来确定。

建立帧中继子接口静态地址映射见表 11-1。

表 11-1 帧中继子接口静态地址映射

命 令	作 用
Router(config-subif)#frame-relay map ip ip-addressDLCI[option]	建立帧中继子接口静态地址映射
Router(config-isubf)# no frame-relay map ip ip-addressDLCI[option]	删除帧中继子接口静态地址映射

允许/禁止帧中继子接口反转 ARP 命令见表 11-2。

表 11-2 帧中继子接口反转 ARP

命 令	作 用
Router(config-subif)#frame-relay inverse-arp ip [DLCI]	允许使用帧中继子接口反转 ARP 协议
Router(config-subif)#no frame-relay inverse-arp ip [dlci]	禁止使用帧中继子接口反转 ARP

默认情况下，帧中继子接口允许使用反转 ARP 协议。

11.4.2 帧中继配置示例

1. 配置帧中继 IETF DTE 示例

（1）组网需求

在图 11-3 中，通过公用帧中继网络互连局域网，路由器只能作为用户设备工作在帧中继的 DTE 方式，假设路由器 R1 的 DLCI 号为 16，则路由器 R2 的 DLCI 号为 17。

图 11-3 配置帧中继 DTE 示例图

（2）配置步骤

① 配置接口 IP 地址

    Router(config)#interface serial 0
    Router(config-if)#ip address 1.1.1.1 255.255.255.252

② 配置接口封装为帧中继 IETF 报文格式

    Router(config-if)#encapsulation frame-relay ietf

③ 配置静态地址映射

    Router(config-if)#frame-relay map ip 1.1.1.2 16

配置路由器 R2 步骤：

① 配置接口 IP 地址

    Router(config)#interface serial 0
    Router(config-if)#ip address 1.1.1.2 255.255.255.252

② 配置接口封装为帧中继 IETF 报文格式

  Router(config-if)#encapsulation frame-relay ietf

③ 配置静态地址映射

  Router(config-if)#frame-relay map ip 1.1.1.1 17

2. 配置帧中继 IETF DCE 示例

（1）组网需求

  两台路由器通过电缆线背靠背直连，R1 物理层和帧中继链路层都作为 DTE 工作方式、R2 在物理层和帧中继链路层都作为 DCE 工作方式。

（2）配置步骤

配置路由器 R1 的步骤如下。

① 配置接口 IP 地址

  Router(config)#interface serial 0
  Router(config-if)#ip address 1.1.1.1 255.255.255.252

② 配置接口封装为帧中继 IETF 报文格式

  Router(config-if)#encapsulation frame-relay ietf

③ 配置静态地址映射

  Router(config-if)#frame-relay map ip 1.1.1.2 16

配置路由器 R2 的步骤如下。

① 配置帧中继交换功能

  Router(config)#frame-relay switching

② 配置接口 IP 地址

  Router(config)#interface serial 0
  Router(config-if)#ip address 1.1.1.2 255.255.255.252

③ 配置接口封装为帧中继 IETF 报文格式

  Router(config-if)#encapsulation frame-relay ietf

④ 配置接口的类型 DCE

  Router(config-if)#frame-relay intf-type DCE

⑤ 配置本地 DLCI 号

  Router(config-if)#frame-relay local-dlci 17

⑥ 配置静态地址映射

  Router(config-if)#frame-relay map ip 1.1.1.1 17

3. 配置帧中继子接口－点到点子接口示例

（1）组网需求

  在图 11-4 中，路由器 R1 封装帧中继点到点子接口，路由器 R2、R3 在物理层接口上封装帧中继，都工作在 DTE 方式，DLCI 号在 R1 上分别是 16、17，R2 的 DLCI 号是 20，R3 的 DLCI 号是 19。采用 ANSI 本地管理类型。

（2）配置步骤

① 配置路由器 R1

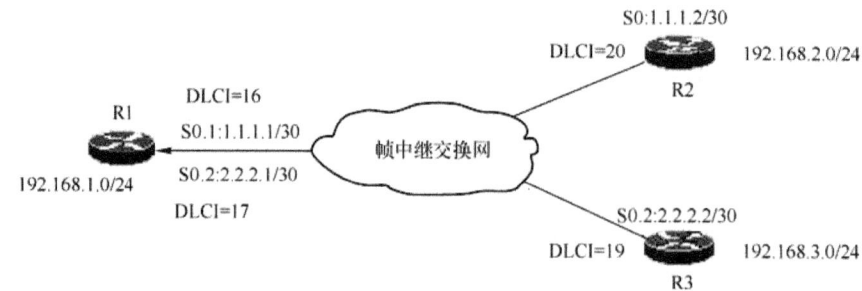

图 11-4　帧中继点到点子接口配置示例图

```
Router(config)#interface serial0
Router(config-if)#encapsulation frame-relay ietf
                                                !配置物理子接口的帧中继封装格式 ietf
Router(config-if)#frame-relay lmi-type ansi     !设定 ANSI 本地管理类型
Router(config)#interface serial0.1 point-to-point
                                                !创建帧中继点到点子接口 serial0.1
Router(config-subif)#ip address 1.1.1.1 255.255.255.252
Router(config-subif)#frame-relay interface-dlci 16  !设定 IP 地址和指定本地 DLCI 号
Router(config)#interface serial0.2 point-to-point
                                                !创建帧中继点到点子接口 serial0.2
Router(config-subif)#ip address 2.2.2.1 255.255.255.252
Router(config-subif)# frame-relay interface-dlci 17 !指定本地 DLCI 号
```

② 配置路由器 R2

```
Router(config)#interface serial0
Router(config-if)#ip address 1.1.1.2 255.255.255.252
Router(config-if)#encapsulation frame-relay ietf   !配置接口 serial0 帧中继封装格式 ietf
Router(config-if)#frame-relay lmi-type ansi        !设定 ANSI 本地管理类型
Router(config-if)#frame-relay map ip 1.1.1.1 20 broadcast
```

③ 配置路由器 R3

```
Router(config)#interface serial0
Router(config-if)#ip address 2.2.2.2 255.255.255.252
Router(config-if)#encapsulation frame-relay ietf   !配置接口 serial0 帧中继封装格式 ietf
Router(config-if)#frame-relay lmi-type ansi        !设定 ANSI 本地管理类型
Router(config-if)#frame-relay map ip 2.2.2.1 19 broadcast
```

4．配置帧中继子接口－点到多点子接口示例

（1）组网需求

在图 11-5 中，三台路由器进行点到多点通信，路由器 R4 用于点到点通信，此例不予配置，路由器 R1 的子接口 serial0.1 封装帧中继点到多点子接口，分别映射到 R2、R3 的两个物理接口，路由器 R2、R3 在物理层接口上封装帧中继，都工作在 DTE 方式，DLCI 号在 R1 上分别是 16，17，R2 的 DLCI 号是 20，R3 的 DLCI 号是 19。采用默认的 Q933A 本地管理类型。路由器 R1 将采用静态路由映射的方式手工指定帧中继的地址映射表。子接口 Serial0.2 是点到点的子接口类型，在本示例中不细述。

（2）配置步骤

① 配置路由器 R1

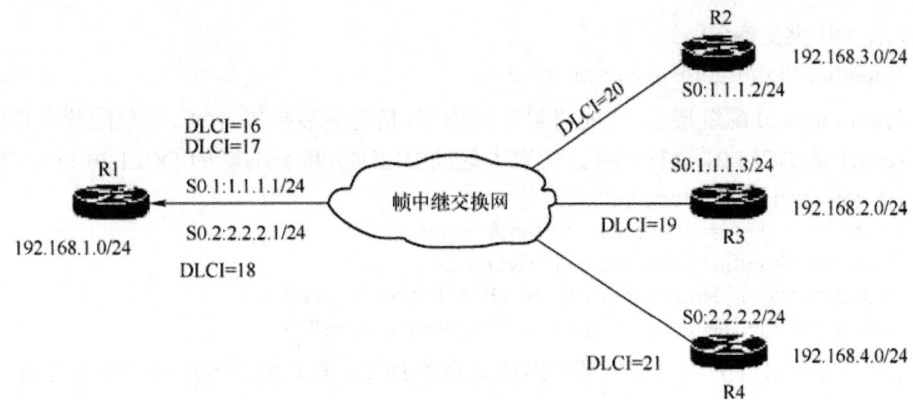

图 11-5 帧中继点到多点子接口配置示例图

```
Router(config)#interface serial0
Router(config-if)#encapsulation frame-relay ietf    !配置物理子接口的帧中继封装格式 ietf
Router(config)#interface serial0.1 multipoint
Router(config-subif)#ip address 1.1.1.1 255.255.255.0
Router(config-subif)#frame-relay map ip 1.1.1.2 16
Router(config-subif)#frame-relay map ip 1.1.1.3 17
                    !创建帧中继点到多点子接口 serial0.1，并且设定静态地址映射
```

② 配置路由器 R2

```
Router(config)#interface serial0
Router(config-if)#ip address 1.1.1.2 255.255.255.0
Router(config-if)#encapsulation frame-relay ietf    !配置接口 serial0 帧中继封装格式 ietf
Router(config-if)#frame-relay map ip 1.1.1.1 20
```

③ 配置路由器 R3

```
Route(config)#interface serial0                     !配置接口 serial0
Router(config-if)#ip address 1.1.1.3 255.255.255.0
Router(config-if)#encapsulation frame-relay ietf    !帧中继封装格式 ietf
Router(config-if)#frame-relay map ip 1.1.1.1 19
```

5．配置帧中继交换示例

（1）组网需求

图 11-6 中有 4 台路由器，其中的一台路由器仿真成帧中继交换机，使用帧中继交换的功能。R1 路由器封装帧中继并且用多个 IP 地址静态映射，路由器 R2、R3 在物理层接口上封装帧中继，都工作在 DTE 方式，DLCI 号在 R1 上分别是 16，17，R2 的 DLCI 号是 20，R3 的 DLCI 号是 21。然后，路由器 R1 将被作为点到多点的帧中继接口。路由器 R2 和 R3 分别映射到中心路由器 R1。

（2）配置步骤

首先配置帧中继交换路由器，然后配置路由器 R1、R2、R3，步骤如下：

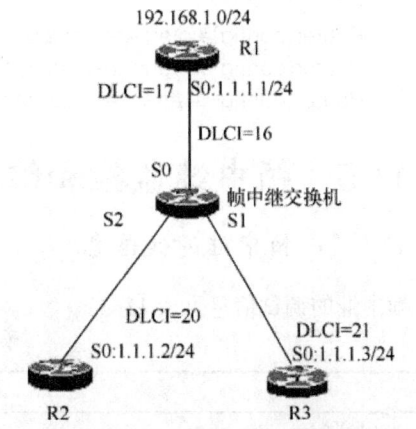

图 11-6 帧中继点到多点子接口配置示例图

① 允许帧中继交换使能。

　　Route(config)#frame-relay switching

② 在串口 serial0 配置层上,首先将封装帧中继,指定封装格式 DCE,然后配置本地的 DCLI 号 16 和 serial1 的 DCLI 21 进行交换,配置本地的 DLCI17 和 serial2 的 DCLI 20 进行交换。

　　Router(config)#interface serial0
　　Router(config-if)#encapsulation frame-relay
　　Router(config-if)#frame-relay intf-type dce
　　Router(config-if)#frame-relay route 16 interface Serial1 21
　　Router(config-if)#frame-relay route 17 interface Serial2 20

③ 在接口 seiral1 上,首先配置帧中继接口类型 DCE,然后配置本地的帧中继的 DCLI 号 21 和接口 serial0 的 DCLI 16 进行交换。

　　Route(config)#interface Serial1
　　Router(config-if)#encapsulation frame-relay
　　Router(config-if)#frame-relay intf-type dce
　　Router(config-if)#frame-relay route 21 interface Serial0 16

④ 在接口 seiral2 上,首先配置帧中继接口类型 DCE,然后将本地的帧中继的 DCLI 端 20 和接口 serial0 的 DCLI 17 进行交换。

　　Route(config)#interface Serial2
　　Router(config-if)#encapsulation frame-relay
　　Router(config-if)#frame-relay intf-type dce
　　Router(config-if)#frame-relay route 20 interface Serial0 17

⑤ 配置路由器 R1

　　Router(config)#interface serial0
　　Router(config-if)#encapsulation frame-relay ietf
　　Router(config-if)#frame-relay map ip 1.1.1.2 17
　　Router(config-if)#frame-relay map ip 1.1.1.3 16

⑥ 配置路由器 R2

　　Router(config)#interface serial0
　　Router(config-if)#encapsulation frame-relay ietf
　　Router(config-if)#frame-relay map ip 1.1.1.1 20

⑦ 配置路由器 R3

　　Router(config)#interface serial0
　　Router(config-if)#encapsulation frame-relay ietf
　　Router(config-if)#frame-relay map ip 1.1.1.1 21

11.5 帧中继监控和维护

11.5.1 帧中继调试信息

帧中继的调试信息见表 11-3。

表 11-3 调试信息

命　　令	作　　用
Router#debug frame-relay events	调试帧中继事件信息
Router#debug frame-relay ip tcp [header-compression]	调试帧中继的 IPTCP 信息,或者 TCP 报头压缩信息

续表

命令	作用
Router#debug frame-relay lmi [interface serial number]	调试帧中继本地管理信息的报文信息
Router#debug frame-relay packet [interface serial number]	调试帧中继报文传输的信息

表 11-3 的调试信息中，debug frame-relay lmi 和 debug frame-relay packet 最为常用。例如：

Serial0(o):DLCI16(0x401), pkt type 0x800(IP), datagramsize 104
Serial0(i):DLCI16(0x401), pkt type 0x800, datagramsize 104

这是 debug frame-relay packet 的调试信息，serial0 表示是接口 serial0，o（output）表示是输出的报文，i（input）表示是输入的报文，DLCI16 表示在本地 DLCI 号为 16 的虚链路上的报文，其中报文的网络协议是 0x800，IP 协议，报长 104 字节。

11.5.2 帧中继链路维护命令

表 11-4 是常见的帧中继链路的维护命令。

表 11-4 帧中继链路维护

命令	作用
Router#clear frame-relay-inarp	清除用反转 ARP 创建的动态地址映射
Router#show interfaces serial number	显示同步口接口的信息
Router#show frame-relay lmi	显示帧中继本地管理信息
Router# show frame-relay map	显示帧中继映射表
Router# show frame-relay pvc	显示帧中继永久虚电路 PVC 信息
Router# show frame-relay route	显示帧中继交换信息
Router# show frame-relay traffic	显示帧中继流量信息

（1）清除用反转 ARP 创建的动态地址映射

以下信息是用 show frame-relay map 命令显示出的用反转 ARP 建立起来的帧中继映射表，注意到 dynamic 就是该映射关系指不是用手动配置的映射。使用 clear frame-relay-inarp 命令之后，再用 show frame-relay map 命令，则没有任何显示。一旦接口的帧中继协议重新学习到映射关系，用 show frame-relay map 命令显示出的提示照常。

Serial0(up):ip 1.1.1.1DLCI16(0x10,0x400), dynamic, broadcast, IETF, status defined, active

（2）显示同步口接口的信息

观察以下显示的信息，物理上是否 UP 主要看首行是否显示 serial0 is up，链路协议层是否 UP 主要看首行是否显示 Line protocol is up。接口封装格式 Encapsulation FRAME-RELAY IETF，LMI enq recvd 23951，LMI stat sent 23951 显示出当前状态请求报文 Status Enquired 接收和发送的个数，DTELMI up 显示出接口上的 DTE 端是否处于激活状态。

Serial0 is up, line protocol is up
Hardware is HDLC 4530A
Internet address is 1.1.1 .2/24
MTU 1500 bytes, BW 1544 Kbit, DLY 20000 usec, rely 255/255, load 1/255
Encapsulation FRAME-RELAY IETF, loopback not set, keepalive set (10 sec)

```
LMI enq sent 1, LMI stat recvd 0, LMI upd recvd 0
LMI enq recvd 23951, LMI stat sent 23951, LMI upd sent 0,DTELMI up
LMIDLCI0 LMI type is CCITT frame relay DTE
Broadcast queue 0/64, broadcasts sent/dropped 0/0, interface broadcasts 0
Last input 00:00:03, output 00:00:03, output hang never
……
DCD=up DSR=up DTR=up RTS=up CTS=up
```

（3）显示帧中继映射表

在下列显示信息中，Serial0 指出是哪个接口封装了帧中继，1.1.1.2 是对端 DTE（DCE）设备的 IP 地址，DLCI16 是本地的 DLCI 号，Static 是手工设置的静态映射，IETF 是帧中继封装的报文格式，Active 是当前的 PVC 是处于激活的状态。

```
Serial0 (up): ip 1.1.1 .2DLCI16(0x10,0x400), static, IETF, status defined, active
```

（4）显示帧中继永久虚电路 PVC 信息

在下列显示信息中，前两行显示了本地 PVC 的基本信息，包括 DCLI、接口、PVC 状态、DTE 或者 DCE 末行显示出 PVC 的创建时间和最后一个状态持续的时间，根据状态持续的时间，可以知道帧中继的 PVC 状态保持了多久的时间，而创建的时间是 PVC 创建之后持续的时间，可能在这段时间内状态从 Active 到 Inactive 和从 Inactive 到 Active。

```
PVC Statistics for interface Serial0 (Frame Relay DTE)
DLCI = 16,DLCIUSAGE = LOCAL, PVC STATUS = ACTIVE, INTERFACE = Serial0
input pkts 15 output pkts 17 in bytes 1560
out bytes 1768 dropped pkts 0 in FECN pkts 0
in BECN pkts 0 out FECN pkts 0 out BECN pkts 0
in DE pkts 0 out DE pkts 0
pvc create time 00:25:48, last time pvc status changed 00:25:10
```

（5）显示帧中继交换信息

表 11-5 显示出帧中继交换时的各个接口的输入 DLCI 和输出 DLCI 的状态，其中 DLCI 从 serial0 接口是点到多点子接口的输出端，接口的三个 DLCI 分别对应于 210、220、230，分别交换到 serial1、serial2、serial3，serial1 是 210，而接入到 serial1 接口的 DTE 的 DLCI 号 210，接入到 serial2 接口的 DTE 的 DLCI 号 220，接入到 serial3 接口的 DTE 的 DLCI 号 230。

表 11-5 帧中继交换信息

Input	Intf	InputDLCIOutput	Intf	OutputDLCIStatus
Serial0	210	Serial1	210	active
Serial0	220	Serial2	220	active
Serial0	230	Serial3	230	active
Serial1	210	Serial0	210	active
Serial2	220	Serial0	220	active
Serial3	230	Serial0	230	active

（6）显示帧中继流量信息

该命令显示的是 ARP 发送和接收的个数。

习题 11

1. 帧中继采用什么方式来保持 PVC 的连通状态?
2. 帧中继 LMI 的作用是什么?
3. 帧中继使用什么来决定下一跳的地址?
4. 帧中继的封装类型有哪几种?
5. 帧中继与 X.25 协议的主要差别是什么?
6. 简述帧中继技术的特点。
7. DCLI 在帧中继配置技术中起到什么作用?
8. 帧中继技术的主要应用有哪些?

高级篇

园区网安全和交换机端口

数据包过滤和访问控制列表

广域网

网络地址转换技术

常见网络故障分析处理及管理

第 12 章　园区网安全和交换机端口

园区网是将多个局域网通过高速链路连接起来的网络，是被统一管理的大型局域网。在安全防护方面，园区网需注意局域网之间的安全隔离，防止安全风险从一个局域网蔓延到另一个局域网；同时需注意内网终端的安全防护，由终端漏洞引起的安全事故占到所有安全事故的 80%以上。本章主要介绍交换机端口安全和防火墙过滤设置。通过本章的学习，读者应了解常见的网络安全隐患及常用防范技术，熟悉交换机端口安全功能及配置。

12.1　园区网安全概述

1．园区网内部的安全隐患

园区网内部的安全隐患主要存在于终端方面，具体存在以下安全风险：
① 计算机终端未经安全认证和授权即可随意接入内网，导致病毒传播和信息外泄的风险。
② 计算机终端存在的操作系统安全漏洞不能及时修复，未按照要求安装指定防病毒软件，或者未按照要求定期更新病毒定义码，使终端丧失或削弱对病毒的防御能力。
③ 终端安全级别设置过低，既没有禁用存在安全隐患的设置，如没有禁用 Guest 账号、允许自动运行等，也没有按规定空闲定时启用屏幕保护，留下安全隐患。
④ 终端用户操作合法性风险，内部用户对内网文件的访问和对互联网访问不受管理，则易产生信息外泄风险。
⑤ 移动存储设备的使用不受管理，则容易导致病毒或木马通过移动存储设备感染到内网，或者内部资料通过移动存储设备外泄。
⑥ 内网用户不通过指定的互联网链路上网，使互联网网关的保护失效，产生安全风险。

2．园区网的内网安全防护

园区网的内网安全需从以下几方面进行防护。
① 终端准入控制：确保内网的所有终端都接受管理，并禁止非法外来接入。
② 终端安全防护：对终端进行安全加固，如进行补丁检查、防病毒软件检查、注册表保护、外设管理等，并对终端的网络访问进行控制管理，切断非授权访问、病毒或木马的传播路径。
③ 终端用户的操作行为审计及控制：如文件、共享目录、上网行为的审计及控制，防止信息外泄风险。
④ 对移动存储设备进行有效管理：使移动存储设备只有经过认证后才能在内网使用，经过认证的设备不能在外网使用，从而防范信息外泄及病毒感染的风险。
⑤ 外联管理：内网用户只能用指定的互联网链路上网，不能自行通过无线网络、拨号等上网，而产生额外的安全风险。

3. 云计算环境下的网络安全

云计算环境对园区网带来了新的挑战，主要是传统的服务器保护技术因为服务器被部署到云端而产生的变化。因此，在云计算环境下，传统的服务器安全问题将更加突出，如服务器的入侵检测和防护、DOS 攻击的防范、SQL 注入的防范等，都需要重新审视和部署。

4. 园区网的数据交换安全

园区网与外网连接后，必须做好安全防范措施，如在内网、外网之间部署防火墙、IPS、防病毒或 UTM 产品，确保信息在内网和外网之间安全地流通。

在园区内实施安全的数据交换，除了在局域网之间部署防火墙或 UTM 设备外，还可以在内网终端上实施文档加密和使用授权，确保只有授权用户才能使用相关文档。另外，终端的准入控制和访问控制也有助于安全的数据交换。

5. 园区网安全的综合防护

园区网安全需要综合防护，等级保护是对政府相关的信息网络的强制性的安全规范，对于普通的园区网络，也具有很好的借鉴作用。如果园区网自觉地按照较高等级保护的规范要求自身的信息安全建设，必将大大提高园区安全保护水平。

实际上，园区网的内网安全防护是以身份认证、网络准入控制等技术为基础的，结合了终端安全防护、移动存储管理、上网行为管理等内网安全防护技术。

6. 园区网安全隐患的解决

解决园区网安全隐患的方法有多种，可通过交换机端口安全来实现，也可通过防火墙包过滤技术来实现，还可通过路由器配置访问控制列表 ACL 来解决园区网的安全性问题，等等。

12.2 交换机端口安全

12.2.1 端口安全概述

对交换机来说，首先需要保证交换机端口的安全。当交换机具有端口安全功能时，可利用端口安全的特性实现网络接入安全。当然，有些交换机并没有端口安全功能。

在交换机中，对端口安全的理解就是可以根据 MAC 地址来进行络流量的控制和管理，如 MAC 地址与具体的端口绑定，限制具体端口通过的 MAC 地址的数量，或者在具体的端口不允许某些 MAC 地址的帧流量通过等。

在有些园区网中，用户可以随意使用交换机等工具将一个上网端口增至多个，或者说使用自己的笔记本电脑连接到企业的网路中，类似的情况都会给企业的网络安全带来不利的影响，主要有如下两种情况：

一是未经授权的用户主机随意连接到企业的网络中，如用户在不经管理员同意的情况下，拔下某台主机的网线，插在自己带来的笔记本电脑上，接入到企业的网路中。如果用户带来的计算机本身就带有病毒，就有可能使得病毒通过企业内部网络进行传播，或者非法复制企业内部的资料等。

二是未经批准采用交换机设备。有些用户为了增加网络终端的数量，会在未经授权的情况下，将交换机接入到办公室的网络接口上，这会导致这个网络接口对应的交换机接口流量增加，从而导致网络性能的下降。在园区网日常管理中，这也是经常遇到的一种危险的行为。

从以上分析可以看出，交换机端口的安全环境非常薄弱。在这种情况下，应加强端口的安全性，阻止非授权用户的主机接入到交换机的端口上，防止未经授权的用户将交换机接入到办公室的网络接口上。

在实际应用中，要建立一套合理的安全规划。如对于交换机的端口，要制订一套合理的安全策略，包括是否要对接入交换机端口的 MAC 地址和主机数量进行限制等。安全策略制订之后，再进行相应的配置。根据交换机的工作原理，系统中会有一个转发过滤数据库，保存 MAC 地址等相关信息。而通过交换机的端口安全策略，可以确保只有授权的用户才能够接入到交换机特定的端口中。

12.2.2 端口安全设置方法

1．默认设置

端口安全的具体内容有 4 项，其默认设置如表 12-1 所示。

表 12-1 端口安全的默认设置

序　号	内　　容	设　　　置
1	端口安全设置	所有端口安全功能关闭
2	最大安全地址个数	128
3	安全地址	无
4	违例处理方式	保护（protect）/违例通知（Restrict）/关闭（Shutdown）

2．限制端口上能包含的安全地址最大个数

可以限制一个端口上能包含的安全地址最大个数。如果将最大个数设置为 1，并且为该端口配置一个安全地址，则连接到这个端口的工作站（其地址为配置的安全地址）将独享该端口的全部带宽。

当设置了安全端口上安全地址的最大个数后，可以使用下面几种方式加满端口上的安全地址：

① 使用接口配置模式下的命令 switch port-security mac-address *mac-address* 来手工配置端口的所有安全地址。

② 让该端口自动学习地址，这些自动学习到的地址将变成该端口上的安全地址，直到达到 IP 最大个数。注意，自动学习的安全地址均不会绑定地址，如果在一个端口上已经设置了绑定 IP 地址的安全地址，则将不能通过自动学习来增加安全地址。

③ 手工配置一部分安全地址，剩下的部分让交换机自己学习。

3．MAC 地址和 IP 地址绑定

可以通过限制允许访问交换机上某个端口的 MAC 地址和 IP 地址来实现严格控制对该端口的输入。当给安全端口打开了端口安全功能并设置了一些安全地址后，除了来自这些安全地址的包外，这个端口将不转发其他任何包。可以将 MAC 地址和 IP 地址绑定起来作为安全地址，当然也可以指定 MAC 地址而不绑定 IP 地址。

4．违例处理

如果一个端口被设置了安全端口，当其安全地址的数目已经达到了允许的最大个数时，或者该端口收到一个源地址不属于端口上的安全地址的包时，那么将产生一个安全违例。安全违例产

生时，可以选择多种方式来处理违例。

- Protect：安全端口将丢弃未知名地址的包。
- Restrict Trap：发送一个违例通知。
- Shutdown：关闭端口并发送一个违例通知。

如果采用上述第 3 种处理方式，一旦端口被关闭，则需要向网络管理员申请开通该端口。

12.2.3 端口安全配置及应用实例

配置端口安全时有如下限制：

- 一个安全端口不能是一个 aggregate port。
- 一个安全端口只能是一个 access port。

一个千兆接口上最多支持 20 个同时申明 IP 地址和 MAC 地址的安全地址。另外，由于同时申明 IP 地址和 MAC 地址的安全占用的硬件资源与 ACL 等功能所占用的系统硬件资源共享，因此当在某一端口上应用了 ACL，则该端口上所能设置的申明 IP 地址的安全地址个数将会减少。

建议一个安全端口上的安全地址的格式保持一致，即一个端口上的安全地址或者全是绑定了 IP 地址的安全地址，或者都是不绑定 IP 地址的安全地址。如果一个安全端口同时包含两种格式的安全地址，则不绑定 IP 地址的安全地址失效（绑定 IP 地址的安全地址优先级最高），这时如果要使端口上不绑定 IP 地址的安全地址生效，则必须删除端口上所有绑定了 IP 地址的安全地址。

1. 配置安全端口及违例处理方式

（1）配置步骤

从特权模式开始，通过以下步骤配置一个安全端口和违例处理方式：

① 由特权模式进入全局模式：
   configure terminal
② 由全局模式进入接口模式：
   interface *interface-id*
③ 设置接口为 access 模式：
   switchport mode access
④ 打开该接口的端口安全功能：
   switchport port-security
⑤ 设置接口上安全地址的最大个数：
   switchport port-security maximum value

接口上安全地址的最大个数的范围是 1～128，默认是 128。不同厂商的设定都不一样，如锐捷设备设定的最大安全地址个数为 1000 个。

⑥ 设置处理违例的方式：
   switchport port-security violation{protect|restrict|shutdown}

设置处理违例的方式中，shutdown 是关闭端口并发送一个 Trap 通知。当端口因为违例而被关闭后，如果将该端口重新开通，可在全局配置模式下使用命令：
   errdisable recovery

⑦ 退回特权模式：
   End

⑧ 显示安全接口配置:
　　Show port-security interface[*interface-id*]

在接口配置模式下，可使用命令 no switchport port-security 关闭一个接口的端口安全功能，使用命令 no switchport port-security maxinum 恢复默认个数，使用命令 no switchport port-security violation 将违例处理置为默认模式。

（2）举例说明

【例 12-1】 配置 fastethernet 0/5 接口上的端口安全功能，使其最大地址个数为 1，设置违例方式为 protect。

　　　　switch#configure　terminal
　　　　switch(config)# interface　fastethernet 0/5
　　　　switch(config-if)#switchport　modes　access
　　　　switch(config-if)#switchport　port-security
　　　　switch(config-if)#switchport　port-security　maxinum　1
　　　　switch(config-if)#switchport　port-security　violation　protect

2. 设置安全端口上的安全地址

（1）设置步骤

从特权模式开始，通过以下步骤手工设置一个安全端口上的安全地址。

① 由特权模式进入全局模式：
　　configure terminal
② 由全局模式进入接口模式：
　　interface *interface-id*
③ 手工配置接口上的安全地址：
　　switch port-security mac-address *mac-address*[ip-address *ip-address*]

ip-addrss 可选 IP 为这个安全地址绑定的地址。

④ 退回特权模式：
　　End
⑤ 显示端口安全配置：
　　Show port-security address

在接口配置模式下，可使用命令 no switchport port-security mac-address *mac-address* 删除该接口的安全地址。

（2）举例说明

【例 12-2】 为接口 fastethernet 0/3 设置一个安全 MAC 地址 00d0.f800.073c，并为其绑定一个 IP 地址 192.168.12.202。

　　　　switch#conf t
　　　　switch(config)# interface fastethernet 0/3
　　　　switch(config-if)# switchport modes access
　　　　switch(config-if)#switchport port-security
　　　　switch(config-if)#switchport　port-security　mac-address　00d0.f800.073c　ip-address 192.168.12.202

3. 设置安全地址的老化时间

允许为一个接口上的所有安全地址配置老化时间。当一个地址成为一个端口的安全地址后，经过设置老化时间指定的时间后,这个地址就将被自动删除。如果打开这个功能,需要设置安全地址的最大个数。

(1) 设置步骤

从特权模式开始,通过以下步骤设置一个安全端口和违例处理方式。

① 由特权模式进入全局模式:

  configure terminal

② 由全局模式进入接口模式:

  interface *interface-id*

③ 配置安全地址的老化时间:

  switchport port-security aging{static|time *time*}

Static 关键字表示老化时间将同时应用于手工配置的安全地址和自动学习的地址,否则只应用于自动学习的地址。

Time 关键字表示这个端口上安全地址的老化时间,范围是 0~1440,单位是分钟。老化时间按照绝对的方式计时,即一个地址成为一个端口的安全地址后,经过 Time 指定的时间,这个安全地址就将被自动删除。Time 的默认值为 0,如果设置为 0,则老化功能实际上被关闭。

④ 退回特权模式:

  End

⑤ 显示接口安全配置:

  Show port-security interface[*interface-id*]

在接口配置模式下,使用命令 no switchport port-security aging time 关闭一个接口的安全地址老化功能(老化时间为 0),使用命令 no switchport port-security aging static 使老化时间仅应用于动态学习到的安全地址。

(2) 举例说明

【例 12-3】设置一个接口 fastethernet 0/3 上的端口安全的老化时间,老化时间设置为 8 分钟,老化时间应用于静态配置的安全地址。

  switch#conf t
  switch(config)# interface fastethernet 0/3
  switch(config-if)#switchport port-security aging time 8
  switch(config-if)#switchport port-security aging static

4. 查看端口安全信息

(1) 查看步骤

从特权模式开始,通过以下步骤来查看端口安全信息。

① 查看接口的端口安全配置信息:

  show port-security interface[*interface-id*]

② 查看安全地址信息:

  show port-security address

③ 显示某个接口上的安全地址信息:

  show port-security [*interface-id*] address

④ 显示所有安全端口的统计信息:

show port-security

显示所有安全端口的统计信息，包括最大安全地址数，当前安全地址数以及违例处理方式等。
(2) 举例说明

【例 12-4】 ① 显示接口 fastethernet 0/3 上的端口安全配置。

```
switch# show port-security interface    fastethernet 0/3
    interface:f0/3
    port security:Enabled
    port status:down
    violation mode:shutdown
    Maxinum MAC Address:8
    Total MAC Address:0
    configured MAC Address:0
    Aging time:8 mins
    secureStatic address aging:Enabled
```

② 显示系统中的所有安全地址。

```
switch# show port-security address
    Vlan   Mac Address      IP Address       Type         Port    Remaining Age(mins)
    1      00d0.f800.073c   192.168.12.202   configured   f0/3    8
    1      00d0.f800.3cc9   192.168.12.5     configured   f0/1    7
```

也可以只显示一个接口上的安全地址，下面的例子显示了接口 fastethernet 0/3 上的安全地址：

```
switch# show port-security address interface fastethernet 0/3
    Vlan   Mac Address      IP Address       Type         Port    Remaining Age(mins)
    1      00d0.f800.073c   192.168.12.202   configured   f0/3    8
```

③ 显示安全端口的统计信息。

```
switch# show port-security
    Secure Port   MaxSecureAddr(count)   CurrentAddr(count)   Security Action
    f0/1          128                    1                    Restrict
    f0/2          128                    0                    Restrict
    f0/3          8                      1                    Protect
```

12.3 防火墙基础

12.3.1 防火墙概述

在网络时代，当一个网络接入 Internet 以后，它的用户就可以与外部世界相互通信。为安全起见，人们在该网络与 Internet 之间插入一个中介系统，竖起一道安全屏障。这道屏障作为扼守本网络的安全和审计的关卡，可以阻断来自外部世界的威胁和入侵，这种中介系统也叫防火墙或防火墙系统。

当园区网连接到 Internet 上时，防止非法入侵、确保园区内部网络的安全至关重要。最有效的防范措施是在园区内部网络和外部网络之间设置一个防火墙，实施网络之间的安全访问控制，以确保园区内部网络的安全。防火墙是一种综合性的技术，涉及计算机网络技术、密码技术、安全技术、软件技术、安全协议、网络标准化组织（ISO）的安全规范、安全操作系统等方面。防火墙是用一个或一组网络设备，在两个或多个网络间加强访问控制，以保护一个网络不受来自另一个网络攻击的安全技术，是一种非常有效的网络安全技术。在 Internet 上，防火墙用来隔离风险区域（即 Internet 或有一定风险的网络）与安全区域（内部网，如 Intranet）的连接，但不妨碍人们对风险区域的访问。防火墙可以监控进出网络的通信数据，从而完成仅让安全和核准的信息进入，同时抵制对园区网构成威胁的数据进入的任务。包过滤便是有效的实现方法。

防火墙作为不同网络或网络安全域之间信息的出入口，能根据企业的安全策略控制出入网络的信息流，且本身具有较强的抗攻击能力。防火墙是提供信息安全服务，实现网络和信息安全的基础设施。在逻辑上，防火墙是一个分离器、限制器和分析器，可以有效监控内部网和 Internet 的任何活动，以保证内部网络的安全。防火墙通常是放在外部网和内部网之间，以保证内部网络的安全。因此，防火墙的作用是防止不希望的、未授权的通信进出被保护的网络，迫使单位强化自己的网络安全政策。一般的防火墙都可以达到以下目的：一是可以限制他人进入内部网络，过滤掉不安全服务和非法用户；二是防止入侵者接近防御设施；三是限定用户访问特殊站点；四是监视 Internet 安全提供方便。由于防火墙假设了网络边界和服务，因此可以看成相对独立的网络，如 Intranet 等相对集中的网络。防火墙正在成为控制对网络系统访问的非常流行的方法。事实上，在 Internet 上的 Web 网络中，超过三分之一的 Web 网站都是由某种形式的防火墙加以保护。这是对黑客防范最严、安全性较强的一种方式。任何关键性的服务器，都建议放在防火墙之后。

12.3.2 防火墙的结构

防火墙从结构上讲，可分为以下两种。
① 应用网关结构：
　　内部网络<->代理网关（Proxy Gateway）<->Internet
② 路由器加过滤器结构：
　　内部网络<->过滤器（Filter）<->路由器（Router）<->Internet

应用网关结构的防火墙系统在安全控制方面更加细致，多数基于软件系统，用户界面更加友好，管理控制较方便；路由器加过滤器结构的防火墙系统多数基于硬件或软、硬件结合，速度比较快，但是一般仅控制到第三层和第四层协议，不能细致区分各种不同业务；有一部分防火墙结合了包过滤和应用网关两种功能，形成复合型防火墙，具体使用防火墙则应该根据本企业实际情况加以选择。

12.3.3 防火墙的基本类型

防火墙有多种类型，有以软件形式运行在普通计算机之上的，也有以固件形式设计在路由器之中的，一般可分为三种：包过滤防火墙、应用代理（网关）防火墙和基于状态检查的包过滤防火墙。

1. 包过滤防火墙

工作在 OSI 的第 3 层，常见的路由器、通过 ACL 处理 IP 包头。无法对数据包及上层的内容进行检查，因此无法过滤审核数据包的内容。不能对数据传输状态进行判断。

所有可能用到的端口都必须静态放开，极大地增加了被攻击的可能性。

2. 应用代理（网关）防火墙

基于软件的防火墙，工作在 OSI 的第 7 层，是中介、代理。

3. 基于状态检查的包过滤防火墙

在 OSI 底层对接收到的数据包进行审核，当收到的数据包符合访问控制要求时，将该数据包传送到高层进行应用级别和状态的审核，如果不符合要求，则丢弃。

12.3.4 防火墙的初始设置

以锐捷 RG-WALL 150 防火墙为例，介绍 RG-WALL 系列防火墙的初始配置。首先将 PC 的 COM1 口连接到防火墙的 Console 口，并将 PC 网卡连接到防火墙的 Forcethernet 端口，然后进行设置。

在初始设置过程中，首先通过防火墙的 Console 端口登录，进入防火墙，进行一些初步设置，然后启动已注册管理员的 PC 的浏览器，在地址栏中输入 RG-WALL 的内网接口 IP 地址，由此可进入防火墙的图形化设置界面，对防火墙作进一步的配置。

设置步骤如下：

（1）登录防火墙

```
*********************************************
**RG-OS V1.0     http://www.red-giant.com.cn**
*********************************************
RG-Wall-150 login： root
Password：rg-wall123
```

默认 ID 和口令值如上。此时界面如下：

```
/ >si
```

按任意键进入默认设置阶段，设置系列号、feature code 以及授权号。

RG-WALL 的第一步系统将提示输入系列号、feature code 以及授权号。按照"产品使用授权书"上提供的信息输入序列号，区分大小写。序列号的格式以 SW-xx-xxxxx 或 SK-xx-xxxxx 形式输入。例如：

```
SW-03-91004
```

输入完序列号，再输入 feature code 的内容。feature code 是设置 RG WALL 可使用功能的编码（厂商提供的 16 位编码）。

（2）选定路由模式或网桥模式

按任意键继续。下一阶段将决定 RG-WALL 在安装网络中要起的作用，并且这一阶段的选择决定以后的设置工作。这里将说明路由模式下的设置方法。

在最后的输入提示中输入"P/p"时将取消当前设置和之前阶段的设置，进入前一个设置阶段。输入"C/c"，将取消当前设置的内容，重新开始当前设置过程。按任意键，将应用当前设置内容并进入下一个阶段。这些设置阶段的取消和移动方法在其他安装步骤中也相同。

（3）输入管理员 ID 和密码

完成防火墙模式设置以后，输入要启用的管理员 ID 和密码。这里的主管理员表示带有停止/启动系统的、授权其他管理员权限的主要系统负责人员。默认将 admin 作为管理员账号，管理员密码必须是英文和数字的混合格式并且必须大于 6 个字。如输入密码"admin123"，两次密码输入完全匹配时才可以进入下一步操作。

（4）设置系统名称和语言

输入系统名称，如"Host.firewall.com"。然后选择 CLI Terminal 识别的语言，默认为中文。

(5) 设置时间

设置系统时间。所有日志和报表、计划任务的作业都会根据这里设置的时间来形成，因此必须正确设置当前时间。选择[0]，进入下一个阶段。

(6) 指定管理员 PC 的 IP 地址

RG-WALL 的 GUI 和 CLI 必须注册管理员 PC 的 IP 地址。管理员的 IP 地址最多可以输入 10 个，并且每个 IP 地址之间用","和空格隔开，如"192.168.1.1, 192.168.1.2"。输入完管理员 IP 地址，进入下一阶段。

以下步骤基本上都可以通过进入防火墙的图形化设置界面后进行设置。

(7) 网络接口构成

为了使 RG-WALL 的网络连接正常，必须按照计划书的方案分配各接口地址。各接口的区域分配可以修改，但是必须设置 Internal 和 External，并且启用 HA 时也必须设置 HA Link。

(8) VLAN 构成

如果要构成 VLAN 并通过 IEEE802.1q 方式访问，必须设置各 VLAN 的 IP 地址、子网掩码和 MTU 信息。RG-WALL 共提供 6 个 VLAN 接口。设置完 VLAN 后，选择[0]，进入下一阶段。输入 VLAN 设置的接口号开始设置 VLAN。

(9) Static Route

如果计划在路由模式下启用 OSPF，可以跳过这一步，进入下一个 OSPF 设置阶段，或者以后以 Web 方式设置。

(10) 设置 OSPF

路由模式下可以设置该值，或者以后通过 Web 方式设置。

(11) 设置 HA Zone

架设路由模式下高可用结构时，首先要确定是否启用虚 IP 地址、配置什么样的虚 IP，以及是否使用 4 层交换机来实现高层同步模式。

在此输入组成 HA Zone 的 RG-WALL 组名，默认为 Default。

(12) 设置虚 IP 地址

首先构成 VIG（Virtual Interface Group），选择[2]，可以确认当前的 VIG、各接口的虚 IP 地址信息。

(13) 设置 DNS

在此输入域名，输入完成后回车，进入下一阶段。

(14) 选择基本规则

最后一个阶段是设置初始规则阶段，此时选择需要的基本规则即可。基本设置完毕后，通过 GUI 进一步设置。

(15) 应用系统设置

基本安装设置已经完成，按任意键，重新启动系统的同时应用当前设置。重新启动后出现登录画面，登录操作系统。这时出现 RG-WALL 的登录提示符。登录 RG-WALL 系统后，出现 CLI 基本菜单，继续通过 CLI 进行作业，可以选择[2]或者[3]。

(16) Reinstall

RG-WALL 的重新安装提供了路由模式设置和网桥模式设置中的所有设置项。在 CLI 命令提示符后输入"reinstall"，重新设置系统。

（17）确认安装是否正常

进入 RG-WALL CLI 模式，输入以下命令：

    [admin:E:W] RG-WALL> ping "与各接口连接的对方设备 IP 地址"

邻接网络设备的 ping 测试成功以后，可以再 ping 管理员 PC、DMZ 的主要服务器及外网常用的 IP 地址。

（18）GUI 安装

RG-WALL 的 GUI 通过 Java 技术实现，支持多种语言，与管理工作站的操作系统无关。为了运行 Java 类程序，管理员工作站需要具备 SUN 公司的免费软件 Java Runtime Environment（JRE），这一插件可以通过 RG-WALL 的 Web 管理界面安装。在管理员工作站上启动 Web 浏览器后，在地址栏中输入 RG-WALL Internal 接口的 IP 地址。

在以上初始配置中，关键是要设置管理员 ID、密码和 IP 地址，并设置至少一个接口的 IP 地址，其余配置可以在进入 Web 配置界面后设置。

习题 12

1. 园区网内部的安全隐患主要有哪些？
2. 交换机端口安全包括哪些内容？
3. 防火墙有哪几个种类？
4. 安全地址的老化时间起到了什么作用？
5. 安全违例是如何产生的？其处理方式有哪些？
6. 交换机接口配置了一个安全 MAC 地址后，使用该接口的主机应具备什么条件？
7. 交换机的端口安全功能配置时是否有限制？
8. 交换机的端口安全功能可以配置哪些内容？能实现什么功能？

第13章 数据包过滤和访问控制列表

数据包过滤技术是防火墙最常用的技术，用这种技术可以阻塞某些主机和网络接入内部网络，也可以用它来限制内部人员对一些危险站点的访问。本章将重点介绍使用访问控制列表的方法来进行数据包过滤。通过本章的学习，读者应了解数据包过滤方法，掌握访问控制列表的类型和规则的写法，理解访问控制列表的工作过程。

13.1 数据包过滤概述

数据包过滤（packet filtering）是一种用软件或硬件设备对向网络上传或从网络下载的数据流进行有选择的控制过程。数据包过滤器通常是在将数据包从一个网络向另一个网络传送的过程中允许或阻止它们通过。若要完成数据包过滤，要设置好规则来指定哪些类型的数据包被允许通过和哪些类型的数据包将会被阻止。

数据包过滤器对所有通过它进出的数据包进行检查，并阻止那些不符合既定规则数据包的传输。数据包过滤器能够基于如下标准对数据包进行过滤：

◇ 该数据包所属的协议（TCP、UDP 等）；
◇ 源地址；
◇ 目的地址；
◇ 目的设备的端口号（请求类型）；
◇ 数据包的传输方向，向外传到 Internet 或向内传给局域网；
◇ 数据库中既定数据包的署名。

数据包过滤的功能通常被整合到路由器或网桥之中来限制信息的流通。数据包过滤器使得管理员能够对特定协议的数据包进行控制，使得它们只能传送到网络的局部，能够对电子邮件的域进行隔离，能够进行其他数据包传输上的管控功能。

数据包过滤器是防火墙中应用的一项重要功能，对 IP 数据包的报头进行检查，以确定数据包的源地址、目的地址和数据包利用的网络传输服务。传统的数据包过滤器是静态的，仅依照数据包报头的内容和规则组合来允许或拒绝数据包的通过。侵入检测系统利用数据包过滤技术和通过将数据包与预先定义的特征进行匹配的方法来分析各种数据包，然后对可能的网络黑客和入侵者予以警告。

在网络嗅探、协议分析器或数据包分析器中，数据包过滤器也是一个关键的工具。许多网络嗅探工具拥有多种过滤器类型，因此使得用户能够对数据包进行过滤，并查看它们的传输情况。

13.2 访问控制列表

13.2.1 访问控制列表的功能

访问控制列表（Access Control List，ACL）最直接的功能是包过滤。通过接入控制列表，可以在路由器、三层交换机上进行网络安全属性配置，可以实现对进入到路由器、三层交换机的输入数据流进行过滤，以及对从路由器接口流出的数据流进行控制。认证输入数据流的定义可以基于网络地址、TCP、UDP 的应用等，可选择对于符合过滤标准的流是丢弃还是转发，因此必须知道网络是如何设计的，以及路由器接口是如何在过滤设备上使用的。要完成访问控制列表的网络安全属性的配置，只有通过命令来进行，不能通过 SNMP 来完成这些设置。

路由器的访问控制列表是网络防御的前沿阵地。访问控制列表提供了一种数据包过滤机制，用于控制通过路由器的不同接口的信息流。这种机制允许用户使用访问列表来管理信息流，以制订内部网络的相关策略。这些策略可以描述安全功能，并且反映信息流的优先级别。例如，某个机构可能希望允许或拒绝外部网对内部 Web 服务器的访问，或者允许内部局域网上一个或多个工作站能够将流量发到广域网的 ATM 骨干网络上。管理员可以通过访问控制列表落实机构的策略。

13.2.2 ACL 的类型和格式

访问控制列表主要分为标准访问控制列表和扩展访问控制列表，主要动作为允许（Permit）和拒绝（Deny），主要的应用方法是入栈应用（In）和出栈应用（Out）。如果标准访问控制列表和扩展访问控制列表应用于路由器上，称为基于编号的访问控制列表；如果应用于三层交换机上，则称为基于名称的访问控制列表。这两种 ACL 的命令格式有所不同。

1. 基于编号的 ACL

在路由器上生成的 ACL 是基于编号的访问控制列表。标准访问控制列表是对基本 IP 数据包中的源 IP 地址进行控制，所有的访问控制列表都是在全局配置模式下生成的。

（1）基于编号的 ACL 格式

  access-list *listnumber* {**permit|deny**} *source-addr* [*source-mask*]

其中：

- listnumber 是 1~99 之间的一个数值，表示这是标准 IP 访问列表的一条规则。
- permit|deny 表明路由器允许或禁止满足条件的报文通过。
- source-addr 为源 IP 地址。
- source-mask 为反掩码。

注意：在格式中，斜体字部分是由用户决定的数据或字符。

（2）反掩码的作用

ACL 中所支持的通配符屏蔽码与子网掩码的方式是相反的，故称为反掩码。路由器使用反掩码与源或目标地址一起来分辨匹配的地址范围。子网掩码告诉路由器 IP 地址的哪一位属于网络号。而反掩码告诉路由器为了判断出匹配，它需要检查 IP 地址中的多少位。

在子网掩码中，将掩码的一位设成"1"表示 IP 地址的对应位属于网络地址部分。相反，在访问列表中将反掩码中的一位设成"1"表示 IP 地址中的对应位既可以是"1"又可以是"0"，也称为"无关"位，因为路由器在判断是否匹配时并不关心它们。反掩码位设成"0"，则表示 IP 地址中相对应的位必须精确匹配。

假设某机构拥有一个 C 类网络 192.168.16.0，则下面的标准 ACL 语句能够匹配源网络 192.168.16.0 中的所有报文：

access-list 1 permit 192.168.16.0 0.0.0.255

注意：并非所有的掩码的"精确匹配"位和"无关"位的分界都在 8 位组的边界，有时要看出匹配的范围十分困难。下面这一对地址和反掩码：172.16.16.0 和 0.0.7.255，它匹配的地址范围是 172.16.16.0 ~ 172.16.23.255。

又如，若地址和反掩码描述为 192.168.2.1 和 0.0.0.254，则它匹配的地址范围是 192.168.2.0. 网络中所有奇数位地址。

（3）条件匹配

在使用访问列表进行数据包过滤时，判断其 IP 地址是否匹配的过程实际分为三个步骤：

① 用访问列表语句中的反掩码和地址执行逻辑或。对于地址或反掩码中为 1 的位，结果仍然为 1。

② 用访问列表语句中的反掩码和数据包头中的 IP 地址执行逻辑或，得出第二个结果。

③ 将两个结果相减。如果相减的结果为零，表示精确匹配，则执行过滤规则；如果相减的结果不为零，表示不匹配，则对下一条语句重复执行上述所有步骤。

（4）通配符

在 ACL 中，为了指定具体的主机地址，应使用反掩码 0.0.0.0。而表示任意地址的反掩码是 255.255.255.255。路由器提供了通配符 host 和 any 来简化这两个特殊的反掩码，用 host 可以指定某个具体的主机地址，用 any 可以代替 0.0.0.0 255.255.255.255。例如，access-list 1 deny 172.16.2.11 0.0.0.0 可改写为：

access-list 1 deny host 172.16.2.11

【例 13-1】 允许 192.168.2.0 网络的通信流量通过。

access-list 1 permit 192.168.2.0 0.0.0.255

【例 13-2】 禁止地址为 172.16.4.13 的主机的通信流量。

access-list 1 deny 172.16.4.13　0.0.0.0
或 access-list 1 deny host 172.16.4.13

【例 13-3】 拒绝来自 172.16.4.0 网络的通信流量。

access-list 1 deny 172.16.4.0 0.0.0.255

【例 13-4】 允许所有的通信流量通过。

access-list 1 permit any

（5）ACL 中规则的顺序

ACL 通常是一组具有相同 listnumber 的规则的有序集合，由一系列的 ACL 语句构成，语句的处理顺序自上而下。ACL 通过匹配报文中的信息与访问表参数，允许或拒绝报文通过某个接口。路由器对需要转发的数据包，获取报头信息，与设定的规则进行比较，根据比较的结果决定对数据包进行转发或丢弃。对路由器的每个接口、每种协议都可以创建一个 ACL。对有些协议可以建立一个 ACL 过滤流入的数据，同时创建一个 ACL 过滤流出的数据。

【例 13-5】 设计规则拒绝主机 198.78.46.8 的报文，允许其他所有数据包通过应用该 ACL 的路由器。

access-list 1 deny host 198.78.46.8
access-list 1 permit any

如果将两个语句顺序颠倒，则不能过滤来自主机地址 198.78.46.8 的报文。

按照 ACL 中语句的顺序，根据每个描述语句的判断条件，对数据包进行检查。一旦找到了某个匹配条件，不再检查以后的其他条件判断语句。所以不同的 ACL 顺序将导致不同的管理效果。因此访问表中的语句顺序是很重要的，不合理语句顺序将会在网络中产生安全漏洞。

ACL 列表的另一个特征是每个 ACL 最后有一行默认的 Deny any 规则，这条规则表示的含义是未经 ACL 规则允许的都是禁止的。因此，必须明确允许通过的数据包，否则自动设成禁止。但如果不给路由器的接口设置任何 ACL，则默认情况下路由器将传递所有的数据包。

一个 ACL 建立后，任何对该表的增加都被放在表的末端，这表示不能有选择地增加或删除语句。唯一可做的删除是删除整个访问列表，显然，当访问列表很大时，修改 ACL 是比较困难的。由于 ACL 是作为一种全局配置保存在配置文件中，因此，对于很大的访问列表，可以在相连的以太网上建立一个 TFTP 服务器，先把路由器配置文件复制到 TFTP 服务器上，利用文本编辑程序修改 ACL 表，然后将修改好的配置文件通过 TFTP 再传给路由器。

2．基于编号的扩展 ACL

在路由器上可配置基于编号的扩展访问控制列表。扩展访问控制列表不仅可以对源 IP 地址加以控制，还可以对目的地址、协议以及端口号进行控制。

扩展 ACL 用于扩展报文的过滤能力，它允许用户根据下列项目过滤报文：源和目的地址、协议、源和目的端口以及在特定报文字段中允许进行特殊位比较的各种选项。

（1）基于编号的扩展 ACL 格式

    access-list *listnumber* {**permit**|**deny**} *protocol source -addr source -mask* [*source -port*]
              dest-addr dest-mask [*dest-port*]

其中：

- *listnumber*：100～199 之间的一个数值，表示这是扩展的 IP 访问列表的规则。
- *Protocol*：表示指定的协议，主要是 TCP、UDP、IP。
- *source-addr source-mask*：表示源地址和源地址的反掩码。
- *source-port*：表示源端口号。
- *dest-addr dest-mask*：表示目的地址和目的地址的反掩码。
- *dest-port*：表示目的端口号，表示访问目的。

在格式中，斜体字的部分是由用户决定的数据或字符。

标准的 IP 访问表只限于过滤源地址，所以需要使用扩展的 IP 访问表来满足特殊的过滤需求。

（2）协议表项 protocol 的用法

协议表项用于定义要过滤的协议，其关键字可以是 TCP、UDP、IP、ICMP 等。

在 TCP/IP 协议栈中的各种协议之间有很密切的关系。例如，IP 数据报可用于承载 ICMP、TCP、UDP 和各种路由协议，因而如果指定要过滤 IP，则所有其他字段所指定的匹配将会使报文被允许或拒绝，而不考虑报文是否表示一个由 TCP、UDP 或 ICMP 消息所承载的应用。

若要对具体承载的协议进行报文过滤，就要指定某个协议，并且应将更具体的表项放在靠前的位置。例如，若将允许 IP 地址的语句放在拒绝该地址的 TCP 语句前面，则后一个语句根本不起作用。但是如果将这两条语句换一下位置，则在允许该地址上的其他协议的同时，拒绝了 TCP。

（3）源端口号和目的端口号

在过滤 TCP 和 UDP 的扩展 ACL 中,源端口号 source-port 和目的端口号 dest-port 可以用下列几种方法来指定。

① 端口的分类：已使用端口，0～1023；注册端口，1024～49151；动态或私有端口，49152～65535。

② 可以使用一个数字、一个可识别的助记符来指定一个端口。例如，可以使用 80 或者 HTTP 指定 Web 的超文本传输协议，使用 23 或者 TELNET 指定远程访问协议，等等。

③ 可以使用操作符与数字或助记符相结合的格式来指定一个端口范围，可用的操作符有"eq"、"lt"等。

④ 一些端口与具体承载的协议对应关系如表 13-1 所示。

表 13-1 协议与端口号

应用协议	传输层协议	端口号
FTP	TCP	21
Telnet	TCP	23
HTTP	TCP	80
DNS	TCP，UDP	53
SMTP	TCP	25
POP	TCP	110
RIP	UDP	520
QQ	UDP	4000

【例 13-6】 对实现某个 ACL 规则的定义如下。

第一条规则：允许主机 198.16.1.1 接收来自任何网络的电子邮件报文。

第二条规则：允许主机 198.16.1.2 接收来自任何网络的 Web 访问请求。

第三条规则：禁止接收和发送 RIP 报文。

第四条规则：禁止从 172.16.8.0 网段内的主机建立与 202.18.10.0 网段内的主机的端口号大于 128 的 UDP 连接。

规则的序号都为 101。

根据以上规则定义写出相应的 ACL 语句如下：

    access-list 101 permit tcp any host 198.16.1.1 eq smtp
    access-list 101 permit tcp any host 198.16.1.2 eq www
    access-list 101 deny udp any any eq rip
    Access-list 101 deny udp 172.16.8.0 0.0.0.255 202.18.10.0 0.0.0.255 gt 128

【例 13-7】 对实现某个 ACL 规则的定义如下。

第一条规则：允许从 129.8.0.0 网段的主机向 202.39.160.0 网段的主机发送 WWW 报文。

第二条规则：禁止从 129.9.0.0 网段内的主机建立与 202.38.160.0 网段内的主机的 WWW 端口（80）的连接。

第三条规则：允许从 129.9.8.0 网段内的主机建立与 202.38.160.0 网段内的主机的 WWW 端口（80）的连接。

第四条规则：禁止从一切主机建立与 IP 地址为 202.38.160.1 的主机的 Telnet（23）的连接；规则的序号都为 100。

根据以上规则定义写出相应的 ACL 语句如下：
    Access-list 100 permit tcp 129.8.0.0 0.0.255.255 202.39.160.0 0.0.0 .255 eq www
    Access-list 100 deny tcp 129.9.0.0 0.0.255.255 202.38.160.0 0.0.0.255 eq www
    Access-list 100 permit tcp 129.9.8.0 0.0.0 .255 202.38.160.0 0.0.0.255 eq www
    Access-list 100 deny tcp any 202.38.160.1 0.0.0.0 eq telnet

3．基于命名的标准 ACL

在三层交换机上配置 ACL 是基于命名的 ACL。

（1）基于命名的标准 ACL 格式
    ip access-list standard {*name*}
    ！用名字来定义一条标准 ACL 并进入 access-list 配置模式
    deny { SourceAddress source-wildcard-mask | *host-source* | any}
    或 permit { SourceAddress source-wildcard-mask | *host-source* | any}

其中：

- *name*：自定义的标准 ACL 名称，代表创建的规则。
- *host-source*：表示一台源主机，其 source-wildcard-mask 为 0.0.0.0。
- any：表示任意主机，即 SourceAddress 为 0.0.0.0，source-wildcard-mask 为 255.255.255.255。

show access-list [*name*] 显示接入控制列表，如果不指定 name 参数，则显示所有该接入控制列表。

【例 13-8】 在下面的配置中，将显示如何创建一条基于命名的标准 ACL 的过程。该 ACL 名字为 deny-host192.168.l2.x，定义了两条 ACL 规则：第一条规则拒绝来自 192.168.12.0 网段的任一主机，第二条规则允许其他任意主机。

    Switch(config)#ip access-list standard deny-host192.168.l2.x
    Switch(config-std-nacl)#deny 192.168.12.0 0.0.0.255
    Switch(config-std-nacl)#permit any
    Switch(config-std-nacl)#end
    Switch# show access-list   !显示 ACL 的内容

4．基于命名的扩展 ACL

（1）基于命名的扩展 ACL 格式

用名字来定义一条 Extended IP ACL 并进入 access-list 配置模式。

    Switch(config)#ip access-list extended {*name*}
    Switch(config-std-nacl)#{deny|permit} protocol {SourceAddress source-wildcard-mask| host- source|any} [operator port]
    Switch(config-std-nacl)#{DestinationAddress destination-wildcard-mask |host-destination | any} [operator port]

参数含义与基于编号的扩展 ACL 中的参数相同。

用命令 show access-list [*name*] 来显示接入控制列表，如果不指定 name 参数，则显示所有该接入控制列表。

【例 13-9】 创建一个扩展 ACL，名称是 allow_0xc0a800_to_172.168.12.3。该 ACL 有一条规则，用于允许指定网络 192.168.x.x 的所有主机以 HTTP 访问服务器 172.168.12.3，但拒绝其他所有主机使用网络。

    Switch(config)# IP access-list extended allow_0xc0a800_to_172.168.12.3
    Switch(config-exd-nacl)# permit tcp 192.168.0.0 0.0.255.255 host 172.168.12.3 eq www
    Switch(config-exd-nacl)#end

```
Switch#show access-list
    Extended IP access list: allow_0xc0a800_to_172.168.12.3'
    permit tcp 192.168.0.0 0.0.255.255   host 172.168.12.3 eq www
```

13.2.3 基于时间的 ACL

ACL 可以基于时间进行运行，如 ACL 规则在一个星期的某些时间段内生效等。为了达到这个要求，必须首先设置一个时间段 time-range。time-range 的实现依赖于系统时钟，如果要使用这个功能，必须保证系统有一个可靠的时钟。

在全局配置模式下，通过以下步骤来设置一个 time-range。

（1）time-range *time-range-name*

通过一个有意义的显示字符串作为名字来标识一个 time-range，同时进入 time-range 配置模块。名字的长度为 1~32 个字符，不能包含空格。

（2）absolute {*start time date* [*end time date*] | *end time date*}

此命令设置绝对时间的区间，是可选项，可以不设置。对于一个 time range，可以设置一个绝对的运行时间区间，并且只能设置一个区间。基于 time-range 的应用将仅在这个时间区间内有效。

（3）periodic *day-of-the-week hh:mm to* [*day-of-the-week*] *hh:mm*
    periodic {weekdays | weekend | daily}*hh:mm to hh:mm*

此命令设置周期时间，是可选项。对于一个 time-range，可以设置一个或多个周期性运行的时间段。如果已经为这个 time-range 设置了一个运行时间区间，则将在时间区间内周期性的生效。

其中：

- *day-of-the-week*：一个星期内的一天或几天，Monday、Tuesday、Wednesday、Thursday、Friday、Saturday、Sunday。
- Weekdays：一周中的工作日，星期一到星期五。
- Weekend：周末，星期六和星期日。
- Daily：一周中的每一天，星期一到星期日。

可以在全局配置模式下使用 no time-range *time-range-name* 命令来删除指定的 time-range。

【例 13-10】 在每周工作时间段内禁止 HTTP 的数据流。

```
Switch(config)# time-range no-http        !建立名为 no-http 的时间段
Switch(config-time-range)# periodic weekdays 8:00 to 17:00   !设置为工作日
Switch(config)# end
Switch(config)# ip access-list extended limit_udp   !建立名为 limit_udp 的基于命名的扩展 ACL
!每周工作时间段内禁止 HTTP 的数据流
Switch(config-ext-nacl)# deny tcp any any eq www time-range no-http
Switch(config)# end
Switch(config-ext-nacl)# exit
```

下面是显示 time-range 的结果：

```
Switch#show time-range
    time-range name: no-http
        periodic Weekdays 8:00 to 17:00
```

13.3 ACL 工作流程

1. ACL 的基本准则

在 ACL 中的一组规则中的使用中，具有如下基本准则：
① 一切未被允许的就是禁止的。
② 路由器或三层交换机默认允许所有的信息流通过，而防火墙默认封锁所有的信息流，然后对希望提供的服务逐项开放。
③ 按规则链从上到下进行匹配，使用从头到尾、至顶向下的匹配方式。
④ 使用源地址、目的地址、源端口、目的端口、协议、时间段进行匹配。
⑤ 匹配成功马上停止。
⑥ 立刻使用该规则的"允许"或者"拒绝"。

2. ACL 的工作流程

访问控制列表创建之后，可以实施在一至多个接口上。每个接口都有一组与之关联的协议。对于每个方向的数据流，每种协议可以创建一个 ACL。路由器将在应用访问列表的接口上对所有的数据包进行规则的匹配检查。

访问控制列表的工作流程如图 13-1 所示。当数据包进入路由器后，路由器对它进行检查，看它是否可以路由。如果遇到任何不可路由的情况，就将之丢弃。如果是可路由的，在路由表里找出它的目标网络和使用的输出接口。

接着路由器检查相关接口是否应用了某组 ACL。如果没有 ACL，则直接转发，否则，路由器对该数据包与 ACL 依次进行对照。如果某个数据包的报头与 ACL 的某个规则的判断语句相符合，就执行相应操作，转发或拒绝该数据包，并忽略剩下的规则。

路由器将通知被拒绝数据包的发送端，该数据报被拒绝。

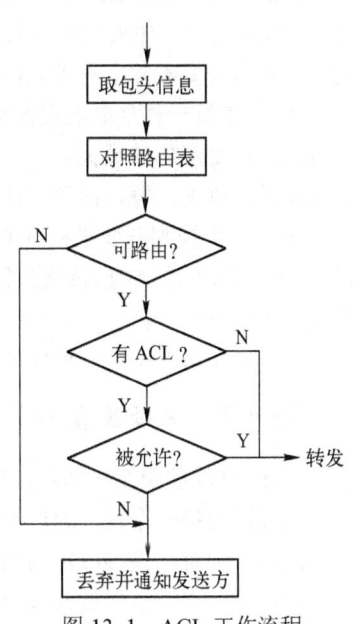

图 13-1 ACL 工作流程

13.4 ACL 的应用

要真正实现 IP 数据包的过滤，或者说 ACL 在路由器或者三层交换机上起作用，则必须将所创建的 ACL 应用在路由器或者三层交换机某个接口上。因为通过接口的数据流是双向的，所以要将 ACL 应用到接口的具体方向上，向外的方向或者向内的方向。

13.4.1 在接口上应用 ACL

将 ACL 应用于某个接口，首先进入该接口的配置模式：

    Router(config)#interface *接口名*

在接口上应用 ACL 的格式如下：

    Router(config-if)#ip access-group *listnumber* {in|out}　　!路由器中使用
    Router(config-if)#ip access-group *name* {in|out}　　!交换机中使用

关键字 in 或 out 指明 ACL 所应用的数据流方向。in 方向用于表示在报文进入路由器接口时对其进行检查，out 方向用于表示在报文离开路由器接口时对其进行检查。

【例 13-11】 在例 13-9 中将 ACL 应用于 fastethernet0/1 接口，使得名称为 no-http 的 ACL 规则在此接口上生效。

```
Switch(config)# interface fastethernet0/1
Switch(config-if)# ip access-group no-http in
```

ACL 可以主要应用于路由器，也可用于交换机中。配置 ACL 必须注意如下几点：

① 在生成 ACL 之后，只有将其应用到某一个接口上，该 ACL 才能生效。

② 将 ACL 应用于如下接口：路由接口 Routed Port，三层接口 L3 Aggregate Port，交换机虚拟接口 SVI（Switch Virtual Interface）。

③ 交换机除 SVI 接口允许同时关联一个输出 ACL 外，其他接口只允许关联一个输入 ACL。SVI 接口关联输出 ACL 的目的是控制其他 SVI 接口下的子网访问所关联输出 ACL 的 SVI 下的子网资源的行为，对于该 SVI 下的子网间的访问将不受限制，这种限制只针对 IP 报文，对于其他类型报文将无效。如果对 SVI 接口关联的子网进行修改，或者对 SVI 对应 VLAN 的成员端口发生变化，那么需要删除原有关联的输出或者输入 ACL，再重新应用。

ACL 作为一种全局配置保存在配置文件中，可根据需要将 ACL 运行在某个端口，并指明是针对流入还是流出的数据。一个 ACL 可以应用在同一路由器的多个不同接口上，在一个接口的每个方向数据流上，每种协议只能有一个 ACL。

如果一个规则既要求标准的 ACL 又要求扩展的 ACL，则有必要将 ACL 的语句统一为同一格式，一般是将标准 ACL 转化为扩展的 ACL，如 access-list 1 deny 192.168.1.0 0.0.0.255 可用下面的列表行来代替：

```
access-list 101 deny ip 192.168.1.0 0.0.0.255 any
```

13.4.2 正确放置 ACL

ACL 可以放置在出站接口也可以放在入站接口。ACL 应用在入站接口，路由器必须检查从该接口进站的每一个包，然后对照访问控制列表的匹配情况，然后做出相应的处理；ACL 应用在出站接口，则对从该接口出站的包进行过滤。

把标准 ACL 尽量放在离目的地最近的地方，由于标准访问表只使用源地址，故将其靠近源会阻止报文流向其他接口。

把扩展 ACL 尽量放在离要被拒绝的数据包的来源最近的地方，这样创建的过滤器就不会反过来影响其他接口上的数据流，并且可以减少传输无效的包而无谓地占用线路带宽。

正确放置 ACL 可减少网络中不必要的数据流量。由于 IP 包含 ICMP、TCP 和 UDP，所以应将更具体的表项放在不太具体的表项前面，以保证位于另一个语句前面的语句不会否定表中后面语句的作用效果。

13.4.3 撤销过滤数据包

若要撤销 ACL 的数据包过滤功能，应采取以下两个措施。

（1）在指定接口停止应用访问列表

```
no ip access-group listnumber
```

（2）删除访问列表

```
no access-list listnumber
```

13.4.4 扩展访问列表的应用示例

图 13-2 显示了一个将要限制特定 IP 通信量的小型网络。

在路由器 2 上配置 ACL：

    access-list 102 permit TCP 172.16.1.0 0.0.0.255 host 172.17.1.1 eq telnet
    access-list 102 permit TCP 172.16.2.0 0.0.0.255 host 172.17.1.1 eq ftp
    access-list 102 permit ICMP 172.16.0.0 0.0.255.255 any
    access-list 102 deny IP any any

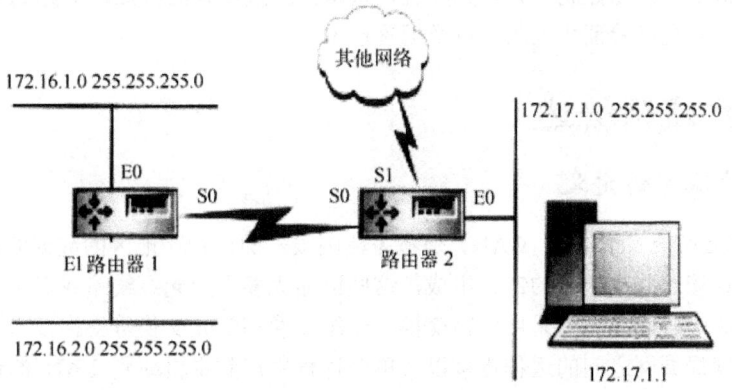

图 13-2 在小型网络中限制 IP 通信量

注意：同一组规则的列表号必须相同，如本例中的 102。

该访问列表应用在接口 E0 上对路由器出口数据包进行过滤：

    interface E0   !指定接口
    ip access-group 102 out   !将制作好的 ACL 列表应用于接口 E0

该访问控制列表是非常严格的，172.17.1.0 上只允许三类通信量：一是来自网络 172.16.1.0 访问 172.17.1.1 上的 Telnet，二是来自网络 172.16.2.0～172.17.1.1 上的 FTP，三是从网络 172.16.0.0 到任何目的地的 ICMP 通信量，其他所有通信量都被禁止。最后一条规则：即 deny IP any any 语句，其实可以省略不写，因为根据规则要求，任何没有明确允许的通信量都将被禁止。注意 IP、TCP、Telnet 和 FTP 中的关键字。

在路由器 2 的 E0 接口的过滤下，网络 172.16.1.0 和 172.16.2.0 中的用户仍可以通过路由器 2 的 S1 接口访问其他的网络。如果将同一 ACL 配置在路由器 1 上，在路由器 1 的 S0 接口中使用 ip access-group 102 out 命令，将产生不同的效果。在新的配置下，网络 172.16.1.0 和 172.16. 2.0 上的主机只能被允许向其他网络发送 ICMP 通信量（如 ping），而原先这些主机是可以向其他网络发送任意的通信量。

习题 13

1. 访问控制列表的功能是什么？
2. 访问控制列表有哪几种类型？基于编号和基于命名的 ACL 格式有什么区别？
3. 应用访问控制列表时，如何区分 in 和 out 方向？举例说明。
4. 访问控制列表的隐含规则是什么？
5. any 和 host 的含义是什么？

第 14 章 广 域 网

广域网是一种跨地区的数据通信网络,使用网络运营商提供的设备作为信息传输平台。本章将学习广域网接入技术、广域网协议。通过本章的学习,了解广域网技术和常见的广域链路类型及特点,掌握高级数据链路控制协议及其配置,熟悉点到点协议的特点,掌握 PPP 协议中的口令验证协议和询问信号交换验证协议的特点及配置技术。

14.1 广域网概述

14.1.1 广域网的定义

广域网(Wide Area Network,WAN)是覆盖范围很广的一种跨地区的数据通信网络,由一些节点交换机以及连接这些交换机的链路组成,这些链路大多采用光纤线路或点对点的卫星链路等高速链路,其距离没有限制。它采用电路交换、分组交换和信元交换等交换技术。通过广域网连接技术,可以实现局域网之间的远程连接以及单个远程用户到主机或到 LAN 的远程连接,从而实现远距离计算机之间的数据传输和资源共享。

14.1.2 广域网接入技术分类

广域网在不同的层次有不同的接入技术,其分类如图 14-1 所示。

Network Layer (网络层)		X.25 PLP
		LAPB
Data Link Layer (数据链路层)	LLC	Frame Relay
		HDLC
	MAC	PPP
		SDLC
		SMDS
Physical Layer (物理层)		X.21 Bis
		EIA/TIA-232
		EIA/TIA-449
		V.24 V.35
		HSSI G.73
		EIA-530

图 14-1 广域网接入技术分类

从图 14-1 中可看出,广域网涉及的层次主要为物理层、数据链路层和网络层,每层都有多种可选协议。下面主要介绍物理层广域网连接和数据链路层广域网连接。

1. 物理层广域网连接

物理层广域网的连接如图 14-2 所示,其接口标准有:X.21、EIA/TIA-232、EIA/TIA-449、

V.24、V.35、HSSI、G.73、EIA-530 等。

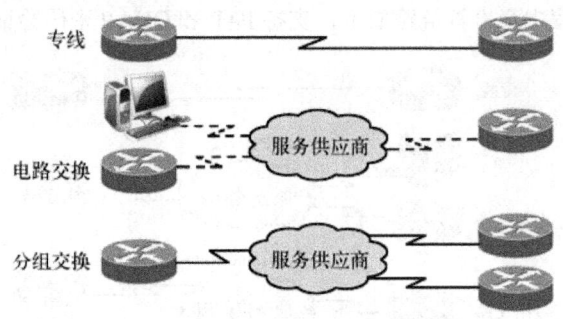

图 14-2　物理层广域网接入技术

（1）专线

专线连接主要指在本地站点与远程站点间的模拟单条电缆连接，是实现两个站点间的专用线路连接。当满足下列两个条件时，专线连接是最合适的：

① 两个站点间的距离较近，租用线路连接的成本不高。

② 两个站点间有固定的流量，需要保证特定应用的带宽。

专线连接能为连接提供带宽保证和最小时延，但是也存在高成本和独立接口要求。它要求到达不同站点的每一个连接在路由器上有独立接口。

（2）电路交换

电路交换连接包括以下类型。

① 异步串行连接：包括模拟调制解调器拨号连接与标准电话系统。

② 同步串行连接：包括数字 ISDN 基本速率接口（Basic Rate Interface，BRI）及主速率接口（Primary Rate Interface，PRI）拨号连接。

电路交换常见的连接方式有：拨号上网、ISDN、ADSL 等。电路交换在数据传输之前，先建立源站点和目的站点之间的连接，建立连接之后，再用独享连接带宽的方式来传输数据，不论有无数据传输，连接带宽都被独占。数据传输结束后，释放连接。

（3）分组交换

分组交换连接是在两个站点之间使用逻辑电路建立连接，这些逻辑电路被称为虚电路（Virtual Circuits，VC）。逻辑电路不绑定在任何特殊物理电路上，能在任何可用的物理连接上建立逻辑电路，让多个网络设备共享一条从源站点到达目的站点的点到点链路，用来进行数据传输，节省传输成本。传输的数据划分成分组，按分组中标有的目的地址发往网络，不需建立专门的连接，网络各结点根据分组的地址，逐级转发到目的地。

2．数据链路层广域网连接

数据链路层广域网的连接如图 14-3 所示，其主要协议有：平衡式链路接入规程（Link Access Procedure，LAPB）、帧中继（Frame Relay，FR）、高级数据链路控制（High-Level Data Link Control，HDLC）、点对点协议（Point to Point Protocol，PPP）和同步数据链路控制协议（Synchronous Data Link Control Protocol，SDLC）等。这些协议的主要作用是将广域网中的网络高层数据封装为可以通过 WAN 线路的数据帧。

用于专线连接的公共数据链路层协议包括 PPP 和 HDLC。电路交换连接中一般使用 PPP 或 HDLC 封装。分组交换连接技术包括 X.25、FR、ATM 等。最常用的两个点对点广域网封装协议是 HDLC 和 PPP，HDLC 协议是由 SDLC 发展而来的数据链路层协议，是串行线路的默认封装协议。PPP 在链路建立过程中会检查链路质量，支持 PAP 和 CHAP 密码验证。

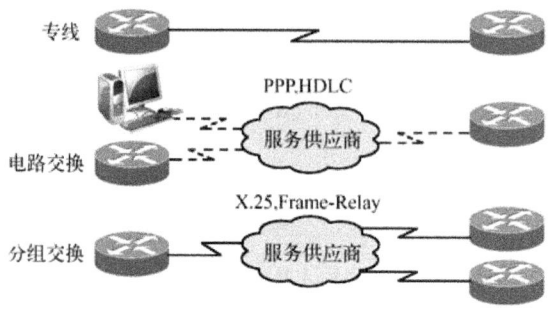

图 14-3　数据链路层广域网接入技术

14.2　HDLC 协议

14.2.1　HDLC 协议介绍

HDLC 是点到点链路协议，具有效率高、实现简单的特点。点到点协议是指通信的主体之间是一一对应的关系，能够通信的设备不构成一对多的关系，支持点到点协议的还有 PPP 协议、SLIP 协议，而点到多点的有 X.25、Frame-Relay。

HDLC 工作原理可以从协商建立连接、传输报文、超时断连三个阶段来理解。

（1）协商建立过程：HDLC 每隔 10s 后互相发送链路探测的协商报文，报文的收发顺序是由序号决定的，序号失序则造成链路断连。这种用来探询点到点链路是否激活状态的报文称为 Keep Alive 报文。

（2）传输报文过程：将 IP 报文封装在 HDLC 层上。在数据传输的过程中，仍然进行 Keep Alive 报文的协商以探测链路的合法有效性。

（3）超时断连阶段：当封装 HDLC 的接口连续 10 次无法收到对方的确认信息时，HDLC 协议 Line Protocol 由 UP 转为 Down，接口会显示"连通，线路协议失效"，此时链路处于瘫痪状态，数据无法通信。

14.2.2　HDLC 配置技术

HDLC 配置技术包括以下两部分。

1. 配置接口封装协议

同步口上默认封装的协议是 HDLC。如果当前同步口上的封装协议不是 HDLC 协议，则用如下的命令来将此封装为 HDLC 协议：

　　　　Router(config-if)#encapsulation hdlc　　　　!封装 HDLC 协议

2. 配置 Keep Alive 时间

同步口的 HDLC 可配置的参数只有 KeepAlive 间隔时间，默认 10 秒。可以根据链路的流量来设置这个时间，命令格式如下：

Router(config-if)#Keepalive *seconds*　　　!设置 HDLC KeepAlive 的间隔时间

14.2.3 HDLC 监控和维护

使用 show interfaces 命令查看封装类型。如果在使用 HDLC 时，两台路由器使用不同的封装类型，或者如果路由器 DCE 端没有提供任何时钟，则接口会显示"连通，线路协议失效"。以下命令用来查看数据链路层协议的封装情况：

1. 查看数据链路层封装

　　Router#show interfaces serial *interface-id*

2. 打开报文调试开关命令：

　　Router#debug serial *interface-id*

如果封装了 HDLC，以 Serial0 接口为例，在报文 KeepAlive 协商过程中会显示如下信息：

　　Serial0: HDLC myseq 3, mineseen 3*, yourseen 7, line up
　　Serial0: HDLC myseq 4, mineseen 4*, yourseen 8, line up

其中，myseq 是指下一个报文发送时本地端应该增加的序号，mineseen 是指对端路由器的 HDLC 对本地序号的认可，yourseen 是指本地对对方的序号的认可。序号是递增的。

如果在报文 KeepAlive 协商过程中显示如下信息：

　　Serial0: HDLC myseq 2 , mineseen 2 *, yourseen 2 , line up
　　Serial0: HDLC myseq 3, mineseen 2 *, yourseen 2 , line up
　　Serial0: HDLC myseq 4, mineseen 2 *, yourseen 2 , line up

则可看出，本地的序号 myseq 根据 KeepAlive 的时间不断地递增，但对方路由器没有对本地递增的序号 mineseen 进行认可（始终都是 2），使得本地也无法对对方的序号 yourseen 的递增进行认可。以上信息说明，在通信的过程中由于某种原因,对方路由器的报文无法到达本地的 HDLC 协议层，原因可能是对方设备处于关机状态或者是线路传输的原因。

14.3 PPP

14.3.1 PPP 概述

点对点协议 PPP 是当前因特网上最常用的一种数据链路协议，是在串行链路网际协议（Serial Line Internet Protocol，SLIP）的基础上发展起来的面向字符型的协议，既可以用于同步串行链路，又可以用于异步串行链路。PPP 是各种主机、网桥和路由器之间简单连接的一种共同的解决方案。

1. PPP 的分层结构

（1）PPP 的组成

PPP 主要由链路控制协议（Link Control Protocol，LCP）和网络控制协议族（Network Control Protocol，NCP）组成。

LCP 负责创建、配置、维护或终止数据链路连接。NCP 是一族协议，负责协商在链路上运行哪一种网络协议，并为上层网络协议提供服务。此外，NCP 还提供网络安全认证协议，最常用的有口令验证协议（Password Authentication Protocol，PAP）和询问信号交换验证协议（Challenge Handshake Authentication Protocol，CHAP）。PPP 协议分层结构如图 14-4 所示。

PPP 的帧格式类似于 HDLC,只是在控制字段和信息字段之间增加了一个 2 字节的协议字段,用以标识所承载的上层协议。PPP 的帧首尾标志与 HDLC 完全一致,都是 7eH,如果在帧的信息字段出现该标志则必须进行填充,以示区别。

(2) PPP 的优点

PPP 不仅适用于拨号用户,而且适用于租用的路由器及路由器线路。PPP 支持多种网络层协议(如图 14-5 所示),采用 CHAP、PAP 验证协议,从而更好地保证了网络链路的安全性。

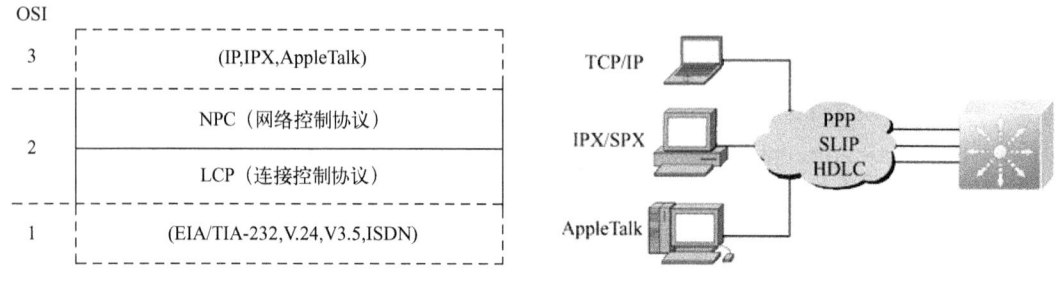

图 14-4 PPP 分层结构　　　　　图 14-5 PPP 支持多种网路层协议

由图 14-5 可看出,TCP/IP、IPX/SPX、AppleTalk 等协议数据都可以被封装成 PPP 帧,从而能通过链路到达目的地。

PPP 的 NCP 层可以封装携带多个高层协议的数据包,而 PPP 的 LCP 层负责建立和控制链路连接,如图 14-6 所示。

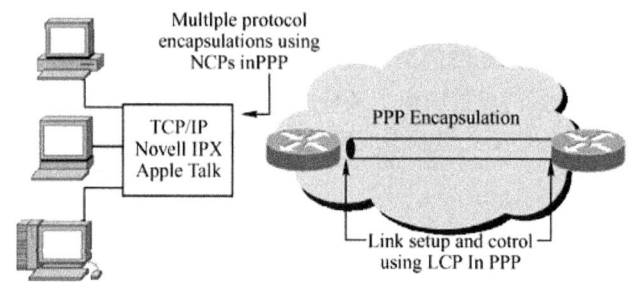

图 14-6 LCP 和 NCP 层的作用

2. PPP 的工作原理

PPP 可用来解决链路建立、维护、拆除、上层协议协商、认证等问题,其协商过程的链路状态如图 14-7 所示。

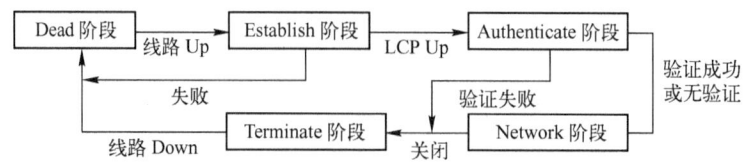

图 14-7 PPP 的链路状态有向图

(1) 当物理链路不通时,PPP 链路处于 Dead 阶段。当物理链路接通时,进入 Establish 阶段,此时 LCP 开始协商一些配置选项，选择基本的通信方式、链路上的最大帧长度、所使用的验证协议等，链路两端设备通过 LCP 向对方发送配置信息报文。链路的一端首先发出配置请求帧（Configure Request），另一端若接受所有选项，则发送确认帧（Configure ACK）。一个确认帧一旦被成功发送且被接收，就完成了交换。此时链路创建成功，进入 LCP 开启状态。

（2）如果配置了验证，则进入用户验证 Authenticate 阶段，开始 PAP 验证或 CHAP 验证。

（3）如果验证成功则进入网络协商 Network 阶段；如果验证失败，则转到链路终止 Terminate 阶段，此时拆除链路，LCP 转为关闭状态。

（4）验证阶段完成后，PPP 将调用在链路创建阶段选定的各种网络控制协议，选定的 NCP 配置 PPP 链路上的高层协议。例如，在该阶段的 IP 控制协议（IPCP）可以向用户分配动态地址。

当网络协议配置成功后，则完成了该链路的建立。

3．PPP 的验证方式

PPP 提供了 PAP 和 CHAP 两种验证方式。

（1）口令验证协议（PAP）

PAP 是一种安全验证方式，避免第三方窃取数据或冒充远程客户接管与客户端的连接。在验证完成之前，禁止从验证阶段前进到网络层协议阶段。

PAP 是一种简单的明文验证方式，客户端（被验证方）首先发起验证请求，将用户身份（用户名和口令）发送给远端的接入服务器（Network Access Server，NAS）。NAS 作为主验证方检验用户的身份是否合法，口令是否正确。如果正确则通知客户允许进入下一阶段；如果失败并且次数达到一定值，就关闭链路。PAP 以明文方式返回用户信息。显然，这种验证方式的安全性较差，第三方比较容易获取被传送的用户名和口令，并利用这些信息与 NAS 建立连接，获取 NAS 提供的所有资源。PAP 验证过程如图 14-8 所示，其中，Client 端为被验证端，Server 端为验证端。

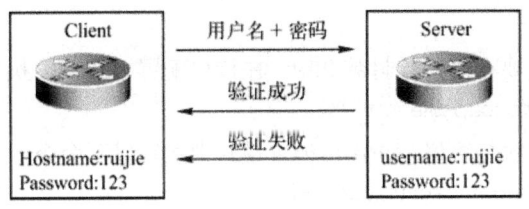

图 14-8　PAP 验证过程

（2）询问信号交换验证协议（CHAP）

CHAP 是一种加密的安全验证方式，主验证方 NAS 向被验证的远程用户发送一个询问报文（Challenge），其中包括本端主机名和一个随机生成的询问字串（Arbitrary Challenge String）。远程客户必须根据询问报文，在本地数据库中查找 NAS 的主机名、口令密钥，使用 MD5 单向哈希算法（One-way Hashing Algorithm）生成加密的询问报文，然后与用户主机名一起回送到 NAS，其中用户名以非哈希方式发送。NAS 收到应答后在本端查找用户主机名和口令密钥，使用 MD5 单向哈希算法对保存的随机生成的询问报文进行加密，然后与被验证方的应答进行比较，根据比较结果决定是通过还是拒绝链接。

CHAP 对 PAP 进行了改进，不再直接通过链路发送明文口令，而是使用询问口令以哈希算法对口令进行加密，因此其安全性高于 PAP。在整个连接过程中，CHAP 不定时地向客户端重复发送询问口令，从而避免第三方冒充远程客户进行攻击。

CHAP 验证过程如图 14-9 所示，其中 Server 端为验证端，Client 端为被验证端，Client 端收到"RB+挑战报文"后，用"RA+加密后的密文"作为响应，其中，加密后的密文是用 MD5 单向哈希算法对挑战报文 ID、RB 用户的密码和收到的随机挑战报文进行加密运算后得到的密文。在响应报文中，RA 不需要用 MD5 单向哈希算法进行加密。

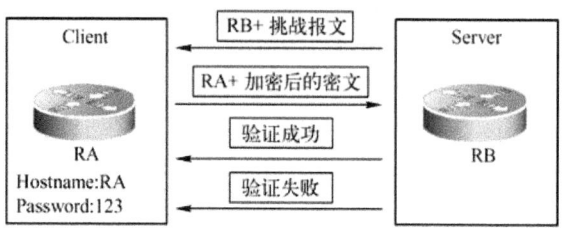

图 14-9 CHAP 验证过程

14.3.2 PPP 配置方式

1．PPP 配置过程

本节只描述专线模式（包括同步口、异步口）如何配置 PPP。根据不同的验证方式其主要的配置内容如下：

◇ 配置接口封装协议。
◇ 配置 PPP CHAP 被验证方。
◇ 配置 PPP CHAP 验证方。
◇ 配置 PPP PAP 被验证方。
◇ 配置 PPP PAP 验证方。

2．配置接口封装协议

在配置 PPP 时，首先要在接口处封装 PPP。在接口配置模式下，执行以下命令来封装 PPP：

Router(config-if)#encapsulation PPP

要去除接口的 PPP 的封装协议，在接口配置模式中执行以下命令：

Router(config-if)#no encapsulation PPP

3．配置 PPP 验证

（1）配置 PPP PAP 验证

PAP 验证采用两次握手协议，在验证过程中以明文发送用户名和密码的方式进行验证。PAP 认证一般有验证方和被验证方，其相应的配置步骤如下：

① 配置 PPP PAP 被验证方

步骤 1：定义封装类型为 PPP。

RouterA(config-if)#encapsulation PPP

步骤 2：指定在服务器端用于执行认证的用户名和密码。

RouterA(config-if)#ppp pap sent-username *hostname* password *password*

② 配置 PPP PAP 验证方

步骤 1：创建用户数据库记录，列出认证路由器时所使用的远端主机名称和密码，密码必须与远端密码匹配，同时区分大小写。

RouterB(config)#username *hostname* password *password*

步骤2：封装 PPP，并设定 PPP 的验证方式为 PAP。

RouterB(config-if)#encapsulation ppp
RouterB(config-if)#ppp authentication pap [callin]

其中，callin 是可选的命令选项，设定之后，只有当对方路由器（被验证方）通过拨号网络拨入时才进行 PAP 验证，对于由本地端路由器拨出而建立的 PPP 连接则不进行 PAP 验证。因此该命令选项不会影响专线 PPP 协商过程。

使用 PAP 验证时，由客户端发出验证请求。由于服务器端无法区分客户端发出的请求是否合法，因此可能会引起攻击，容易引起客户端破解密码。客户端将用户名和密码等验证信息以明文方式发送给服务器端，安全性较低。

PAP 验证实验的拓扑如图 14-10 所示，假设路由器的接口分别为 S1/0 和 S2/0。

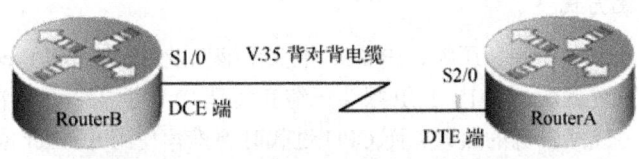

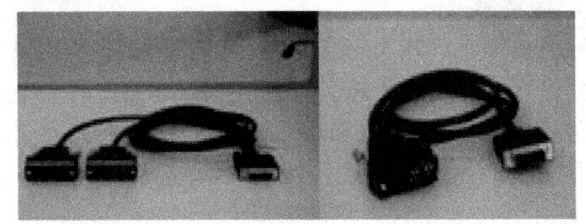

图 14-10　路由器串口背对背连接示意图

在客户端（被验证方）进行如下配置：

```
RA(config)#interface seril 1/0            !进入串口 1/0
RA(config-if)#encapsulation ppp           !进行 ppp 协议封装
RA(config-if)#ppp pap sent-username abc password 123
                                           !指定 PPP PAP 验证用户名为 abc，密码为 123
```

在服务端（验证方）进行如下配置：

```
RB(config)#username abc password 123      !创建用户数据库记录
RB(config)#interface seril 2/0            !进入串口 2/0
RB(config-if)#encapsulation ppp           !设定 PPP 的 PAP 验证方
RB(config-if)#ppp authentication pap      !进行 pap 验证
```

（2）配置 PPP CHAP 验证

PPP CHAP 验证 CHAP 为三次握手协议，只在网络上传输用户名，并不用明文传输口令。

① 配置 PPP CHAP 被验证方

CHAP 认证一般有验证方和被验证方，CHAP 的协商由验证方发起，被验证方只发送 PPP 认证用的用户名和口令。默认情况下，被验证方发送自己的主机名作为用户名。

步骤1：定义封装类型为 PPP。

RouterA(config-if)#encapsulation PPP

步骤2：指定 PPP CHAP 验证的主机名和密码。

！为验证方主机名创建用户数据库记录，两端密码要保持一致
Router(config)#username *username* password {0|7} *password*

说明：密码的设定有明文输入和密文输入两种，0 表示非密文输入，1 至 7 是密文输入，默认输入方式为明文输入。

② 配置 PPP CHAP 验证方

步骤 1：创建用户数据库记录。
Router(config)#username username password {0|7} password

步骤 2：封装 PPP，并指定 PPP CHAP 验证方式。
Router(config-if)#encapsulation ppp
Router(config-if)#ppp authentication chap [callin]

4．配置 PPP 压缩方式

PPP 压缩，分为地址和控制域压缩、IP/TCP 报头压缩以及 Stacker 和 Predictor 压缩方式。地址和控制域压缩一般系统默认，而 IP TCP 报头压缩其实是 IP 层的压缩，不在此讨论，设置 PPP 层压缩命令一般是因为线路带宽的瓶颈。而 CPU 过载时不推荐使用 Stacker 或者 Predictor 压缩方式，因为本身就要损耗 CUP 资源。

Stacker 压缩是基于 Lempel-Ziv(LZ) 的压缩算法，对于每种数据类型只发送一次，然后只发送各数据类型在数据流中的位置信息。接收方可以利用这些信息重新组装数据流。

Predictor 压缩可以先判断数据是否已经被压缩过，如果是数据将立刻发送，而不会浪费时间将已经压缩过的数据进行压缩。

5．重置 PPP 协商参数

PPP 协商时，LCP 和 IPCP 都有一个超时时间，一旦达到了这个超时时间，LCP 将重新发送请求。这个超时时间可以通过命令设定，以便协调和异种设备互连时出现的不一致协商时间。

Router(config-if)#ppp negotiation-timeout seconds　　！设定 PPP 的 LCP 的协商时间
Router(config-if)#no PPP negotiation-timeout　　！恢复 PPP 的协商时间为系统的默认值

14.3.3　PPP 的监控和维护

1．显示协议的接口信息

使用如下的命令可以查看 PPP 协议接口的信息：
Router#show interface serial *interface-number*

以 Serial0 接口为例，输入命令之后显示如下的信息

```
Router#show interface serial0
    Serial0 is up, line protocol is up
    Hardware is HDLC 4530A
    Internet address is 10.1.1 .2/24
    MTU 1500 bytes, BW 1544 Kbit, DLY 20000 usec, rely 255/255, load 1/255
    Encapsulation PPP, loopback not set, keepalive set (10 sec)
    LCP Open
    Open: ipcp
    Last input 00:00:02, output 00:00:02, output hang never
    Last clearing of "show interface" counters never
```

```
Queueing strategy: fifo
Output queue 0/40, 0 drops; input queue 0/75, 0 drops
5 minute input rate 3000 bits/sec, 1 packets/sec
5 minute output rate 3000 bits/sec, 1 packets/sec
87 packets input, 38988 bytes, 0 no buffer
Received 0 broadcasts, 0 runts, 0 giants
0 input errors, 0 CRC, 0 frame, 0 overrun, 0 ignored, 0 abort
87 packets output, 38988 bytes, 0 underruns
0 output errors, 0 collisions, 0 interface resets
0 output buffer failures, 0 output buffers swapped out
0 carrier transitions
DCD=up DSR=up DTR=up RTS=up CTS=up
```

首先，从物理层来观察链路状态，最后一行的 5 个信号（DCD、DSR、DTR、RTS、CTS）将决定接口是否 UP。

其次，从 LCP 状态是否 UP，IPCP 状态是否 UP 来看 PPP 协商是否成功，如果都是 UP，那么 line protocol 将处于 UP 状态，链路层应该是可以通信的。

最后，可以参考数据收发状况：Packet Input 和 Output 是指报文接收和发送的个数，假如没有出现 interface reset，说明报文成功发送，如果在 Input Queue 中没有跳数，说明报文都成功地接收。

2．PPP 调试信息

如果 PPP 链路层协商出现问题，可以用如下的命令来调试 PPP：

```
Router#debug PPP packet           !在 PPP 通信过程中打印报文调试信息
Router#debug PPP negotiation      !在 PPP 通信过程中打印协商调试信息
Router#debug PPP authentication   !在 PPP 通信过程中打印授权调试信息
```

14.3.4　PPP 典型配置举例

【例 14-1】 假如某公司为了满足不断增长的业务需求，申请了专线接入。这时，客户端路由器与 ISP 进行链路协商时要验证身份，现需要配置路由器以保证链路的建立，并考虑其安全性。

【实现功能】

在链路协商时保证安全验证，链路协商时用户名和密码以明文的方式传输，采用 PPP PAP 认证方式。

【使用设备】

路由器 2 台，V.35 线缆 1 对。

【拓扑图】

如图 14-11 所示。

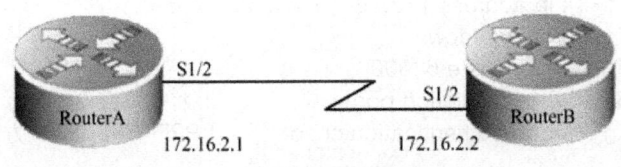

图 14-11　案例拓扑

【实现步骤】

RouterA 配置：（被验证方配置实现）

```
RouterAt#config terminal
RouterA (config)#interface Serial 1/2          ！进入 s1/2，配置 IP 地址
RouterA(config-if)#ip address 172.16.2.1  255.255.255.0
RouterA(config-if)#no shutdown
RouterA (config-if)#encapsulation ppp          ！将接口协议封装为 PPP
RouterA (config-if)#clock rate 64000
RouterA (config-if)#ppp pap sent-username RA password 0 123
                    ！传送 PAP 认证的用户名 RA 和密码 123，0 表示明文
```

RouterB 配置：（验证方配置实现）

```
RouterB#config terminal
RouterB (config)#username RA password 0 Router
        ！验证方设置用户名 RA 和密码 123，以便验证被验证方传来的验证信息
RouterB (config)#interface Serial 1/2
RouterB (config-if)#ip address 172.16.2.2  255.255.255.0   ！配置 IP 地址
RouterB(config-if)#no shutdown
RouterB (config-if)#encapsulation ppp          ！封装 PPP
RouterB (config-if)#ppp authentication pap     ！PPP 启用 PAP 的认证方式
```

【注意事项】

① 封装广域网协议时，要求 V.35 线缆的两个端口封装协议一致，否则无法建立链路。

② 在 DCE 端要配置时钟。

③ 在接口下封装 PPP。

④ debug ppp authentication 在路由器物理层 UP，链路尚未建立的情况下打开才有信息输出。本例的实质是链路层协商建立的安全性，该信息出现在链路协商的过程中。一旦协商完毕，则不会再有信息输出。

【例 14-2】在例 14-1 的条件下完成 PPP CHAP 认证。

【实现功能】

在链路协商时保证安全验证。链路协商时密码以密文的方式传输，更安全，采用 PPP CHAP 认证方式。

【实现步骤】

RouterA 配置：

```
RouterAt#config terminal
RouterA(config)#username RouterB password 1 123
        ！以对方的主机名 RouterB 作为用户名，密码和对方的路由器一致
RouterA(config)#interface Serial 1/2           ！进入 Serial 1/2，配置 IP 地址
RouterA(config-if)#ip address 172.16.2.1 255.255.255.0
RouterA(config-if)#no shutdown
RouterA(config-if)#clock rate 64000
RouterA(config-if)#encapsulation ppp           ！将接口协议封装为 PPP
RouterA(config-if)#ppp authentication chap     ！PPP 启用 CHAP 方式验证
```

RouterB 配置：

```
RouterB#config terminal
RouterB(config)#username RouterA password 1 123
                  !以对方的主机名 RouterA 作为用户名，密码和对方的路由器一致
RouterB(config)#interface Serial 1/2
RouterB(config-if)#ip address 172.16.2.2 255.255.255.0        !配置 IP 地址
RouterB(config-if)#no shutdown
RouterB(config-if)#encapsulation ppp              !封装 PPP
```

14.3.5 故障和诊断

用 show interface serial *serial-number* 命令来查看接口的状态。同步口接口有 4 种状态，表 14-1 以 serial 0 为例。

表 14-1 serial 0 状态表

状 态 显 示	故 障 说 明
serial 0 is administratively down, line protocol is down	表示该接口被人为关闭
serial 0 is down, line protocol is down	表示该接口没有被激活或物理层没有转为 UP 状态
Serial 0 is up, line protocol is up	表示该接口已可以进行数据传输
serial 0 is up, line protocol is down	表示该接口已激活，但链路协商仍没有通过

1．接口无法 UP

首先，必须排除接口被人为 shutdown 的故障。

其次，检查物理层的原因，从 show interface serial0 命令来查看接口的状态，物理层的参数（DCD、DTR、DSR、CTS、RTS）都应该是 UP 的，如果其中有 DOWN 状态，请确认相应的 V.35 或者 V.24 电缆线是否有问题。

2．链路协议无法 UP

接口 UP 是 Line Protocol UP 的先决条件，所以在排查链路协议无法 UP 的原因时：

① 排除接口为 DOWN 的现象。

② 确认链路层是否有数据收发。可以用 show interface serial *serial-number* 命令留意 Packet Input 和 Packet Output 的个数，如果没有 Input 的报文，说明对端的路由器可能没有开机或者对方路由器发送出现问题；用命令 Clear Count serial Serial-number 一段时间之后，留意是否有 Interface resets 的个数，如果有，说明本端路由器的发送出现问题。

③ 防止线路出现回环的问题。可以用 show interface serial *serial-number* 命令查看是否有 Loopback is set 的提示，另外用 debug PPP packet 查看 PPP 协商时是否与对方路由器的 Magic Number 的应答一样。如果是，说明线路处于环路调试状态，出现环路状态时，有可能导致链路无法 UP，但是还有可能是链路 UP，无法 Ping 通对方。

④ 线路的数据都收发正常，但是如果双方的协议设置不匹配，如对方的路由器配置成 HDLC 协议，那么通过 debug PPP packet 可以看出 Protocol type 不匹配的提示，如果这样，链路的协议也是无法 UP 的。

⑤ 链路协议无法 UP 和 PPP 的协商的参数有关，如果链路协商要求 CHAP 或者 PAP 认证，必须确保用户名和密码正确，可以通过 debug PPP packet 或者 debug PPP negotiation 等调试信息来排查。

3. 链路 UP 但无法 Ping 通

链路 UP 最基本的应该在 LCP 协商成功的基础上，如果接口没有配置 IP 地址，那么链路 Line Protocol 也可能是 UP，但是没有 IPCP Open 的提示，所以如果无法 Ping 通对端的广域网口的 IP 地址，那么首先排除 IPCP 协商没有通过的问题。如果对方广域网口可以 Ping 通，但是无法 Ping 通对方局域网内的 IP 地址，那么应该从路由表着手来排查问题。

习题 14

1. PPP 会话的建立有哪些过程？
2. PAP 验证和 CHAP 验证有何区别？
3. 配置 PAP 验证时，如何设置用户名和密码？
4. 配置 CHAP 验证时，如何设置用户名和密码？
5. 解释 PPP 分层结构中各层协议的主要作用。

第 15 章　网络地址转换技术

本章详细描述了网络地址转换（Network Address Translation，NAT）的技术原理及配置方法。地址转换技术在正向的地址转换中，具有仅转换地址 NAT 和同时转换地址与端口 NAPT 两种形式。通过本章的学习，读者可以了解局域网和 Internet 技术，熟悉 NAT 技术工作原理，掌握利用 NAT/NAPT 实现局域网访问互联网的方法。

15.1　NAT 概述

15.1.1　NAT 引入

随着 Internet 的发展，IP 地址短缺已成为一个现实的问题。虽然 IPv6 技术正在逐步推出，但在 IPv6 技术全面推广之前，地址转换技术是解决目前 IP 地址短缺问题的一个最主要的技术手段。通过地址转换技术可以实现使用私有地址的用户能够访问 Internet，还可以给内部网络提供一种"隐私"保护，也可以按照用户的需要提供给外部网络一定的服务，如 WWW、FTP、TELNET、SMTP、POP3 等。

在 NAT 技术中，允许机构内部子网使用私有地址实现内部网络连通，当需要和 Internet 连接时，则将内部私有地址映射到 Internet 的注册 IP 地址，实现私有网络与外部网络连接。这样减少了 Internet 注册 IP 地址的耗损，并且各机构内部子网可以使用相同的私有地址，从而避免了注册 IP 地址的浪费。

15.1.2　NAT 技术的定义

NAT 是一种将私有（保留）地址转化为合法 IP 地址的转换技术，其实现原理是在局域网内部网络中使用内部地址，而当内部主机要与外部网络进行通信时，在网关出口处将内部地址替换成公用地址，从而使得内部主机能够正常访问 Internet。

NAT 使多台计算机共享 Internet 连接，这一功能很好地解决了公共 IP 地址紧缺的问题。通过这种方法，可以只申请一个合法 IP 地址，把整个局域网中的计算机接入 Internet 中。这时，NAT 屏蔽了内部网络，所有内部网计算机对于公共网络来说是不可见的，而内部网计算机用户一般也不会感觉到 NAT 的存在。NAT 技术可以被集成到路由器、防火墙、ISDN 路由器或者单独的 NAT 设备中。

NAT 技术主要包括两方面：

- ◇ 正向地址转换：将私有网络内部发出的 IP 数据报文中的源 IP 地址和端口号转换为外部代理服务器的 IP 地址和端口号，通过代理服务器的 IP 地址和一个端口来访问 Internet。
- ◇ 反向地址转换：把来自 Internet 上 IP 数据报文的目的 IP 地址和端口号转换为私有网络内部的主机 IP 地址和端口号。

15.1.3　NAT 分类

NAT 可以分为 3 种：静态地址转换（Static NAT），动态地址转换（Pooled NAT），网络地址端口转换（Port-Level NAT）。

静态地址转换设置起来最简单，并且最容易实现，内部网络中的每个主机都被永久映射成外部网络中的某个合法的地址。动态地址转换是指在外部网络中定义了一系列的合法地址，采用动态分配的方法映射到内部网络。网络地址端口转换 NAPT 则把内部地址映射到外部网络的一个 IP 地址的不同端口上。

设置 NAT 功能的路由器至少要有一个内部端口（Inside），一个外部端口（Outside）。内部端口连接的网络用户使用的是内部 IP 地址，该地址为私有 IP 地址，属于非法 IP 地址；外部端口连接的是外部网络，使用合法的公有 IP 地址。一般来说，内部接入端口使用 Ethernet 端口，外部接入端口使用 Serial 端口。

1．静态地址转换

静态地址转换将内部本地地址与内部合法地址进行一对一的转换，且需要具体指定进行转换的合法地址。一般来说，如果内部网络中有 WWW 服务器或 FTP 服务器等可以为外部用户提供服务，则这些服务器的 IP 地址必须采用静态地址转换，以便外部用户可以使用这些服务。

2．动态地址转换

动态地址转换与静态地址转换一样，也是将内部本地地址与内部合法地址一对一地转换，但是动态地址转换是从内部合法地址池中动态地选择一个未使用的地址来对内部本地地址进行转换的。

动态地址转换仅转换 IP 地址，为每个内部的 IP 地址分配一个临时的外部合法 IP 地址。

3．网络地址端口转换

网络地址端口转换（Network Address Port Translation，NAPT），也称为复用动态地址转换，或 PAT（Port Address Translation），是人们比较熟悉的一种转换方式，普遍应用于接入设备中，可以将中小型的网络隐藏在一个合法的 IP 地址后面，通过从 ISP 申请一个 IP 地址，将多个连接通过 NAPT 技术接入 Internet，实现多个内部本地地址公用一个内部合法地址。在小型办公室内，若只申请到少量 IP 地址却经常同时有多个用户上外部网络时，NAPT 极为有用。

NAPT 是一种动态地址转换，但与动态地址 NAT 不同，在 Internet 中使用 NAPT 时，所有不同的 TCP 和 UDP 信息流看起来好像来源于同一个 IP 地址。它将内部连接映射到外部网络中的一个单独的 IP 地址上，同时在该地址上加上一个由 NAT 设备选定的 TCP 端口号，就是以不同的协议端口号与不同的内部地址相对应。

15.1.4 NAT 的优缺点

使用地址转换技术主要有以下优点：
① 地址转换可以使内部网络用户方便地访问 Internet。
② 地址转换可以使内部局域网的许多主机共享一个 IP 地址上网大大节约了合法的 IP 地址。
③ 地址转换可以屏蔽内部网络的用户提高内部网络的安全性。
④ 地址转换同样可以提供给外部网络 WWW、FTP、Telnet 等服务。
⑤ 地址转换技术可以使得内部局域网的 IP 地址分配变得容易维护，不会因为合法地址转换的缺乏而不容易合理分配内部局域网的 IP 地址，并且当外部有变化的时候也不需要改动内部局域网内部的配置。

地址转换技术主要有以下缺点：

① 地址转换对于报文内容中含有有用的地址信息的情况需要做特殊处理，这种情况的代表协议是 FTP。
② 地址转换不能处理 IP 报头加密的情况。
③ 地址转换由于隐藏了内部主机地址有时候会使网络调试变得复杂。

采用 NAT 后，一个最主要的改变就是失去了端对端 IP 的追踪能力，也就是说，不能再经过 NAT 使用 ping 和 traceroute；其次，就是曾经的一些 IP 对 IP 程序不能正常运行，潜在的不易被观察到的缺点就是增加了网络延时。NAT 可以支持大部分 IP 协议，但拒绝 Bootp、SNMP 和路由表更新。

15.1.5 NAT 的适用范围

NAT 的适用范围如下：
① 连接到 Internet，但却没有足够的合法地址分配给内部主机。
② 更改到一个需要重新分配地址的 ISP。
③ 有相同的 IP 地址的两个 Internat 合并。
④ 支持负载均衡（主机）。

例如，如果某个单位使用私有地址建立局域网，按照主机的用途，局域网内部的主机可以大致分为如下 3 类：① 仅仅用于办公，不需要直接访问 Internet；② 办公使用，有些时候需要访问 Internet；③ 资源存放用，并且可以被 Internet 上的用户访问，如 Web 服务器。

图 15-1 所示的内部网络使用"私有地址"，其中 PC1 就是属于情况①，描述不需要访问 Internet 的主机；PC2 属于情况②，描述有时需要访问 Internet 的主机；Web Server 属于情况③，该主机是一台 Web 服务器，同时可以被外部网络访问；该局域网通过一台 NAT 路由器接入 Internet。

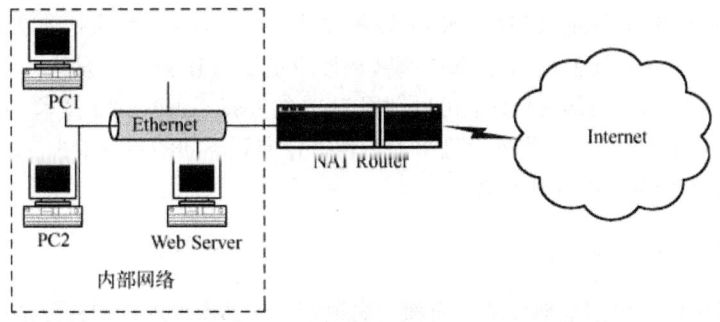

图 15-1 地址转换组网应用示意图

通过地址转换技术，可以使这个内部局域网的所有主机（或者部分主机）访问外部网络 Internet。只有当内部局域网的主机需要访问 Internet 时，地址转换技术才为这台主机分配一个临时的合法的 IP 地址，使得这台主机可以访问 Internet。因此，每台内部局域网的主机不需要都拥有合法的 IP 地址就可以访问 Internet，这样就大大节约了合法的 IP 地址。

当采用 NAT 技术后，内部局域网的主机对 Internet 来说是不可见的，Internet 的主机不能直接访问内部局域网中的主机。当内部局域网需要给外部网络提供一定的服务时，例如提供一个 www 的服务器，可以使用地址转换提供的"内部服务器"功能，"内部服务器"功能是一种"反向的"地址转换，它提供了外部网络的主机访问内部网络中使用私有地址的主机的能力。

15.1.6 地址转换技术地址和地址代理技术的区别

地址转换技术与地址代理技术有许多类似之处，都是提供了私有地址访问 Internet 的能力，但是两者还是有区别的，它们区别的本质在于 TCP/IP 协议栈中工作的位置不同，地址转换技术工作在网络层，而地址代理技术工作在应用层。

地址转换技术对各种应用是透明的，而地址代理技术必须在应用程序中指明代理服务器的 IP 地址。例如使用地址转换技术访问 Web 网页，不需要在浏览器中进行任何的配置。而如果使用代理访问 Web 网页的时候，就必须在浏览器中指定代理的 IP 地址，如果代理只能支持 HTTP 协议，那么只能通过代理访问 Web 服务器，如果要使用 FTP 就不可以了。因此使用地址转换技术访问 Internet 比地址代理技术具有良好的扩充性，不需要针对应用进行考虑。

但是地址转换技术很难提供基于"用户名"和"密码"的验证，在使用代理的时候，可以使用验证功能，使得只有通过"用户名"和"密码"验证的用户才能访问 Internet，而地址转换技术做不到这一点。

15.2 NAT 技术的基本原理

15.2.1 NAT 技术原理概述

NAT 技术不仅能解决目前 IPv4 地址紧缺的问题，而且还能使得内外网络隔离，提供一定的网络安全保障。最简单的 NAT 设备有两条网络连接：一条连接到 Internet，一条连接到内部网络。内部网络中使用私有 IP 地址的主机，通过直接向 NAT 设备发送数据包连接到 Internet 上。在内部网中，通过 NAT 把内部地址翻译成合法的 IP 地址在 Internet 上使用，其具体的做法是把 IP 包内的地址用合法的 IP 地址来替换。NAT 设备维护一个状态表，用来把非法的 IP 地址映射到合法的 IP 地址上去。每个包在 NAT 设备中都被翻译成正确的 IP 地址，发往下一级。

当映射一个外部 IP 到内部地址时，可以利用 TCP 的 load distribution 技术。使用这个特征时，内部主机基于 round-robin 机制，将外部进来的新连接定向到不同的主机上去。load distributing 只有在映射外部地址到内部的时候才有效。

15.2.2 NAT 相关地址

在 NAT 原理中涉及内部本地地址、内部全局地址、外部本地地址和外部全局地址等概念。

① 内部本地地址（Inside Local IP address）：用于指定于内部网络的主机地址，该地址全局唯一，且为私有地址。

② 内部全局地址（Inside Global IP address）：代表一个或更多内部 IP 到外部网络的合法 IP，当内网设备与外网设备通信时使用，通常是公网地址。

③ 外部本地地址（Outside Local IP address）：外部网络的主机地址，这个地址是在面向内网设备时所使用的，不一定是一个公网地址。

④ 外部全局地址（Outside Global IP address）：外部网络主机的合法 IP。

以上地址中，内部本地地址和外部全局地址比较容易理解，内网中的计算机的地址就是内部本地地址，外网服务器的地址就是外部全局地址。例如，在由内网向外网的通信中，报文由内网某台计算机上发出，在内网计算机和 NAT 转换设备间的数据包中，源 IP 地址为内部本地地址，而目标 IP 地址为外部本地地址。经过 NAT 设备转换后，报文到达外网，即在 NAT 设备和外网服务器之间，报文中源 IP 地址为内部全局地址，目标 IP 地址为外部全局地址。相反地，在由外网向内网的通信中，报文由外网服务器发出，在外网服务器和 NAT 转换设备间的数据包中，源 IP 地址是外部全局地址，而目标 IP 地址为内部全局地址。经过 NAT 转换后，报文到达内网，即在 NAT 设备和内网计算机之间，报文中的源 IP 地址为外部本地地址，目标 IP 地址为内部本地地址。

可见，内部本地地址、外部本地地址、内部全局地址、外部全局地址都与 IP 报文中的 IP 地址一一对应。其中，Inside 指内部网络，outside 指外部网络；Local 地址只在内部网络中看得到，global 地址只在外部网络中看得到；Inside global 就是在外部主机中所看到的内部主机的地址；Outside local 则是内部主机中所看到外部主机的地址，多数情况下，这个地址和真实的外部主机地址是相同的。NAT 的应用也相应地有如下几种模式：

① 应用最多的一种模式：只进行源地址的转换，目的地址不变，即外部本地地址与外部全局地址相同。

② 只进行目的地址的转换：源地址不变，即内部本地地址与内部全局地址相同，这种方式的应用不多，因为会泄露内网的 IP。

③ 对源地址和目的地址都进行转换：此时通常两部分的 IP 地址会有冲突和重叠，这种情况下内网机器和外网机器所看到的都不是对方真正的 IP。

15.2.3　NAT 功能及对应的工作原理

NAT 可实现如下功能：内部地址转换（Translation inside local addresses），内部全局地址复用（Overloading inside global addresses），TCP 负载重分配（TCP load distribution），处理重叠网络（Handing overlapping networks）。

1. 内部地址转换

内部地址转换是比较通用的一种方法，是将内部 IP 地址一对一地转换成外部地址，是一种"反向"的地址转换。在内部主机连接到外部网络时，当第一个数据包到达 NAT 路由器时，路由器检查它的 NAT 表，然后路由器将数据包的内部局部源 IP 地址替换成内部全局地址，再转发出去；外部主机接收到数据包后，用接收到的内部全局地址来响应；NAT 接收到外部转发回来的数据包时，根据 NAT 表把地址翻译成内部局部 IP 地址后将数据包转发到内部网络。

在图 15-1 中，Web Server 是一台配置了私有地址的机器，通过地址转换提供的配置可以为这台主机映射一个合法的 IP 地址。假设是 202.110.10.10，当 Internet 上的用户访问 202.110.10.10 的时候，地址转换将访问发送到 Web Server 上，这样就可以给内部网络提供一种"内部服务器"的应用，NAT Router 对内部服务器的支持可以到达端口级，允许用户按照自己的需要配置内部服务器的端口和协议，提供给外部的端口和协议。例如，在图 15-1 中，通过配置 NAT Router，外部网的用户可以通过这样书写的 URL 地址 http://202.110.10.10:8080，来访问内部地址为 10.110.10.10 的 Web 服务器。

【例 15-1】当内部网络需要与外部网络通信时，需要配置 NAT，将内部私有 IP 地址转换成全局唯一 IP 地址。可以配置静态或动态的 NAT 来实现互联互通的目的，或者需要同时配置静态和动态的 NAT。图 15-2 反映了内部源地址 NAT 的整个过程。

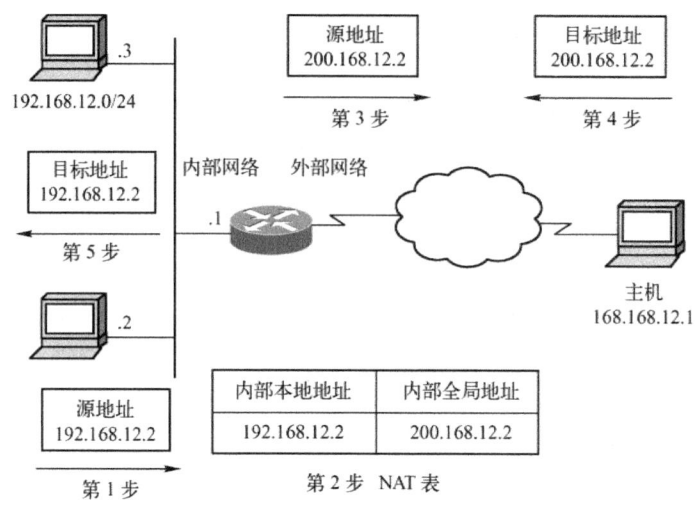

图 15-2 内部源地址 NAT

内部主机 192.168.12.2 发起一个到外部主机 168.168.12.1 的连接。当路由器接收到以 192.168.12.2 为源地址的第一个数据包时,引起路由器检查 NAT 映射表,详细步骤描述如下。

(1) 当该地址是配置静态映射时,执行第 3 步。

(2) 如果没有静态映射,则进行动态映射,路由器将从内部全局地址池中选择一个有效的地址,并在 NAT 映射表中创建 NAT 转换记录,这种记录叫基本记录。

(3) 路由器用 192.168.12.2 对应的 NAT 转换记录中的全局地址,替换数据包源地址。经过转换后,数据包的源地址变为 200.168.12.2,然后转发该数据包。

(4) IP 地址为 168.168.12.1 的主机接收到数据包后,将向 200.168.12.2 发送响应包。

(5) 当路由器接收到内部全局地址的数据包时,将以内部全局地址 200.168.12.2 为关键字查找 NAT 记录表,将数据包的目的地址转换成 192.168.12.2 并转发给 192.168.12.2。

(6) 192.168.12.2 接收到应答包,并继续保持会话。第 1 步至第 5 步将一直重复,直到会话结束。

2. 内部全局地址复用

内部全局地址复用是使用 IP 地址和端口号组将多个内部地址映射到比较少的外部地址。与内部地址转换一样,NAT 路由器同样也负责查表和翻译内部 IP 地址,唯一的区别就是由于使用了负载(overloading),路由器将复用同样的内部全局 IP 地址,并存储足够的信息以区分它和其他地址,这样查询出来的是扩展接口。"数据负载"是指除了 IP 头以及 TCP/UDP 头之外的信息。地址转换对一些复杂协议需要做特殊处理,总体上说,只要是在数据负载中含有地址或者 TCP/UDP 端口信息的协议,地址转换都需要特殊处理。应用程序网关是指为了使得地址转换可以支持某种特殊协议的部分,常见的地址转换需要特殊处理的程序有 FTP、Netmeeting、H323、DNS 等。

RG 系列路由器可以提供 NAPT 方式的地址转换,使用 NAPT,可以将多个内部本地地址映射到一个内部全局地址,路由器用"内部全局地址+ TCP/UDP 端口号"来对应"一个内部主机地址+TCP/UDP 端口号"。当进行 NAPT 转换时,路由器需要维护足够的信息(如 IP 地址、TCP/UDP 端口号)才能将全局地址转换成内部本地地址,目前 RGNOS 的 NAT 默认支持 NAPT 转换。NAPT 方式的地址转换使用的 TCP/UDP 端口信息,可以区分内部局域网主机对外发起不同连接。因为

TCP/UDP 的端口范围是 1~65535，一般 1~1024 端口范围是系统保留端口，因此从理论上计算，通过 NAPT 方式的地址转换，一个合法的 IP 地址可以提供大约 60000 个并发连接。这样，使用 NAPT 方式的地址转换技术，内部局域网的许多用户可以共享一个 IP 地址上网。

内部源地址 NAPT 配置也有两种情况：

① 内部源地址静态 NAPT。若内部主机需要对外部网络提供服务，而又缺乏全局地址，或者就没有申请全局地址，就可以考虑配置静态 NAPT，静态 NAPT 的内部全局地址可以是路由器外部（Outside）接口的 IP 地址，也可以是向 CNNIC 申请的地址；

② 内部源地址动态 NAPT。允许内部所有主机访问外部网络，动态 NAPT 的内部全局地址可以是路由器外部(Outside)接口的 IP 地址，也可以是向 CNNIC 申请的地址。

【例 15-2】某个局域网用户使用私有地址建立了局域网，当这个局域网准备和 Internet 连接的时候，该局域网拥有的合法 IP 地址数量可能远远小于局域网内部的用户数量，假设某个局域网有 50 台主机需要访问 Internet，而实际的合法 IP 地址只有 1 个。图 15-3 反映了内部源地址 NAPT 访问外部主机 Telnet 服务的整个过程。

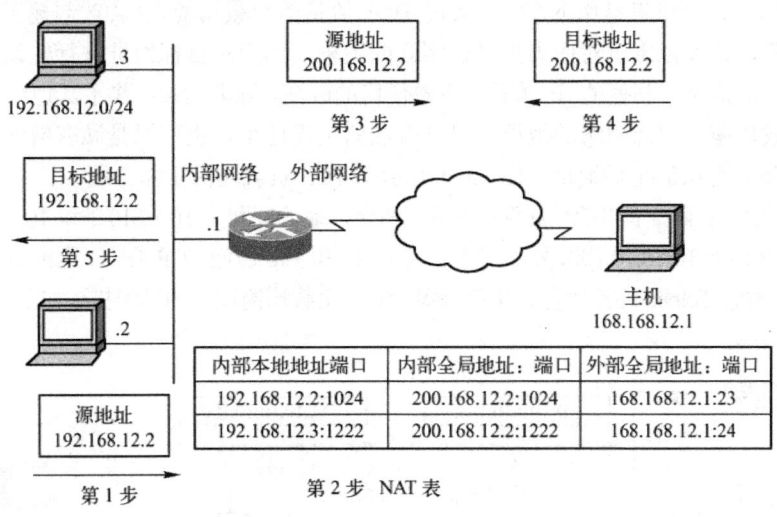

图 15-3 内部地址 NAPT 配置

如图 15-3 所示，内部主机 192.168.12.2 发起一个到外部主机 168.168.12.1 的连接，主机 168.168.12.1 以为是在跟某一台设备通信，实际上是分别与内部网络两台地址不同的主机通信。当路由器接收到以 192.168.12.2 为源地址的第一个数据包时，引起路由器检查 NAT 映射表。实现内部网络 NAPT 的整个过程如下：

（1）如果 NAT 没有转换记录，路由器就动态为 192.168.12.2 创建一条地址转换记录。

（2）如果启用了 NAPT，就进行另外一次转换，路由器将复用全局地址并保存足够的信息以便能够将全局地址转换回本地地址，其中，NAPT 的地址转换记录称为扩展记录。经转换后，内部本地地址为 192.168.12.2:1024。

（3）路由器用 192.168.12.2:1024 对应 NAT 转换记录中的全局地址，替换数据包源地址，经过转换后，数据包的源地址变为 200.168.12.2:1024，然后转发该数据包，并且根据实际远程访问要求，设定外部全局端口号为 23。

（4）168.168.12.1 主机接收到数据包后，将向 200.168.12.2:1024 发送响应包。

（5）当路由器接收到内部全局地址的数据包时，将以内部全局地址 200.168.12.2 及其端口号

1024、外部全局地址 168.168.12.1 及其端口号 23 为关键字查找 NAT 记录表,将数据包的目的地址转换成 192.168.12.2:1024 并转发给 192.168.12.2。

(6) 192.168.12.2 接收到应答包,并继续保持会话。第 1 步至第 5 步将一直重复,直到会话结束。

3. TCP 负载重分配

TCP 负载重分配和以上两种操作不同,这是 NAT 由外网到内网的转换,所以那种以为网络服务器一定要放置到 NAT 外部的说法是错误的。它的工作原理是:外部主机向内网虚拟主机(即内部全局地址)通信,NAT 路由器接受外部主机的请求并依据 NAT 表建立与内部主机的连接,把内部全局地址(目的地址)翻译成内部局部地址,并转发数据包到内部主机,内部主机接受包并做出响应。NAT 路由器再使用内部局部地址和端口查询数据表,根据查询到的外部地址和端口做出响应。此时,如果同一主机再做第二个连接,NAT 路由器将根据 NAT 表将建立与另一虚拟主机的连接,并转发数据。

【例 15-3】 当内部网络某台主机 TCP 流量负载过重时,可能需要多台主机进行 TCP 业务的均衡负载。这时,可以考虑用 NAT 来实现 TCP 流量的负载均衡,NAT 创建了一台虚拟主机提供 TCP 服务,该虚拟主机对应内部多台实际的主机,然后对目标地址进行轮询置换,达到负载分流的目的。但是对于其他的 IP 流量,不做任何的改变,除非 NAT 作了其他配置。配置 NAT 实现 TCP 负载均衡,内部网络的地址可以是合法的全局地址,也可以是私有网络地址。但是虚拟主机地址必须为合法的全局地址。图 15-4 显示了 TCP 负载均衡工作流程。

在图 15-4 中,实际提供 TCP 服务的主机有两台,地址分别为 10.10.10.2 和 10.10.10.3,对外提供了一个虚拟 IP 地址 10.10.10.100,外部网络通过 10.10.10.100 访问 TCP 服务。主机 100.100.100.100,向 10.10.10.100 发起 Telnet 连接服务,NAT 实现 TCP 负载均衡过程的详细描述如下:

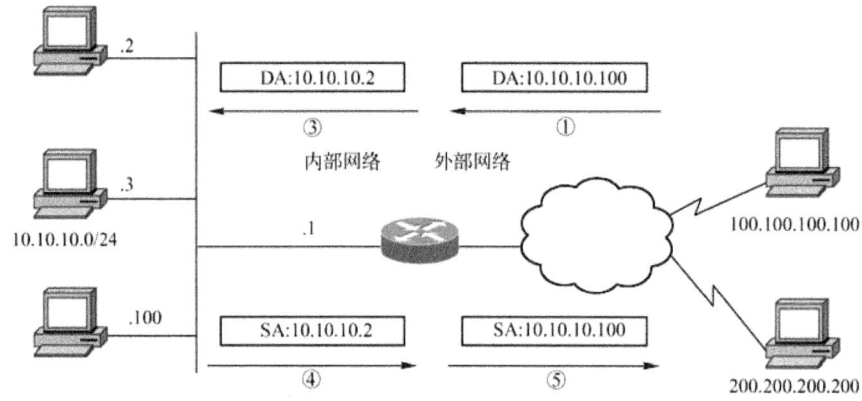

图 15-4 TCP 负载均衡

（1）路由接收到 Telnet 连接请求包。

（2）建立一个 NAT 转换记录，为内部全局地址 10.10.10.100 分配一个内部实际主机地址 10.10.10.2，端口号为 23。

（3）路由器用实际的内部主机地址替换目标地址，然后将数据包转发到实际主机。

（4）实际主机 10.10.10.2 接收到数据包并发送应答包。

（5）路由器接收到应答包，以内部本地地址及端口号和外部全局地址及端口号为关键字，在 NAT 映射表查找匹配转换记录，然后将数据包的源地址转换为虚拟主机地址，并转发数据包。

（6）如果再接受一个 TCP 连接请求，路由器将按照轮询分配方式将 10.10.10.3 的地址作为内部本地地址，建立一个不同的 NAT 转换记录，从而达到负载均衡的目的。

4．处理重叠网络

两个需要互连的私有网络分配了同样 IP 地址，或者一个私有网络和公有网络分配了同样的全局 IP 地址，这种情况称为地址重叠。两个重叠地址的网络主机之间是不可能通信的，因为它们相互认为对方的主机在本地网络。处理重叠网络方法主要用于两个 Intranet 的互连，同样给处理两个重叠网络提供了方法。它的实现需要 DNS 服务器的支持（用于区别两个不同的主机）。

（1）两台分别隶属于不同 Intranet 的主机 A 要求向主机 C 建立连接，先向 DNS 服务器做地址查询。

（2）NAT 路由器截获 DNS 的响应，如果地址有重叠，将转换返回的地址。它将创建一个简单地址条目把重叠的外部全局地址（目的地址）翻译成外部局部地址。

（3）路由器转发 DNS 响应到主机 A，它已经把主机 C 的地址（外部全局地址）翻译成外部局部地址。

（4）当路由器接受到主机 C 的数据包时，它将建立内部局部、全局，外部全局、局部地址间的转换，主机 A 将由内部局部地址（源地址）翻译成内部全局地址，主机 C 将由外部全局地址（目的地址）翻译成外部局部地址。

（5）主机 C 接受数据包并继续通信。

重叠地址 NAT 就是专门针对重叠地址网络之间通信的问题，配置了重叠地址 NAT，外部网络主机地址在内部网络表现为另一个网络主机地址，反之也一样。重叠地址 NAT 配置分为两部分内容：内部源地址转换配置，外部源地址转换配置。

只有与内部网络地址重叠的外部网络才需要配置外部源地址转换，外部源地址转换可以采用静态 NAT 配置或动态 NAT 配置。

【例 15-4】图 15-5 是发生地址重叠时，内部网络主机访问重叠地址主机时的典型应用过程，显示了 NAT 如何对重叠地址网络进行地址转换的过程，该过程的详细描述如下：

（1）内部主机 192.198.12.2 通过 Telnet 远程登录主机 telnet.rg.com，首先向 DNS 服务器 100.100.100.100 发送地址解析请求。该过程包含了内部源地址转换。

（2）路由器截获 DNS 响应包，检查响应包中解析后返回的 IP 地址是否属于重叠地址（即与内部网络地址相同）。如果是重叠地址，就将 192.198.12.2 地址转换成 172.16.198.2，然后将 DNS 响应包发送给内部网络主机 192.198.12.2。

（3）内部主机 192.198.12.2 获知 telnet.rg.com 主机的 IP 地址为 172.16.198.2，就向 172.16.198.2 的 TCP 23 号端口发送连接请求包。

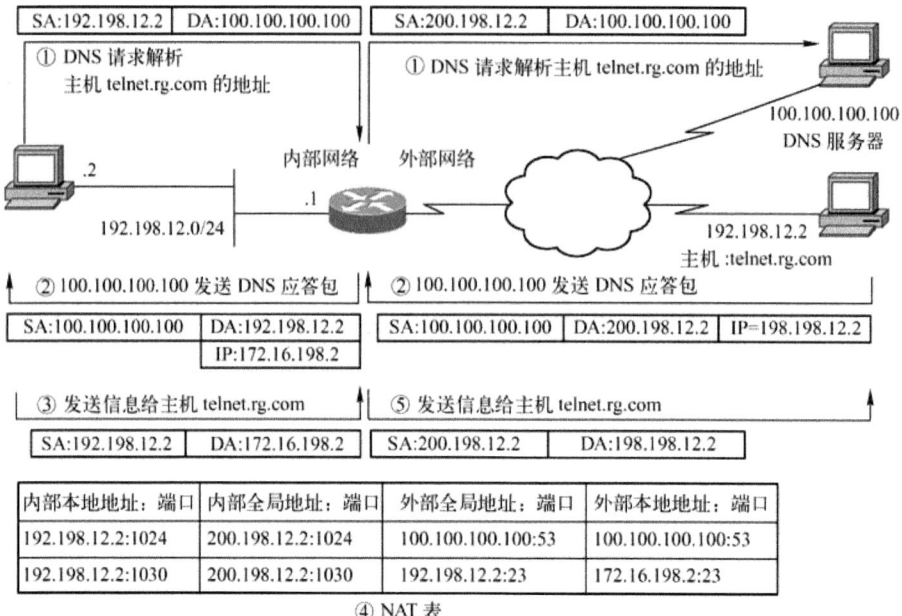

图 15-5 重叠地址 NAT 配置

（4）路由器接收到该 TCP 连接请求包，就建立转换映射记录，内部本地地址为 192.198.12.2，内部全局地址为 200.198.12.2，外部本地地址为 172.16.198.2，外部全局地址为 192.198.12.2。

（5）根据 NAT 映射记录，将数据包的源地址置换为 200.198.12.2，目标地址置换为 192.198.12.2，然后将数据包发送给外部主机 192.198.12.2。

（6）主机 telnet.rg.com 接收到数据包，发送确认包给内部主机。

（7）路由器接收到数据包，以外部全局地址及其端口号、内部全局地址及其端口号为关键字，检索 NAT 映射表，用外部本地地址、内部本地地址分别置换源地址和目标地址，然后转发给内部主机 192.198.12.2。

（8）内部主机接收到数据包。重复第 3 步至第 7 步，直到会话结束。

15.3 NAT 的相关配置

地址转换功能可以利用访问控制列表决定什么样的地址可以进行地址转换，如果某些主机具有访问 Internet 的权利，而某些主机不能访问 Internet，可以利用 ACL（访问控制列表）定义什么样的主机不能访问 Internet，什么样的主机可以访问 Internet，然后将配置好的 ACL 规则应用在地址转换上，就可以达到利用 ACL 控制地址转换的功能。NAT 配置过程包括定义内网接口和外网接口，以及建立地址间映射关系。其中如果是建立动态 NAT 地址间映射关系，则使用 ACL 定义内部本地地址范围，并在定义了内部全局地址池后，才可以定义内部本地地址范围到内部全局地址池之间的动态映射。

15.3.1 静态 NAT 配置

静态 NAT 配置需要向外网络提供信息服务的主机，属于永久的一对一 IP 地址映射关系，配置通常包括：

1．定义接口连接下的内部网络

在定义接口连接下的内部网络时通常是针对设备某一接口设定，因此配置时首先进入配置接口模式后，设定接口类型为 inside。

Red-Giant(config)# interface *interface-type interface-number*
Red-Giant(config-if)#ip nat inside

2．定义接口连接外部网络

在定义接口连接下的外部网络时通常是针对设备某一接口设定，因此配置时首先进入配置接口模式后，设定接口类型为 outside。

Red-Giant(config)# interface *interface-type interface-number*
Red-Giant(config-if)#ip nat outside

3．定义内部源地址静态转换关系

由于为静态 NAT，因此配置为一对一映射，设定时只需要指定内部本地地址和全局地址即可。

Red-Giant(config)#ip nat *inside* source static *local-address global-address*

这里，地址映射一般指正向转换，所以写转换映射时写为 inside，如果是反向转换，则写为 ip nat *outside* source static *global-address   local-address*，方便起见，后面默认书写规则均按正向转换来写。

【例 15-5】 根据图 15-2 实现相关静态 NAT 配置。假设路由器的名字为 R1，其连接内部网络的端口为 f 1/0，连接外部网络用的地址为 s1/2，则相关配置为：

R1(config)# interface fastethernet 1/0
R1(config-if)#ip nat inside
R1(config-if)#exit
R1(config)# interface serial1/2
R1(config-if)#ip nat outside
R1(config-if)#exit
R1(config)#ip nat inside source static 192.168.12.2 200.168.12.2
R1(config)#end

15.3.2 配置动态 NAT

动态 NAT 的内部主机数可以大于全局 IP 地址数，通常只访问外网服务，不提供信息服务的主机，可以设定临时的一对一 IP 地址映射关系。

1．定义接口连接下的内部网络

在定义接口连接下的内部网络时通常是针对设备某一接口设定，因此配置时首先进入配置接口模式后，设定接口类型为 inside。

Red-Giant(config)# interface *interface-type interface-number*
Red-Giant(config-if)#ip nat inside

2．定义接口连接外部网络

在定义接口连接下的外部网络时通常是针对设备某一接口设定，因此配置时首先进入配置接口模式后，设定接口类型为 outside。

Red-Giant(config)# interface *interface-type interface-number*

Red-Giant(config-if)#ip nat outside

3. 定义内部本地地址范围

定义访问列表，只有匹配该列表的地址才转换

Red-Giant(config)#access-list *access-list-number* permit *ip-address wildcard*

4. 定义全局 IP 地址池

Red-Giant(config)#ip nat pool *address-pool start-address end-address* {netmask *mask* | prefix-length *prefix-length*}

5. 定义内部源地址动态转换关系

Red-Giant(config)#ip nat *inside* sourcelist *access-list-number* pool *address-pool*

【例 15-6】 根据图 15-2，实现相关动态 NAT 配置。假设路由器的名字为 R1，其连接内部网络的端口为 f 1/0，连接外部网络用的地址为 s 1/2，动态地址池名为 NAT，则相关配置为：

```
R1(config)#interface fastethernet 1/0
R1(config-if)#ip nat inside
R1(config-if)#exit
R1(config)#interface serial1/2
R1(config-if)#ip nat outside
R1(config-if)#exit
R1(config)#ip nat pool NAT 200.168.12.2 200.168.12.6 net 255.255.255.0
R1(config)#access-list 1 permit 192.168.12.0 0.0.0.255
R1(config)#ip nat inside source lis 1 pool NAT
！从内部主机上 ping 外网主机后，在路由器 R1 上执行命令 show ip nat translations
R1#show ip nat translations
    Pro Inside global      Inside local      Outside local       Outside global
    icmp200.168.12.2        192.168.12.1      168.168.12.2        168.168.12.2
R1#show ip nat statistics
    Total translations: 0, max entries permitted: 30000
     Peak translations: 2 @ 00:02:47 ago
    Outside interfaces: serial 1/2
    Inside interfaces: FastEthernet 1/0
    Rule statistics:
    [ID: 1] inside source dynamic
      hit: 9
       match (after routing):
```

15.3.3 配置静态 NAPT(或 PAT)

1. 定义接口连接下的内部网络

在定义接口连接下的内部网络时通常是针对设备某一接口设定，因此配置时首先进入配置接口模式后，设定接口类型为 inside。

Red-Giant(config)# interface *interface-type interface-number*
Red-Giant(config-if)#ip nat inside

2. 定义接口连接外部网络

在定义接口连接下的外部网络时通常是针对设备某一接口设定，因此配置时首先进入配置接口模式后，设定接口类型为 outside。

Red-Giant(config)# interface *interface-type interface-number*
Red-Giant(config-if)#ip nat outside

3．定义全局 IP 地址池

Red-Giant(config)#ip nat *inside* source static {TCP | UDP} *local-address port global-address port*

15.3.4 配置动态 NAPT(或 PAT)

1．定义接口连接下的内部网络

在定义接口连接下的内部网络时通常是针对设备某一接口设定，因此配置时首先进入配置接口模式后，设定接口类型为 inside。

Red-Giant(config)# interface *interface-type interface-number*
Red-Giant(config-if)#ip nat inside

2．定义接口连接外部网络

在定义接口连接下的外部网络时通常是针对设备某一接口设定，因此配置时首先进入配置接口模式后，设定接口类型为 outside。

Red-Giant(config)# interface *interface-type interface-number*
Red-Giant(config-if)#ip nat outside

3．定义内部本地地址范围

定义访问列表，只有匹配该列表的地址才转换。

Red-Giant(config)#access-list *access-list-number* permit *ip-address wildcard*

4．定义全局地址池

定义全局 IP 地址池，对于 NAPT，一般就定义一个 IP 地址

Red-Giant(config)#ip nat pool *address-pool start-address end-address* {netmask *mask* | prefix-length *prefix-length*}

5．建立映射关系

定义内部源地址动态转换关系

Red-Giant(config)#ip nat *inside* sourcelist *access-list-number* pool *address-pool* [interface *interface-type interface-number*]} overload

比较动态 NAT 的相关配置可见，二者配置步骤及命令基本相同，仅在建立映射关系时，命令最后增加了一个 overload。

【例 15-7】 根据图 15-3，实现相关动态 NAT 配置。假设路由器的名字为 R1，其连接内部网络的端口为 f 1/0，连接外部网络用的地址为 s1/2，动态地址池名为 NAT，则相关配置为：

R1(config)# interface fastethernet 1/0
R1(config-if)#ip nat inside
R1(config-if)#exit
R1(config)# interface serial1/2
R1(config-if)#ip nat outside
R1(config-if)#exit
R1(config)#access-list 1 permit 192.168.12.0 0.0.0.255
R1(config)#ip nat pool NAT 200.168.12.2 200.168.12.2 net 255.255.255.0

R1(config)#ip nat inside source list 1 pool NAT overload

15.3.5 NAT 的监视和维护命令

1. 显示 NAT 的相关状态

（1）显示翻译统计

Red-Giant#show ip nat statistics

（2）显示 NAT 转换记录

Red-Giant#show ip nat translations [verbose]

显示 NAT 转换记录中可以显示该记录的创建时间（create），空闲了多长时间（use），还剩多长时间（left），以及该记录的标记（flags）。相关内容可以参考例 15-6。

2. 清除状态命令

虽然动态 NAT 转换记录在一定空闲时间后会被清除，但可以通过命令强制清除 NAT 映射表。

（1）清除显示 NAT 转换状态

Red-Giant#clear ip nat statistics

（2）清除 NAT 所有转换记录

从 NAT 转换表中清除所有动态地址转换项。

Red-Giant#clear ip nat translation *

清除一个包含指定内部翻译的转换项

（3）清除指定的双向转换记录

Red-Giant#clear ip nat translation inside local-address global-address outside global-address local-address

（4）清除指定的单项转换记录

Red-Giant#clear ip nat translation *inside local-address global-address*

（5）清除复用转换记录

Red-Giant#clear ip nat translation {TPC|UDP} inside local-address port global-address port outside global-address port local-address port

其他更多命令用 clear ip nat ?可以查询到。

15.4 应用 NAT 技术的安全策略

NAT 根据其应用环境的不同，其配置也会发生变化，同时会对安全和管理上均带来一系列的问题。

在使用 NAT 时，Internet 上的主机表面上看起来直接与 NAT 设备通信，而非与专用网络中实际的主机通信。输入的数据包被发送到 NAT 设备的 IP 地址上，并且 NAT 设备将目的地址由本机的 Internet 地址变为真正的目的主机的专用网络地址。理论上一个全球唯一 IP 地址可以连接几百台、几千台乃至几百万台拥有私有地址的主机，但实际上存在一定的缺陷。例如，许多 Internet 协议和应用依赖于真正的端到端网络，在这种网络上，数据包完全不加修改地从源地址发送到目的地址。比如，因为包含原始 IP 源地址的原始包头采用了数字签名，因此 IP 安全架构不能跨 NAT 设备使用。如果改变源地址的话，数字签名将不再有效。

NAT 还提出了管理上的挑战。尽管 NAT 对于一个缺少足够的全球唯一 Internet 地址的组织、分支机构或者部门来说是一种不错的解决方案，但是当重组、合并或收购需要对两个或更多的专用网络进行整合时，它就变成了一种严重的问题。甚至在组织结构稳定的情况下，NAT 系统不能多层嵌套，从而造成路由问题。

当改变网络的 IP 地址时，都要仔细考虑这样做会给网络中已有的安全机制带来什么样的影响。如防火墙根据 IP 报头中包含的 TCP 端口号、目的地址、源地址以及其他一些信息来决定是否让该数据包通过。因为 NAT 会改变源地址或目的地址，因此可以依据 NAT 设备所处位置来改变防火墙过滤规则。如果将一台内部路由器作为 NAT 设备，放置于受防火墙保护的一侧，负责控制 NAT 设备身后网络流量的所有安全规则将不得不改变。在许多网络中，NAT 机制都是在防火墙上实现的，它的目的是使防火墙能够提供对网络访问与地址转换的双重控制功能。除非可以严格地限定哪一种网络连接可以被进行 NAT 转换，否则不要将 NAT 设备置于防火墙之外。任何一个黑客，只要能够使 NAT 误以为数据包连接请求是被允许的，都可以以一个授权用户的身份对网络进行访问。如果企业使用 IP 安全协议（IPSec）来构造一个虚拟专用网（VPN）时，错误地放置 NAT 设备会产生严重的后果。原则上，NAT 设备应该被置于 VPN 受保护的一侧，因为 NAT 需要改动 IP 报头中的地址域，而在 IPSec 报头中该域是无法被改变的，这可以准确地获知原始报文是来自哪台工作站。如果 IP 地址被改变了，那么 IPSec 的安全机制也就失效，因为既然源地址都可以被改动，那么报文内容也不安全。

习题 15

1. 请解释如何理解 NAT 地址转换的四个地址的概念，即内部本地地址、内部全局地址、外部本地地址和外部全局地址。
2. 简要说明 NAPT 配置的步骤及注意事项。
3. 在 NAT 技术中，以私有地址出现的地址类型是哪一个？
   A．内部本地　　　　　　　　　B．内部全局
   C．外部本地　　　　　　　　　D．转换地址
4. 关于静态 NAPT 下列说法错误的是哪一个？
   A．需要有向外网提供信息服务的主机
   B．永久的一对一"IP 地址＋端口"映射关系
   C．临时的一对一"IP 地址＋端口"映射关系
   D．固定转换端口
5. 将内部地址 192.168.1.2 转换为 192.1.1.3 外部地址正确的配置为哪一个？
   A．router(config)#ip nat source static 192.168.1.2 192.1.1.3
   B．router(config)#ip nat static 192.168.1.2 192.1.1.3
   C．router#ip nat source static 192.168.1.2 192.1.1.3
   D．router#ip nat static 192.168.1.2
6. 如何清除所有的 NAT 转换记录？
   A．clear ip route　　　　　　　B．clear ip nat
   C．clear ip nat translation *　　　D．clear ip nat statistics

第 16 章 常见网络故障分析处理及管理

本章介绍网络故障常见问题、网络故障排除思路、网络故障排除常用工具和交换机及路由器的网络故障分析。通过本章的学习，读者应熟悉常见网络故障的排除思路，掌握常用的故障排除工具和方法，掌握分析和排除基本的网络故障的方法。

16.1 网络故障概述

对于以太网故障，大多数网络故障都与硬件有关，如电缆、中继器、集线器、交换机和网卡等。对于以太网典型故障的查找，一般过程如下：

① 收集一切可以收集到的有价值的信息，分析故障的现象。
② 将故障定位到某一特定的网段，或者单一独立模块，或者某一用户。
③ 确定到底是属于特定的硬件故障还是软件故障。
④ 动手修复故障。
⑤ 验证故障确实被排除。

常用的方法是先把故障细分或隔离在一个小的功能段上，即首先排除最大的简单段，从任何一个方便的、靠近问题的站点出发，利用二分法隔离障碍，直至把故障划分到最小的单位。由于网络故障带来的压力和混乱，人们经常忽略一些细节问题。如果怀疑某个部件出了问题，最好不要立即去替换它，除非能肯定故障的来源。

以太网存在一些潜在问题，如以太网采用通用总线拓扑结构、物理层可扩展等。因此，某个特定物理层的问题会以不同的方式显现出来，并且采用的测试手段、位置和环境不同，显示出的现象也常常是矛盾的。

为了避免被假象误导，应按以下两个步骤操作。

① 沿网段多做测试，如果故障现象随测试点的不同还保持一样，就可以依照所测试出的故障现象去排除。如故障现象在一些或所有测试点都不同，要把查找故障的方向确定在物理层，如查找坏的电缆、噪声环境、接地循环等故障。
② 提高测试质量，在测试的同时，把测试仪器设置成至少可同时发送较低的流量。

16.2 网络故障分析与处理

16.2.1 物理层故障分析与处理

1. 本地故障

在进行硬件故障查找之前，要确定其他用户不能使用或连接到这台机器，这就排除了用户账号的错误。对一个单一的站点来说，典型的故障多发生在坏的电缆、坏的网卡、驱动软件或是工作站设置的不正确等问题上。

2. 电缆连接问题

（1）目测连接性

检查连接性常见的方法就是检查 Hub、收发器及近期出产的网卡的状态灯。

（2）受损的电缆或连接部件

在检查物理层的问题时要注意受损的电缆、当前任务使用的电缆方式（必须正确地使用交叉、全反连接以及直通连接方式的电缆），电缆的终端方式是否不对，未打好的 RJ-45 水晶头或未接牢的 BNC 头。没有接上电缆，电缆连接到了错误的端口上等。

对怀疑有问题的电缆可以用一般的电缆测试仪进行测试。

① 劣质网线导致工作站无法接通

为了降低信号的干扰，双绞线电缆中的每一线对都是由两根绝缘的通道线相互扭绕而成，而且同一电缆中的不同线对扭绕的圈数是不一样的。在绕线方向上，标准双绞线电缆中的线对按逆时针方向扭绕。不合标准的线缆会引起双绞线之间的相互干扰，从而使传输距离达不到要求。

② 不正确的网线线序造成上网不正常

按照 568B 标准制作的网线对电磁干扰的屏蔽更好，这种接法也称为 100m 接法，是指它能满足 100m/s 带宽的通信速率。100m/s 网线未按照 568B 标准制作网线接头，网线的外皮与水晶头没有紧密衔接，线缆松散，造成传输的数据帧出错、上网不正常。

③ 5 类双绞线强行运行在千兆以太网上从而影响连通性

理论上，5 类双绞线可以运行在千兆以太网上的。但实际上在 5 类双绞线上运行千兆以太网经常出现断续或连接不上，说明千兆以太网对五类双绞线的参数要求更为严格。如需要在 5 类双绞线上运行千兆以太网（将 100m/s 以太网升级为千兆以太网，又不想重新布线），则必须对 5 类双绞线进行严格测试（按国际 cat-5n 标准，如果测试合格，可以在 5 类双绞线上运行千兆以太网，否则必须使用超 5 类线来运行千兆以太网。

④ 双绞线的连接距离

双绞线的标准连接长度一直被确定为 100m，但在 5 类和超 5 类双绞线出现后，一些网络制造商在自己的产品宣传资料中称自己的双绞线或 Hub 实际的连接距离可以超过 100m，一般能达到 130~150m/s。虽然有这种产品可以达到，但值得注意的是，即使一些双绞线能够在大于 100m/s 的状态下工作，但其通信能力将会大打折扣，甚至可能影响网络的稳定性。

16.2.2 数据链路层故障分析与处理

1. 检查链路层的问题

（1）碰撞问题

如果平均碰撞率大于 10%或者观察到非常高的碰撞，就需要进一步测试。尽可能减小网段规模，即将网络分成小块，并随时检测碰撞的变化，隔离出发生问题的区域。为了追踪碰撞情况，就必须知道网络的流量。可以使用背景流量发生器来加入适当的流量（100 帧/秒，100 字节长的流量），并同时观察网络的统计显示。某些与介质有关的故障是与流量的大小成正比的，可以在用控制键改变流量同时观察碰撞与错误的改变。但这种做法很容易给网络增加很重的流量。解决与碰撞有关的问题常常是很费劲的，因为测试的情况在很大程度上取决于观察的位置。也许在同一网段相距几米远的不同观察点看到的情况就不同，要多找几个点来观察并留意所发生的变化。

如果碰撞与流量成正比，或碰撞几乎是 100%，或几乎没有正常的流量，则可能是布线系统出了问题。

（2）帧级错误

如果出现帧级错误，就要运行错误统计测试，并通过详细功能，把有问题的工作站的 MAC 地址找出，然后经过测试，确定故障。可以试着将驱动程序用"干净"的原盘重新装入工作站，要确认各项配置安全。如果不起作用，可以把有疑问的网卡换掉。

（3）利用率过高

如果利用率过高（平均值大于 40%，瞬间峰值高于 60%），那么网段负荷就过重了，应当考虑安装网桥和路由器以减少在网段中的流量或把网段分成若干小的网段。

2．故障检查过程

（1）确认网线和网络设备工作正常

在局域网中，网络不通的现象常有发生，一旦遇到类似的问题时，首先应该认真检查线路和网络设备是否正常工作。

网络连线故障通常包括网络线内部断裂、双绞线、RJ-45 水晶头接触不良，或者网络连接设备本身质量有问题，或者连接有问题。这时可以用测线仪来检查线路是否断裂。如果网络线路没有什么问题，可用替代的方法来测试网络设备是否有问题，例如，网络设备是否正常加电，网络设备驱动是否安装正常等。

（2）检查网卡驱动

对硬件进行检查和确认后，再检查驱动程序本身是否损害，如果没有损害，观察安装是否正确。如果硬件安装是正确的，设备也没有冲突，但不能接入网络，这时可以将网络适配器在系统配置中删除，重新启动计算机，系统就会检测到新硬件的存在，然后自动寻找驱动程序，再进行安装。

（3）检查软件设置

如果网线和网络设备都没有问题，检查软件设置是否正常，如果中断号不正确，也有可能导致故障出现。检查时，可以依次打开"控制面板/系统/设备管理器/网络适配器"设置窗口，在窗口中检查有无中断号及 I/O 地址冲突（最好把各台机器的中断设为相同，以便于对比），直到网络适配器的属性中出现"该设备运转正常"，并且在"网上邻居"中至少能找到自己，说明网卡的设置没有问题。

16.2.3 网络层故障分析与处理

网络层常见的故障包括：
① 没有启用路由选择协议，或路由选择协议配置不正确。
② 不正确的网络 IP 地址。
③ 不正确的子网掩码。
④ DNS 和 IP 的不正确的绑定。

对以上问题，应首先检查并校正本机的 IP 地址和子网掩码、DNS 设置，然后检测本机与网关的连通性、本机与其他网络的连通性，如果不能与其他网络连通，则应检查并纠正路由协议的配置。

16.2.4 传输层及高层故障分析与处理

1. 协议故障

（1）协议故障

通常表现为以下几种情况：

① 无法登录到服务器。

② 在"网上邻居"中既看不到自己，也无法在网络中访问其他计算机。

③ 在"网上邻居"中可以看到自己和其他计算机，但无法访问其他计算机。

④ 无法通过局域网接入 Internet。

（2）故障原因

① 协议未安装，实现局域网通信，需要安装 NetBEUI 协议。

② 协议配置不正确，TCP/IP 涉及的基本参数有 IP 地址、子网掩码、DNS、网关，任何一个设置错误，都会导致故障发生。

（3）故障排除

① 检查计算机是否安装 TCP/IP 和 NetBEUI 协议，如果没有，建议安装这两个协议，并把 TCP/IP 参数配置好，然后重启系统。

② 在"控制面板"的"网络"属性中，单击"文件及打印共享"按钮，在弹出的"文件及打印共享"对话框中检查：是否选中了"允许其他用户访问我的文件"和"允许其他用电脑使用我的打印机"的复选框，或者其中一个。如果没有，全部选中或选中其中一个，否则将无法使用共享文件夹。

③ 系统重新启动后，双击"网上邻居"，将显示网络中的其他计算机和共享资源。如果仍看不到其他计算机，可以使用"搜索计算机"命令来找到其他计算机。

2. 配置故障

配置错误也是导致故障发生的重要原因之一。网络管理员对服务器、路由器等的不当设置自然会导致网络故障，用户对计算机设置的修改也往往会产生一些令人意想不到的访问错误。

配置故障的排错步骤如下：

① 首先检查发生故障的计算机的相关配置，如果发现错误，修改后再测试相关网络服务能否实现。

② 如果没有发现错误，则测试系统内的其他计算机是否有类似的故障，如果有同样的故障，说明问题出在网络设备上，如交换机。

③ 检查被访问计算机对该访问计算机所提供的服务。

16.3 常见故障排除方法

16.3.1 交换机常见故障排除

（1）通过 RJ-45 和 DB9 连接到交换机的 Console 端口后，无法连接交换机。

① 故障分析

通常，连接交换机的配置线缆有 3 种：DB9-to-DB9，RJ-45 反转线＋DB9 转换器，RJ-45-to-DB9。此故障是由于采用了连接方式 RJ-45 反转线＋DB9 转换器产生的。所谓 RJ-45 反转线，是指两端网线排列顺序完全相反。故障很可能是连接线缆的问题，如果 DB9 转换器没问题，而网线为普通的直连网线，则无法登录交换机。

② 解决方法

将这根直连网线换成交换机的配置线缆，即全反 RJ45 双绞线。

（2）配置交换机支持 Telnet 方式访问，在交换机上配置了管理 VLAN1 的地址后，用 Telnet 无法访问交换机。

① 故障分析

此类故障的主要原因如下：

◇ 交换机 VLAN1 的 IP 与主机的 IP 不在同一子网中。

◇ 主机所连接的交换机接口不属于 VLAN1。

◇ 交换机 VLAN1 配置 IP 地址以后没有 no shutdown。

◇ 同时给二层交换机配置两个管理 IP，先配置 VLAN1，再配置其他 VLAN。

对此可用 show ip interface 命令查看 VLAN 1 接口的配置情况，假设显示了如下所示信息：

```
SwitchA#show   ip   interface
    Interface                    : VL1
    Description                  : Vlan 1
    OperStatus                   : down
    ManagementStatus             : Enabled
    Primary Internet address     : 192.168.0.138/24
    Broadcast address            : 255.255.255.255
    PhysAddress                  : 00d0.f8fe.1e48
```

从上面配置信息可看出，交换机的管理 VLAN 地址未用 no shutdown 打开。在交换机上，默认情况下，VLAN 接口是关闭的。

② 解决方法

进入 VLAN 1 接口，用 no shutdown 打开。

（3）用 RJ45-to-DB9 配置线缆连接交换机的 Console 口后，用超级终端无法登录交换机。

① 故障分析

此类故障，在确定连接线缆没有问题的情况下，故障很可能是超级终端属性设置不正确所造成的，正确的超级终端的 COM 口属性应设置为 9600bps、无奇偶校验、无流控、数据位 8 位、停止位 1 位。

② 解决方法

正确设置超级终端的 COM 口属性。

（4）当管理员 Telnet 到交换机时提示"Password required, but not set"。

① 故障分析

当设置交换机支持 Telnet 管理时，除了需要设置 IP 地址外，还需要设置登录密码。

② 解决方法

在交换机上配置如下命令：

```
Switch(config)#enable secret level 1 0 star    !配置远程登录密码为 star
```

（5）Telnet 到交换机时成功，但当输入 enable 后，提示"% No password set"。

① 故障分析

当设置交换机支持 Telnet 管理时，除了需要设置管理 IP 地址外，还需要设置登录密码。登录密码是为能够正常 Telnet 到交换机时使用的，但如果要完全配置控制交换机，则必须设置特权密码。

② 解决方法

在交换机上配置如下命令：

　　Switch (config)#enable secret level 15 0 star　　!配置进入特权模式密码为 star

（6）不能跨 VLAN 管理交换机。

① 故障分析

网管员所在 VLAN 可能与交换机管理 IP 不属于同一个 VLAN，如图 16-1 所示，网管员在 VLAN20 中，而交换机管理 IP 在 VLAN30 中。进行路由过程分析后，表明交换机无法向网管员发送数据包，即交换机缺少一个网关的配置。

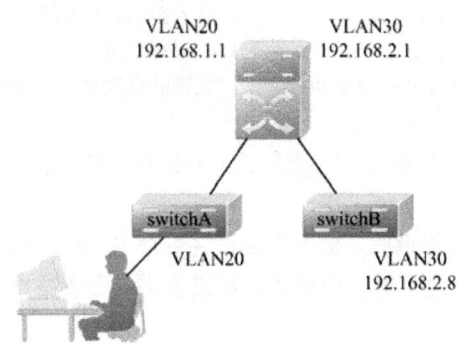

图 16-1　跨 VLAN 管理交换机

② 解决方法

在交换机 switchB 上配置命令：

　　switchB(config)#ip default-gateway 192.168.2.1　　　　　!在交换机上配置默认网关

（7）默认 VLAN 1 中没包含所有的接口

① 故障分析

当管理员将原来测试用的 VLAN 删除后，通过 show vlan 来验证发现已经无 VLAN 存在，并观察到在 VLAN 1 中的 f0/5-10 接口也不见了。交换机保存配置文件的名称是 config.text，保存 VLAN 配置文件的名称为 vlan.dat，这两者均保存在 Flash 中。在删除 vlan.dat 时只是将创建的 VLAN 及名称删除，并没有删除 VLAN 的成员所属关系。所以，如果只删除 vlan.dat，而没删除 config.text 或相应配置，则已经被分配到某些 VLAN 的端口，就不会在 VLAN 1 中出现。

② 解决方法

此时应用 show run 来查看一下，没包含在 VLAN 1 中的这几个接口均属于哪个 VLAN，然后进入这几个物理接口，用 no switchport access vlan 来清除其与已删除 VLAN 的所属关系。

16.3.2　路由器常见故障排除

（1）从 PC 用 Telnet 远程登录到路由器时无反应

① 故障分析

当设置路由器 R2624 支持 Telnet 管理时，管理员的 PC 与路由器的 fastethernet 0 是通过一台交换机相连的。此时在路由器上配置了 IP 地址为 10.1.1.1/24，但从 PC Telnet 到路由器时却无反应，通过 show int f 0 来查看路由器的接口配置情况，发现 f 0 接口状态为"Fastehternet 0 is administratively down,line protocol is down。"路由器接口与交换机不同，默认情况下是关闭的，故必须通过手工打开后才可以使用。

② 解决方法

进入路由器的 fastehternet 0 接口配置模式，然后用 no shutdown 命令打开。

（2）管理员 Telnet 到路由器时提示：Password required，but not set。

① 故障分析

当设置路由器支持 Telnet 管理时，除了需要设置可到达接口的 IP 地址外，还需要设置登录密码。

② 解决方法

在路由器上增加如下命令：

```
RouterA(config)# line vty 0 4          ！进入路由器线路配置模式
RouterA(config-line)# login            ！配置远程登录
RouterA(config-line)# password star    ！设置路由器远程登录密码为 star
RouterA(config-line)#end
```

（3）管理员能 Telnet 到路由器，但当输入了 enable 后，提示：% No password set

① 故障分析

当设置路由器支持 Telnet 管理时，除了需要设置管理 IP 地址外，还需要设置登录密码。登录密码是为了能够正常 Telnet 到路由器时使用的。如果要完全配置路由器，必须设置特权密码。

② 解决方法

在路由器上增加如下命令：

```
RouterA(config)# enable secret star     ！设置路由器特权模式的密文密码为 star
```

或 RouterA(config)# enable password   star！设置路由器特权模式的明文密码为 star

如果同时设置则密文密码生效。

（4）通过 V.35 线缆将两台路由器背靠背连接进行配置后，却无法 ping 通直连的路由器。

① 故障分析

通过在 Router1 上查看结果如下：

```
Router1#show ip interface brief
  Interface       IP-Address      OK?  Method Status              Protocol
  FastEthernet0   172.16.1.1      YES  manual up                  up
  Serial0         172.16.2.1      YES  manual up                  down
  Serial1         unassigned      YES  unset  administratively down  down
Router1#show interface serial 0
 Serial0 is up, line protocol is down
   Hardware is HDLC4530A
   Internet address is 172.16.2.1/24
   MTU 1500 bytes, BW 2048 Kbit, DLY 20000 usec, rely 255/255, load 1/255
   Encapsulation HDLC, loopback not set, keepalive set (10 sec)
   Last input never, output never, output hang never
   Last clearing of "show interface" counters never
   Input queue: 0/75/0 (size/max/drops); Total output drops: 0
   Queueing strategy: weighted fair
   Output queue: 0/64/0 (size/threshold/drops)
   Conversations  0/0 (active/max active)
   Reserved Conversations 0/0 (allocated/max allocated)
   5 minute input rate 0 bits/sec, 0 packets/sec
```

```
5 minute output rate 0 bits/sec, 0 packets/sec
0 packets input, 0 bytes, 0 no buffer
Received 0 broadcasts
0 input errors, 0 CRC, 0 frame, 0 overrun, 0 ignored, 0 abort
0 packets output, 0 bytes, 0 underruns
0 output errors, 0 collisions, 8 interface resets
0 output buffer failures, 0 output buffers swapped out
0 carrier transitions
DCD=down   DSR=down   DTR=down   RTS=down   CTS=down
```

实际中的路由器是 DTE 设备，必须通过 DCE 设备（如 DSU/CSU、Modem）等进行两个 DTE 之间的通信，但是在实验室中只能通过 V.35 DCE 线端来模拟实际中的 DCE 设备，如图 16-2 所示，需要在 V.35 DCE 线连接的路由器的串口模式下配置时钟速率，通常指定为 64kbps、128kbps 等。

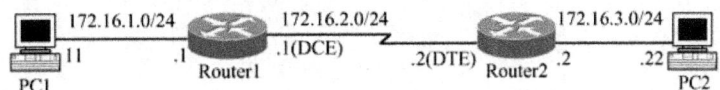

图 16-2 V.35 线缆将两台路由器背靠背连接

先查看接口类型是否属于 DCE 或 DTE：

```
Router# Show controllers s0
```

② 解决方法

在路由器 Router1 上增加如下配置

```
Router1(config)# interface serial 0        ！进入接口 S0 配置模式
Router1(config-if)#clock rate 64000        ！配置 Router1 的时钟频率（DCE）
```

（5）在两台路由器上配置静态路由，配置完成后从 PC1 ping PC2 却不通

① 故障分析

要实现 PC1 和 PC2 互相访问，在两台路由器上配置静态路由，如图 16-3 所示。

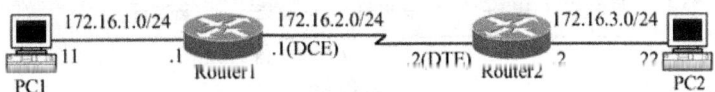

图 16-3 路由器静态路由拓扑

使用 show run 命令后，观察到以下配置：

```
Router1#show   running-config      ！显示路由器 Router1 的全部配置
       Building configuration...
       Current configuration:
       !
       version 6.14(2)
       !
       hostname "Router1"
       !
       ip subnet-zero
       !
       interface FastEthernet0
       ip address 172.16.1.1 255.255.255.0
       !
       interface Serial0
```

```
        ip address 172.16.2.1 255.255.255.0
        clock rate 64000
        !
        interface Serial1
        no ip address
        shutdown
        !
        ip classless
        ip route 172.16.3.0 255.255.255.0 172.16.2.1
        !
        line con 0
        line aux 0
        line vty 0 4
        login
        !
        end
```
发现在配置静态路由时都指向了本端直连的网段，这样显然无法连接两端的两个网络。在配置静态路由时，要指定如何到达非直连的网段。

② 解决方法

分别将 Route1 和 Route2 上的原静态路由删除，然后分别添加如下命令：

  Route1(config)#ip route 172.16.3.0 255.255.255.0 serial 0
  Route2(config)#ip route 172.16.1.0 255.255.255.0 serial 0

（6）公司内部的主机无法成功连接到 Internet

① 故障分析

如图 16-4 所示，172.18.3.0/24 网内主机无法成功连接到 Internet。

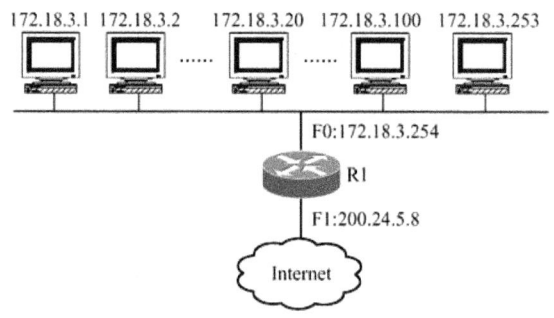

图 16-4　某企业网络拓扑

在配置了 NAT 的路由器上查看：

```
    R1#show ip nat translations
         Pro Inside global      Inside local       Outside local        Outside global
```
转换表中是空的，则可能是配置错误。

通过 show run 命令查看配置文件：

```
    R1#show running-config
       Current configuration:
       version 6.14(2)
       hostname "R1"
```

```
        ip subnet-zero
        interface FastEthernet0
         ip address 172.18.3.254 255.255.255.0
         ip nat outside
        interface FastEthernet1
         ip address 200.24.5.8 255.255.255.0
         ip nat inside
        interface FastEthernet2
          no ip address
         shutdown
        interface FastEthernet3
         no ip address
         shutdown
        interface Serial0
        no ip address
         shutdown
        interface Serial1
         no ip address
         shutdown
        ip nat pool to-internet 200.24.5.8 200.24.5.8 netmask 255.255.255.0
        ip nat inside source list 1 pool to-internet overload
        ip classless
        access-list 1 permit 172.18.3.0 0.0.0.255
        !
        line con 0
        line aux 0
        line vty 0 4
         login
        !
```

发现未配置 inside 和 outside 接口。

(2) 解决方法

输入以下命令：

```
    R1(config)#interface   fastEthernet0
    R1(config-if)#ip   nat   inside
    R1(config)#interface   fastEthernet1
    R1(config-if)#ip   nat   outside
```

习题 16

1. 对于以太网典型故障的查找，一般过程是什么？
2. 在传输层及更高层中发生协议故障后，其表现症状是什么？其排除步骤是什么？
3. 交换机和路由器开机后无法进入用户模式，其可能原因是什么？
4. 在配置 VLAN TRUNK 链路时不能传递多个 VLAN 信息，其可能原因是什么？
5. 网络层故障应如何判断与排除？

参考文献

[1] 袁宗福. 计算机网络. 北京：机械工业出版社，2004.

[2] 袁宗福. 计算机网络基础实验与课程设计. 南京：南京大学出版社，2011.

[3] 夏素霞. 计算机网络技术与应用. 北京：人民邮电出版社，2010.

[4] 曹炯清. 交换与路由实用配置技术. 北京：清华大学出版社/北京交通大学出版社，2010.

[5] 张选波，吴丽征，周金玲. 设备调试与网络优化学习指南. 北京：科学出版社，2009.

[6] 张选波，王东，张国清. 设备调试与网络优化实验指南. 北京：科学出版社，2009.

[7] 高峡，陈智罡，袁宗福. 网络设备互联学习指南. 北京：科学出版社，2009.

[8] 高峡，钟啸剑，李永俊. 网络设备互联实验指南. 北京：科学出版社，2009.

[9] Behrouz A.Forouzan，Sophia Chung Fegan 著. TCP/IP 协议族. 谢希仁等译. 北京：清华大学出版社，2006.

[10] 张国清. 拨开 CCNA 迷雾——重点及疑难解析. 北京：电子工业出版社，2011.

[11] Richard Deal. CCNA 学习指南. 张波，胡颖琼等译. 北京：人民邮电出版社，2009.

[12] Richard Froom, Balaji Sivasubramanian, Erum Frahim. CCNP 学习指南：组件 Cisco 多层交换网络（BCMSN）（第 4 版）. 刘大伟，张芳译. 北京：人民邮电出版社，2007.

[13] Diane Teare, Catherine Paquet. CCNP 学习指南：组建可扩展的 Cisco 互联网络（BSCI）（第三版）. 陈宇，袁国忠译. 北京：人民邮电出版社，2007.